马 蕾
康英健
张燕宁
杨建兴
金光浩
编著

Web 前端开发
（初级）

HTML 5
+
CSS 3
+
JavaScript

清华大学出版社
北京

内容简介

本书以就业为导向，面向 Web 前端工程师岗位，结合"1+X"证书"Web 前端开发初级"职业资格取证要求，将内容分为四部分：Web 前端基础知识——Web 思想、环境配置、开发流程；HTML 内容实现——HTML 标签、块级元素、行内元素等；页面表现形式——CSS 基础知识、盒子模型、CSS 布局规划、文字和背景设计、列表和超链接、表格与表单；JavaScript 应用——JavaScript 基础应用、DOM 与 BOM 应用案例。

本书精选北斗卫星导航系统等思政元素，依据任务需求将知识技能和思政元素渗透到教学各环节，设计了 26 个课堂实训，由浅入深，循序渐进，切合实际，实训过程详细，利于培养学生的工匠精神。

本书可作为高等职业教育、中等职业教育计算机相关专业的 Web 前端技术、网页设计与开发、网页制作等网页设计课程的教材，也可作为从事 Web 开发相关工作的工程技术人员的参考书。

本书封面贴有清华大学出版社防伪标签，无标签者不得销售。

版权所有，侵权必究。举报：010-62782989，beiqinquan@tup.tsinghua.edu.cn。

图书在版编目(CIP)数据

Web 前端开发：初级：HTML 5＋CSS 3＋JavaScript/马蕾等编著．—北京：清华大学出版社，2023.9
ISBN 978-7-302-64276-3

Ⅰ.①W… Ⅱ.①马… Ⅲ.①超文本标记语言－程序设计－高等职业教育－教材 ②网页制作工具－高等职业教育－教材 ③JAVA 语言－程序设计－高等职业教育－教材 Ⅳ.①TP312.8 ②TP393.092.2

中国国家版本馆 CIP 数据核字(2023)第 142890 号

责任编辑：孟毅新
封面设计：傅瑞学
责任校对：刘　静
责任印制：丛怀宇

出版发行：清华大学出版社
　　　　　网　　址：https://www.tup.com.cn，https://www.wqxuetang.com
　　　　　地　　址：北京清华大学学研大厦 A 座　　　邮　编：100084
　　　　　社 总 机：010-83470000　　　　　　　　　邮　购：010-62786544
　　　　　投稿与读者服务：010-62776969，c-service@tup.tsinghua.edu.cn
　　　　　质量反馈：010-62772015，zhiliang@tup.tsinghua.edu.cn
　　　　　课件下载：https://www.tup.com.cn，010-83470410
印 装 者：三河市君旺印务有限公司
经　　销：全国新华书店
开　　本：185mm×260mm　　　印　张：23.5　　　字　数：594 千字
版　　次：2023 年 11 月第 1 版　　　　　　　　　印　次：2023 年 11 月第 1 次印刷
定　　价：69.00 元

产品编号：097852-01

前 言

万维网从诞生到现在,从一个应用范围狭窄的小圈子发展成无所不在,伴随它同步发展的还有 Web 前端技术。Web 前端技术主要由内容、表现和行为三部分组成,对应的开发语言分别是 HTML、CSS、JavaScript。尤其是近几年随着移动应用的广泛使用,Web 标准越来越受到开发者的重视,HTML、CSS、JavaScript 技术成为决定网页好坏的关键,也成为从业人员的必备技能。

党的二十大报告指出"坚持教育优先发展、科技自立自强、人才引领驱动",为我国科技创新和计算机技术应用的全面发展提出了新的要求和目标。本书紧扣国家战略和党的二十大精神,通过对 Web 前端技术的介绍,帮助读者专业、快捷地掌握 Web 前端开发的技能,主要包括以下内容。

第一部分(第 1 章)介绍什么是 Web 前端技术、CSS 设计的基本思想、Web 前端技术的开发流程,并利用案例完成 Web 前端技术开发环境的搭建和 Web 页面的典型应用。

第二部分(第 2 章)重点讲解 Web 页面的内容实现,包括 HTML 的基本框架和文字、表格等标签元素,这部分是 Web 前端技术的基础。

第三部分(第 3~8 章)重点讲解 Web 页面的表现实现。首先介绍 CSS 选择器及其特点、使用 CSS 实现页面文字、背景美化;接着介绍盒子模型,利用 CSS 实现页面布局;最后介绍通过列表、超链接、表格、表单等标签元素的配合应用,美化各个页面元素。

第四部分(第 9 章、第 10 章)重点讲解 Web 页面的行为实现,包括 JavaScript 语言的基本语法、浏览器对象模型、文档对象模型,并利用丰富的案例达到局部特效的实现。

本书具有以下特点。

(1) 精选案例,激发爱国情怀,弘扬工匠精神。本书选择北斗卫星导航系统等思政元素,依据任务需求将知识技能和思政元素渗透到教学各环节,做到专业知识和课程思政元素深度融合,培养学生树立职业观念,形成职业素养,养成良好的职业道德,成为具备工匠精神的卓越职业人。

(2) 以就业为导向,面向 Web 前端工程师岗位。本书根据 Web 前端工程师开发岗位的需求和"1+X"证书"Web 前端开发初级"职业资格取证要求编写内容,在内容的选取和组织上注意高职学生的特点,力图使学生掌握专业技能,能够解决实际问题。

(3) 递进式技能训练体系。本书设计了"实例+课堂实训"的技能体系。每章都通过丰富的实例讲解主要知识点,提高单一技能,并利用课堂实训对知识点进行巩固。

(4) 精心设计和讲解课堂实训。本书的课堂实训主要按照"任务内容→任务目的→技能分析→操作步骤"环节展开。

本书由马蕾、康英健、张燕宁、杨建兴、金光浩编著。

由于编者水平有限,书中不足之处在所难免,欢迎读者批评、指正。

编 者
2023 年 2 月

目 录

第1章 Web前端开发概述 ………………………………………………………… 1

  1.1 Web前端开发基础 …………………………………………………………… 2
    1.1.1 初识Web前端技术 ………………………………………………… 2
    1.1.2 Web前端技术开发流程 …………………………………………… 3
    1.1.3 Web标准——结构、样式和行为的分离 ………………………… 3
    1.1.4 常用的浏览器介绍 ………………………………………………… 4
  1.2 HTML 5基本框架 …………………………………………………………… 6
    1.2.1 HTML发展历程 …………………………………………………… 6
    1.2.2 HTML编码标准 …………………………………………………… 7
    1.2.3 HTML文档基本格式 ……………………………………………… 8
    1.2.4 开发工具的选择 …………………………………………………… 9
  课堂实训1-1 中国奥运奖牌网页策划与设计 …………………………………… 10
  习题 …………………………………………………………………………………… 12

第2章 HTML简单标签 …………………………………………………………… 13

  2.1 HTML基础 …………………………………………………………………… 14
    2.1.1 HTML文档基本组成 ……………………………………………… 14
    2.1.2 头部标签 …………………………………………………………… 15
    2.1.3 特殊字符 …………………………………………………………… 16
    2.1.4 注释 ………………………………………………………………… 17
  课堂实训2-1 制作"神舟一号——飞天梦之起点"网页 ……………………… 18
  2.2 标签分类 ……………………………………………………………………… 20
    2.2.1 按闭合特征分类 …………………………………………………… 20
    2.2.2 按显示模式分类 …………………………………………………… 21
  课堂实训2-2 制作"神舟二号——中国第一艘正样无人飞船"网页 ………… 22
  2.3 块级标签 ……………………………………………………………………… 24
    2.3.1 段落标签 …………………………………………………………… 24
    2.3.2 盒子标签 …………………………………………………………… 25
    2.3.3 水平线标签 ………………………………………………………… 26
    2.3.4 块级引用标签 ……………………………………………………… 26
    2.3.5 标题标签 …………………………………………………………… 27
    2.3.6 其他块级标签 ……………………………………………………… 28

  2.3.7 语义化标签 ·········· 30
  课堂实训 2-3 制作"神舟五号——圆梦飞天"网页 ·········· 31
 2.4 内联标签 ·········· 32
  2.4.1 图像标签 ·········· 32
  2.4.2 换行标签 ·········· 34
  2.4.3 超链接标签 ·········· 35
  2.4.4 其他内联标签 ·········· 37
  课堂实训 2-4 制作"神舟九号——首次载人交会对接"网页 ·········· 39
 2.5 多媒体标签 ·········· 40
  2.5.1 音频标签 ·········· 41
  2.5.2 视频标签 ·········· 42
  课堂实训 2-5 制作"神舟十三号——新的航天纪录"网页 ·········· 44
 习题 ·········· 47

第 3 章 CSS 核心基础 ·········· 48

 3.1 CSS 基础知识 ·········· 49
  3.1.1 初识 CSS ·········· 49
  3.1.2 基本选择器 ·········· 51
  3.1.3 使用方法 ·········· 52
  3.1.4 复合选择器 ·········· 54
  课堂实训 3-1 制作红旗轿车客户服务网页 ·········· 57
 3.2 CSS 3 选择器 ·········· 60
  3.2.1 属性选择器 ·········· 60
  3.2.2 关系选择器 ·········· 65
  3.2.3 结构化伪类选择器 ·········· 67
  3.2.4 伪元素选择器 ·········· 72
  3.2.5 元素状态伪类选择器 ·········· 74
  课堂实训 3-2 制作红旗轿车研发成果网页 ·········· 75
 3.3 CSS 的特性和优先级 ·········· 78
  3.3.1 继承和层叠 ·········· 78
  3.3.2 优先级 ·········· 82
  课堂实训 3-3 制作"中国骄傲红旗 CA770"网页 ·········· 84
 习题 ·········· 86

第 4 章 文本和背景样式 ·········· 88

 4.1 CSS 文本样式 ·········· 89
  4.1.1 字体样式属性 ·········· 89
  4.1.2 文本外观属性 ·········· 93
  课堂实训 4-1 制作中国高铁多彩效果网页 ·········· 104
 4.2 图像样式 ·········· 105

		4.2.1 图像边框 · 105
		4.2.2 图像缩放 · 109
		4.2.3 图像对齐 · 110

课堂实训 4-2　制作复兴号网页 · 113

4.3　CSS 背景属性 · 115

  4.3.1　背景颜色属性 · 116

  4.3.2　背景图像和布局属性 · 117

  4.3.3　简写背景属性 · 120

  4.3.4　渐变属性 · 120

课堂实训 4-3　制作新中国铁路发展史网页 · 125

习题 · 128

第 5 章　盒子模型和网页布局 · 130

5.1　认识盒子模型 · 131

  5.1.1　CSS 盒子模型结构 · 131

  5.1.2　盒子模型的属性 · 135

  5.1.3　垂直外边距合并问题 · 145

课堂实训 5-1　制作北斗卫星导航系统版块内容列表 · · · · · · · · · · · · · · · · · · · 149

5.2　语义化标签 · 152

  5.2.1　结构标签 · 152

  5.2.2　分组标签 · 154

  5.2.3　页面交互标签 · 155

  5.2.4　行内标签 · 156

课堂实训 5-2　制作北斗卫星导航首页 · 158

5.3　布局 · 161

  5.3.1　块级元素和内联元素的转换 · 162

  5.3.2　元素浮动 · 163

  5.3.3　清除元素浮动 · 164

  5.3.4　元素定位 · 166

  5.3.5　多列布局 · 173

  5.3.6　弹性布局 · 176

课堂实训 5-3　制作北斗卫星导航展示页面 · 185

习题 · 190

第 6 章　列表和超链接 · 192

6.1　列表 · 193

  6.1.1　列表标签 · 193

  6.1.2　CSS 控制列表 · 198

课堂实训 6-1　制作中国航海科技成就列表 · 204

6.2　超链接 · 206

　　　　6.2.1　超链接标签 ·················· 206
　　　　6.2.2　CSS 控制超链接标签 ·········· 212
　　　课堂实训 6-2　制作大国航海梦网页 ········ 216
　习题 ································ 221

第 7 章　表格和表单 ···················· 223

　7.1　表格 ····························· 224
　　　7.1.1　表格标签 ··················· 224
　　　7.1.2　CSS 控制表格 ················ 234
　　　课堂实训 7-1　制作中国自主 CPU 产品谱网页 ··· 239
　7.2　表单 ····························· 243
　　　7.2.1　表单基础 ··················· 243
　　　7.2.2　表单属性 ··················· 244
　　　7.2.3　表单控件 ··················· 246
　　　7.2.4　CSS 控制表单 ················ 251
　　　课堂实训 7-2　制作麒麟软件产品试用申请网页 ··· 253
　习题 ································ 257

第 8 章　CSS 特殊效果的实现 ············· 259

　8.1　CSS 3 转换 ······················· 260
　　　8.1.1　2D 转换 ···················· 260
　　　8.1.2　更改旋转中心点 ·············· 265
　　　8.1.3　3D 转换 ···················· 266
　　　8.1.4　浏览器私有前缀 ·············· 268
　　　课堂实训 8-1　制作中国高铁多彩文字 2D 转换网页 ··· 269
　8.2　动画 ····························· 270
　　　8.2.1　过渡属性 ··················· 270
　　　8.2.2　动画 ······················ 274
　　　课堂实训 8-2　制作复兴号动画网页 ········ 279
　习题 ································ 282

第 9 章　JavaScript 语法基础 ············· 284

　9.1　JavaScript 概述 ··················· 285
　　　9.1.1　初识 JavaScript ·············· 285
　　　9.1.2　JavaScript 特点 ·············· 286
　　　9.1.3　JavaScript 与 HTML ··········· 287
　　　9.1.4　JavaScript 与 CSS ············ 291
　　　9.1.5　代码书写位置 ················ 295
　　　课堂实训 9-1　制作石油发展网页 ········· 296
　9.2　JavaScript 基本语法 ··············· 298

9.2.1 数据类型和变量 ·· 298
9.2.2 运算符和表达式 ······································ 299
9.2.3 常用对象 ··· 302
9.2.4 流程控制语句 ··· 305
9.2.5 函数 ··· 310
课堂实训 9-2 制作石油发展内容介绍网页 ············ 311
习题 ·· 316

第 10 章 JavaScript 网页交互的实现 ··················· 318

10.1 浏览器对象模型 ······································· 319
   10.1.1 初识浏览器对象 ······································ 319
   10.1.2 window 对象 ··· 319
   10.1.3 history 对象 ·· 331
   10.1.4 location 对象 ·· 332
   10.1.5 navigator 对象 ·· 335
   10.1.6 screen 对象 ·· 336
   10.1.7 document 对象 ······································ 337
   课堂实训 10-1 制作电子时钟页面 ···················· 339
10.2 文档对象模型 ·· 340
   10.2.1 初始文档对象模型 ··································· 340
   10.2.2 获取元素 ··· 342
   10.2.3 操作元素 ··· 344
   10.2.4 操作 DOM 节点 ······································ 348
   课堂实训 10-2 制作重卡价格展示网页 ············· 353
10.3 事件处理 ·· 355
   10.3.1 事件三要素 ·· 355
   10.3.2 常用事件 ··· 356
   课堂实训 10-3 制作重卡信息展示网页 ············· 358
习题 ·· 362

参考文献 ·· 364

第 1 章

Web 前端开发概述

本章首先介绍 Web 前端开发基础，并讲解 Web 前端开发的流程、Web 标准、常用的浏览器内核，然后介绍 HTML 5 的基本框架、发展历程、编写规范和文档基本格式。

 知识目标

- Web 前端开发的基础概念。
- Web 前端开发的流程。
- Web 标准及常用的浏览器内核介绍。
- HTML 5 的基本框架、发展历程。
- HTML 5 的编写规范、文档基本格式。

 技能目标

利用 HTML 5 编写简单的 Web 前端网页。

 思政目标

以北京冬季奥运会为引导，在对 Web 前端基础知识学习过程中，融入对学生的理想信念教育——中国梦，培养学生不甘落后、奋勇争先的奋斗精神。

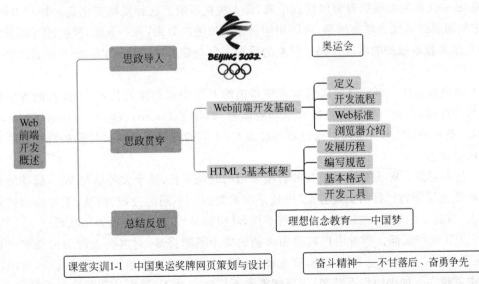

1.1 Web前端开发基础

1.1.1 初识Web前端技术

因特网(Internet)是一个庞大的全球范围内的计算机网络,它将计算机彼此联接在一起,并且能够发送和接收数据,以接近光速的速度在世界各地来回传送信息。万维网(world wide web,Web)只是因特网的一个方面,由保存在因特网上不同的计算机上的无数文件和文档组成,这些交叉引用、彼此链接着的文件和文档织成了一张世界范围的信息大网。目前Web的发展已经远远超越了当初那种简单的文本文档的形式,同样的渠道如今承载着图像、视频和音频等多种信息。

网站的浏览者查看各种网站上的内容,实际上就是从远程计算机中读取一些内容,然后在本地计算机上显示出来的过程。提供内容信息的计算机称为服务器,访问者使用浏览器程序,如集成在Windows操作系统中的Internet Explorer(简称IE),就可以通过网络取得服务器上的文件以及其他信息。

网站(Web site)是由多个网页(Web page)构成的一个具有相关联系的页面集合。一个网站少则由几个网页、多则由成千上万个网页组成,所有的信息都通过网页这个载体传递给浏览者。从网页是否执行程序来分,网页可分为静态网页和动态网页两种类型。静态网页里面没有程序代码,运行于客户端的程序、网页、插件和组件等都属于静态网页。在网络中看到的静态网页文件通常是以.htm或.html为后扩展名的。动态网页内含有程序代码,运行于服务器端的程序、网页和组件等都属于动态网页,它们会随客户、时间及需求的不同,返回不同内容的网页。在网络中看到的动态网页文件通常是以.asp、.php或.jsp等为扩展名的。

目前,Web开发技术发展十分迅速。随着《网站重构》一书的问世,CSS布局代替传统table布局之风迅速刮起,国内外大大小小的网站都纷纷加入这场技术革命中。Gmail的上线,让Ajax一夜之间成了Web开发领域的明星。随着Ajax的火热,DHTML再次受到热捧,各种JavaScript框架如雨后春笋般涌现出来,让人应接不暇。这种发展变化是一把双刃剑,一方面,它使网页的表现力越来越强,可以用网页做出惊艳的效果;另一方面,漂亮的界面背后隐藏着的是越来越难维护的实现代码。网页的维护工作会变得越来越难的原因主要有以下3个层面。

(1)浏览器层面。浏览器的向前兼容使得前端开发中被淘汰的技术、不推荐的方法依然广为流传和应用,而新一轮的浏览器大战却愈演愈烈,除了Firefox、Opera、Safari、Chrome这些IE的挑战者外,IE本身也同时流行着各种版本,不同的浏览器对网页代码的解析存在着或大或小的差异。

(2)技术层面。Web标准被重视和普遍采用的时间不长,整个大环境对Web标准的理解还停留在概念层面,对"好的实现方案"仍处于摸索阶段。不同的公司、团队、工程师,对"好的实现方案"有自己的理解,或深或浅。理解不深,就很容易写出可维护性差的代码。

(3)团队合作层面。随着用户对使用体验的要求不断提高,对网页表现力的要求也越来越高,从而导致实现代码越来越复杂,这无疑给团队合作带来了麻烦。页面越复杂,对团队协作的要求就越高。如果协作不默契,很可能需要不停地打补丁,最后让代码变得千疮百孔,满是地"雷",没有人愿意去维护它们。

随着维护难度的增加,网页制作对技术的要求越来越高,Web 开发领域长期以来形成的设计和制作不分的局面终于有所好转。比如,在招聘网站上,十多年前几乎只有"网页设计师"这个职位,而现在已经有了"前端开发工程师"和"页面工程师"的职位。之前既要负责设计又要负责制作的网页设计师,已经分离成了两个岗位:一个专门负责设计,属于艺术类;另一个专门负责开发,属于技术类。这是一个可喜的变化,设计师(designer)和开发者(developer)本来就是两个完全不同的方向,将两者明确分开,表示网页制作的分工向着合理、成熟的方向又迈出了一大步。而专注于网页制作的技术方向,有了更专业的"前端开发"方向。

1.1.2 Web 前端技术开发流程

Web 前端技术开发流程必须按照步骤走,大概分为 7 步。如图 1-1 所示,在每个步骤下面列出的是该步骤可以(或可能)用到的工具。

图 1-1 Web 前端技术开发流程

(1) 内容分析:仔细研究需要在网页中展现的内容,梳理其中的逻辑关系,分清层次以及重要程度。

(2) 结构设计:根据内容分析的成果,搭建出合理的 HTML 结构,保证在没有任何 CSS 样式的情况下,在浏览器中保持高可读性。

(3) 原型设计:根据网页的结构,绘制出原型线框图,对页面进行合理的分区的布局,原型线框图是设计负责人与客户交流的最佳媒介。

(4) 方案设计:在确定的原型线框图基础上,使用美工软件,设计出具有良好视觉效果的页面。

(5) 布局设计:使用 HTML 和 CSS 对页面进行布局。

(6) 视觉设计:使用 CSS 并配合美工设计标签,完成由设计方法到网页的转化。

(7) 交互设计:为网页增添交互效果,如鼠标指针经过时的一些特效等。

1.1.3 Web 标准——结构、样式和行为的分离

网页主要由三部分组成:结构(structure)、表现(presentation)和行为(behavior)。用一本纸制图书来比喻,一本书分篇、章、节和段落等部分,这就构成了一本书的"结构",而每个部分用什么字体、什么字号、什么颜色等,就称为这本书的"表现"。由于传统的纸制图书是固定的,不能变化的,因此它们不存在"行为"。

在一个网页中,同样可以分为若干组成部分,包括各级标题、正文段落、各种列表结构等,

这些构成了一个网页的"结构"。每种组成部分的字号、字体和颜色等属性就构成了它的"表现"。网页和传统媒体不同的一点是,它是可以随时变化的,而且可以和读者互动,如何变化以及如何交互,就称为它的"行为"。因此概括来说,"结构"决定网页"是什么","表现"决定网页看起来是"什么样子",而"行为"决定了网页"做什么"。

"结构""表现"和"行为"分别对应于三种非常常用的技术,即 HTML、CSS 和 JavaScript。也就是说,HTML 用来决定网页的结构和内容,CSS 用来设定网页的表现形式,JavaScript 用来控制网页的行为。这三个部分被明确以后,一个重点的思想随即产生了,即这三者的分离。最开始时 HTML 同时担任着"结构"和"表现"的双重任务,从而给网站的开发、维护等工作带来了很多困难。

W3C 是一个专门负责制定网页标准的非营利性组织,致力于结束网页制作领域混乱不堪的局面,Web 标准就是由 W3C 组织推行的。Web 标准由一系列标准组合而成,其核心理念就是将网页的结构、样式和行为分离开来,所以它可以分为三大部分:结构标准、样式标准和行为标准。结构标准包括 XML 标准、XHTML 标准、HTML 标准;样式标准主要是指 CSS 标准;行为标准主要包括 DOM 标准和 ECMAScript 标准。

一个符合标准的网页,标签中的标签名应该全部都是小写的;属性要加上引号;样式和行为不再夹杂在标签中,而应该分别单独存放在样式文件和脚本文件中。理想状态下,网页源代码由三部分组成:.html 文件、.css 文件和.js 文件。

1.1.4 常用的浏览器介绍

浏览器是网站运行的平台,其核心部分是浏览器内核(rendering engine)。浏览器内核主要负责对网页语法的解释并进行渲染,即显示网页。因此,一般来说浏览器内核也就是浏览器所采用的渲染引擎,它决定了浏览器如何显示网页的内容以及页面的相关格式信息等。不同的浏览器内核,对网页编写的代码解释也有不同。因此,同一网页代码在不同内核的浏览器进行渲染,其显示效果也可能不同。因此,网页编写者需要在不同内核的浏览器中测试显示效果,以确定是否正确显示。

1. IE 浏览器

Internet Explorer(IE)是微软公司推出的一款网页浏览器,原称 Microsoft Internet Explorer(6 版本以前)和 Windows Internet Explorer(7/8/9/10/11 版本)。在 IE 7 以前,中文直译为"网络探路者",但在 IE 7 以后官方便直接俗称"IE 浏览器"。

IE 浏览器的内核为 Trident。

在 IE 浏览器中,开发人员可以使用"更多工具"菜单中的"开发人员工具"进行 HTML、CSS 查看和调试,如图 1-2 所示。

2. Chrome 浏览器

Chrome 是一款由 Google 公司开发的网页浏览器,该浏览器基于其他开源软件撰写,包括 WebKit,目标是提升稳定性、速度和安全性,并创造出简单且有效率的使用者界面。软件的名称来自称作 Chrome 的网络浏览器 GUI(图形使用者界面)。Google Chrome 的特点是简洁、快速。Google Chrome 支持多标签浏览,每个标签页面都在独立的"沙箱"内运行,在提高安全性的同时,一个标签页面的崩溃也不会导致其他标签页面被关闭。

Chrome 浏览器的早期版本内核为 WebKit,2013 年 4 月以后新版本内核为 Blink。

图 1-2　IE 浏览器开发人员工具

在 Chrome 浏览器中，开发人员也可以使用"更多工具"菜单中的"开发者工具"进行 HTML、CSS 查看和调试，如图 1-3 所示。

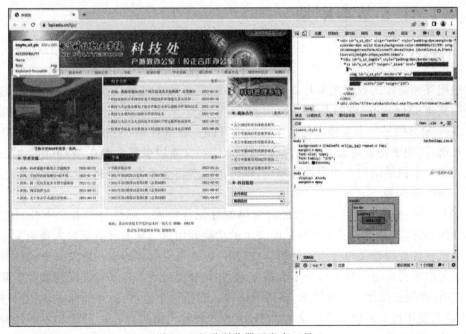

图 1-3　谷歌浏览器开发者工具

在开发者工具中，开发人员可以方便地通过元素和控制台进行内容、样式、表现形式的调试。它还对盒子模型提供了方便可视化的布局形式。

3. Firefox 浏览器

Firefox(中文俗称"火狐")是一款由 Mozilla 公司开发的自由及开放源代码的网页浏览器。其使用 Gecko 排版引擎,支持多种操作系统,如 Windows、Mac OS 及 GNU/Linux 等。Firefox 的开发目标是"尽情地上网浏览"和"对多数人来说最棒的上网体验"。

Firefox 浏览器的内核为 Gecko。

4. Opera 浏览器

Opera 浏览器是一款挪威 Opera Software ASA 公司制作的支持多页面标签式浏览的网络浏览器,是跨平台浏览器,可以在 Windows、Mac OS 和 Linux 三个操作系统平台上运行。Opera 浏览器创始于 1995 年 4 月。Opera 浏览器因为它的快速、小巧和比其他浏览器更佳的标准兼容性获得了国际上的最终用户和业界媒体的承认,并在网上受到很多人的推崇。

Opera 桌面浏览器首创了许多新功能,从而帮助用户提高上网效率,促进创新和网络开发。在 Opera 浏览器的第一个公开发行版本里,就实现了在一个窗口里同时打开多个文档,这就是普遍流行的"标签式浏览"的前身。2001 年,Opera 首创了"鼠标手势",极大地改变了许多人网上冲浪的方式。

Opera 还有很多帮助用户提高工作效率方面的创新,如浏览器内置的笔记功能,便于用户快速浏览常用网址的"快速拨号"功能;能同步各种浏览信息的 OperaLink 功能等。在 Opera 10.0 版本中,又加入了可以通过压缩页面为窄带用户带来宽带浏览速度的 OperaTurbo 加速技术。

Opera 浏览器的内核为 Presto。

1.2　HTML 5 基本框架

1.2.1　HTML 发展历程

要想把互相链接的数据文本片段编织成 Web,就必须有某种用于建立这种链接的技术,这就是超文本(hyper-text)的基础。使用超文本,一个文档中的一串文字可以直接链接到 Web 上某个地方的另一个文档。超文本置标语言(hyper-text markup language,HTML)是一种计算机语言,用于将普通文本转化为活动的(active)文本以供显示和在 Web 上使用,并为普通的无结构文本提供结构。如果没有结构,单纯的文本将会汇合在一起,以至于无法把一串文字与另一串区分开来。

HTML 由一些称为标签(tag)的经过编码的标识符组成。标签包围着文本片段,将其与其他部分区分开来,并且表明了所标记的文本的功能和用途。标签被直接嵌入普通文本文档,并在计算机软件处理该文档时得到解析。HTML 标签表明内容的某一组成部分的性质,并且提供关于它的重要信息。标签自身不会被显示,并且会被区别对待于它们所封装的实际内容。

HTML 被刻意设计为一种简单、灵活的语言。它是一个免费、公开的标准,不需要购买许可,也不需要使用特别的软件来创建 HTML 文档。任何人都可以自由创建和发布网页,Web 能发展成为现在这样一种强大、影响深远的媒体正是得益于这种开放性。

但是当使用 HTML 创作文档时,必须遵守特定的规则,因为 HTML 中的各种要素必须按特定方式组织起来才能正确发挥作用。这些规则由万维网协会(World Wide Web Consortium,W3C)负责维护。W3C 是一个非营利性组织,它制定了用以构建 Web 的许多公开的技术标准,它们统称为 Web 标准。

1.2.2 HTML 编码标准

尽管目前浏览器都兼容 HTML,但为了使网页能够符合标准,设计者应该尽量使用 XHTML 标准来编写代码。两者的区别如下。

1. XHTML 标签和属性名必须小写

对于所有 HTML 标签和属性名,XHTML 文档必须使用小写。因为 XHTML 是大小写敏感的,如<li>和<LI>是不同的标签。

2. XHTML 文档必须具有良好、完整的排版

编排良好性(well-formedness)是 XHTML 引入的一个新概念。从本质上说,标签必须有结束标签,或者必须以特殊方式书写,而且标签必须嵌套。

例如,以下嵌套标签是正确的:

```
<p>梦之都 <em>XHTML 教程</em> </p>
```

以下交叠标签是错误的:

```
<p>梦之都 <em>XHTML 教程</p> </em>
```

3. 对非空标签,必须使用结束标签

XHTML 不允许忽略结束标签。除在 DTD 中被声明为空的标签外,其他标签都必须有结束标签。

例如,以下写法是正确的:

```
<p> XHTML 教程 </p><p> CSS 教程 </p>
```

以下缺少结束的标签的写法是错误的:

```
<p> XHTML 教程 <p> CSS 教程
```

4. 空标签

空标签必须有结束标签,或者起始标签必须以/>结束。例如,
或<hr></hr>。

例如,以下具有结束空标签的写法是正确的:

```
<br/><hr/>
```

以下没有结束空标签的写法是错误的:

```
<br><hr>
```

5. XHTML 属性值必须在引号中

XHTML 所有的属性值必须在引号中,即使是以数字形式的属性值。

例如,以下写法是正确的:

```
<table rows="3">
```

以下写法是错误的:

```
<table rows=3>
```

6. 属性最小化

XHTML 不支持属性最小化，"属性/属性值"必须完整成对地写出。像 disabled、checked 这样的属性名不能在不指定属性值的情况下出现。

例如，以下写法是正确的：

```
<input checked="checked">
```

以下写法是错误的：

```
<input checked>
```

1.2.3　HTML 文档基本格式

下面举例说明 HTML 文档的基本结构，网页效果如图 1-4 所示。

图 1-4　HTML 基本文档结构网页效果

上述网页的实现代码如代码清单 1-1 所示。

代码清单 1-1　HTML 基本文档结构代码

```
<!--代码清单 1-1-->
<!DOCTYPE html>
<html lang="en">
<!-- 这里是头信息 -->
<head>
    <meta charset="UTF-8">
    <title>奥林匹克精神</title>
</head>
<!--这里是内容信息-->
<body>
    北京冬季奥运会
</body>
</html>
```

在代码清单 1-1 中，可以看到 HTML 基本文档结构如下。

（1）HTML 文档首先要向浏览器说明当前文档使用了哪种 HTML 标准，<!DOCTYPE html>表示本文档是有效的 HTML 5 文档，浏览器可以按照此类型进行解析。

（2）<html>和</html>是 HTML 文档的开始与结束标签，也是 HTML 文档的根标签，代码清单中 lang 用来表示本文档使用的语言，"en"指英语，"zh-cn"指简体中文。

（3）HTML 注释内容在"<!--"和"-->"之间，浏览器不做解析。

（4）HTML 文件中主要分为头部标签<head>与内容标签<body>。

（5）头部标签<head>可以容纳文档的 HTML 相关信息，比如标题 title、页面的语言与文字类型、应用CSS样式、JavaScript代码、简短描述、关键词等内容，是用户无法直接看到的。

（6）内容标签<body>中包括用户可以看到的全部内容，如段落、链接、表格等。

1.2.4　开发工具的选择

主流的Web前端开发写代码的软件有Visual Studio Code、Dreamweaver、Sublime Text、HBuilder、editplus、Webstorm等。

1. Visual Studio Code

Visual Studio Code(简称VSCode)是一款免费的、开源的现代化轻量级代码编辑器，支持几乎所有主流的开发语言的语法高亮、智能代码补全、自定义热键、括号匹配、代码片段、代码对比Diff、GIT等特性，支持插件扩展，并针对网页开发和云端应用开发做了优化，其开发起始页面如图1-5所示。

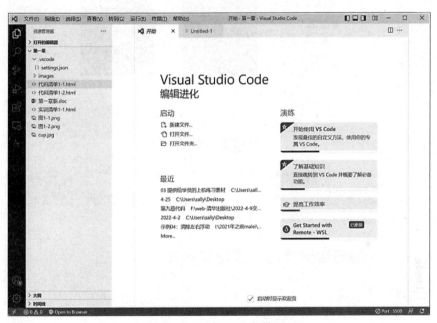

图1-5　VSCode开发起始页面

为了达到快捷方便地使用，开发人员可以在VSCode中安装表1-1所示的插件。

表1-1　VSCode常用插件

插 件 名 称	功 能 描 述
Chinese (Simplified) Language Pack for Visual Studio Code	中文(简体)语言包
Open in Browser	右击选择浏览器打开HTML文件
Open In Default Browser	右击选择默认浏览器打开HTML文件
JS-CSS-HTML Formatter	自动格式化JS、CSS和HTML代码
Auto Rename Tag	自动重命名配对的HTML/XML标签
CSS Peek	追踪至样式
jQuery Code Snippets	jQuery代码片段
Live Server	本地服务器

2. HBuilder

HBuilder 是 DCloud 推出的一款支持 HTML 5 的 Web 开发 IDE。HBuilder 的编写用到了 Java、C、Web 和 Ruby。HBuilder 本身主体是由 Java 编写，它基于 Eclipse，所以顺其自然地兼容了 Eclipse 的插件。HBuilder 的最大优势是快，通过完整的语法提示和代码输入法、代码块等，大幅提升了 HTML、JS、CSS 的开发效率，其开发起始页面如图 1-6 所示。

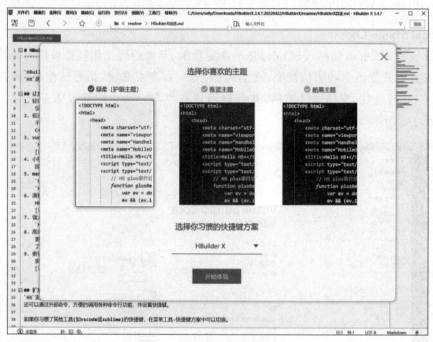

图 1-6　HBuilder 开发起始页面

课堂实训 1-1　中国奥运奖牌网页策划与设计

1. 任务内容

中国在 2022 年北京冬奥会上，取得了骄人的成绩，这既是中国运动事业的发展成就，也离不开运动员们不甘落后、奋勇争取的努力。本实训需要通过 HTML 建立基本的网站，载入奥运相关内容及图片，从而可以基于 HTML 体验基本的 Web 前端功能。网页效果如图 1-7 所示。

2. 任务目的

体验奥运奖牌网页的制作过程，了解 Web 前端开发流程。

3. 技能分析

（1）内容分析：研究需要在网页中展现的内容，梳理其中的逻辑关系，分清层次。
（2）收集素材：收集所需的图片、文字等素材。
（3）结构设计：根据内容分析的成果，搭建 HTML 结构。
（4）原型设计：根据网页的结构，绘制原型线框图，对页面进行合理的分区布局。
（5）方案设计：根据原型线框图，合理设计展示内容。

图 1-7 中国奥运奖牌内容介绍网页效果

4. 操作步骤

(1) 在<head></head>中添加标题标签,具体代码如下。

```
<head>
    <!--告知浏览器此页面属于什么字符编码格式-->
    <meta charset="UTF-8">
    <title>我国奥运奖牌网页</title>
</head>
```

(2) 利用 HTML 设置页面内容,插入素材图片和文字,具体代码如代码清单 1-2 所示。

代码清单 1-2 "我国奥运奖牌"内容介绍网页

```
<!--代码清单 1-2-->
<!DOCTYPE html>
<!--向搜索引擎表示该页面使用 HTML 语言,并且为中文网站-->
<html lang="zh">
<head>
    <!--告知浏览器此页面属于什么字符编码格式-->
    <meta charset="UTF-8">
    <title>我国奥运奖牌网页</title>
</head>
<body>
    <h1>2022年北京冬奥会奖牌介绍</h1>
    <p>
        <!--这里插入图片-->
        <img src="图 1-1.png" height="300" width="450">
    <br>
        <!--这里插入内容-->
        北京冬奥会共设 7 个大项、15 个分项、109 个小项。
```

```
        </p>
        <h2>中国体育代表团成绩</h2>
        <p>
            <!--这里插入图片-->
            <img src="图1-2.png" height="300" width="450">
            <br>
            <!--这里插入内容-->
            中国体育代表团获得了9块金牌,4块银牌,2块铜牌。
        </p>
        <br> &copy; 版权所有 DKY 制作
</body>
</html>
```

习　　题

一、选择题

1. JavaScript 可以驻留在文档的(　　)区域中。
   A. head　　　　　　B. table　　　　　　C. title　　　　　　D. font
2. 从网页是否执行程序来分,网页分为(　　)和(　　)两种类型。
   A. 静态网页　　　　B. 动态网页　　　　C. 首页　　　　　　D. 活动网页
3. 下面以(　　)为扩展名的文件不是网页文件。
   A. .html　　　　　　B. .htm　　　　　　C. .jsp　　　　　　D. .doc
4. (　　)不是网页的基本构成元素。
   A. 文本　　　　　　B. 图像　　　　　　C. 数据表　　　　　D. 表单
5. 超文本置标语言的简写为(　　)。
   A. FTP　　　　　　B. HTML　　　　　　C. IP　　　　　　　D. HTTP

二、简答题

1. HTML 文档的基本结构由哪几部分组成?
2. 如何判断一个网站是否符合 Web 标准?

第 2 章

HTML 简单标签

　　HTML 是用来描述网页的一种语言。它由一套标签（tag）构成，通过这些标签可以将网络上的文档格式统一，使分散的 Internet 资源链接为一个逻辑整体。

　　本章从认识 HTML 文档的基本格式出发，讲述 HTML 文档的构成和各种标签的作用以及使用方法。

 知识目标

- HTML 文档基本结构。
- HTML 标签的分类。
- 块级标签的特点和代表标签。
- 内联标签的特点和代表标签。
- 多媒体标签的使用。

 技能目标

- 能够读懂 HTML 文档。
- 能够书写规范的 HTML 文档。
- 能够按照页面效果图运用 HTML 标签设计页面。

 思政目标

　　以中国航天为引导，在对 HTML 标签基础知识学习过程中，融入对学生的理想信念教育——飞天梦，培养学生科技报国、刻苦钻研、勤于分析、团结合作、甘于奉献的精神。

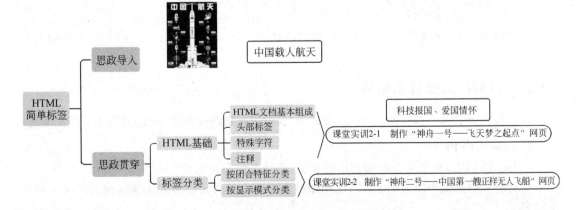

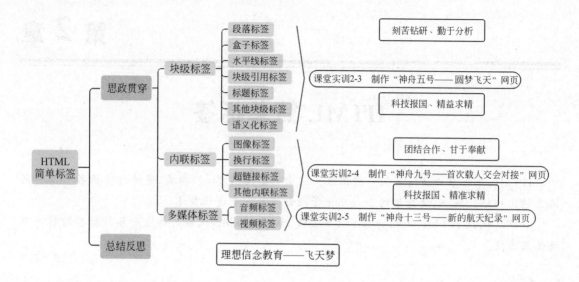

2.1 HTML 基础

无论学习哪种编程语言,首先需要掌握这种编程语言的基本格式。比如人们使用电子邮箱发送邮件时,首先要填写收件人的邮箱地址、邮件主题和内容,HTML 也有其自身的格式要求。

HTML 5 精简了许多先前版本的标签,基本的文档格式如代码清单 2-1 所示,使用 VSCode 创建新 HTML 文件时,在编辑区输入"!",软件会自动补全基本格式所需代码。

代码清单 2-1　HTML 基本的文档格式

```
<!-- 代码清单 2-1-->
<!DOCTYPE html>
<html>
<head>
    <meta charset="UTF-8">
    <title>Document</title>
</head>
<body>
</body>
</html>
```

代码清单 2-1 清晰地展示出 HTML 文档的基本架构,下面详细介绍 HTML 文档的各个组成部分。

2.1.1　HTML 文档基本组成

HTML 5 不区分英文字母大小写,考虑到与 XHTML 的兼容性,建议采用小写英文字母。

1. <!DOCTYPE>

<!DOCTYPE>标签用于声明文档的类型,不区分大小写。

只有将文档类型声明为 HTML,使用浏览器打开文档时才能将其正确解析并以网页形式进行展示。

2. <html>

<html>标签用于表示 HTML 文档的范围。<html>和</html>标签分别表示 HTML 文档的开始和结束。

3. <head>

<head>标签称为头部标签,用于定义关于文档的信息,可以包含脚本、指引浏览器找到样式表、提供元信息等。

4. <body>

<body>标签称为体标签,用于包含文档的所有内容(如文本、超链接、图像、表格和列表等)。浏览器中所有的可见区域部分都必须位于<body>和</body>范围内。<body>标签定义文档的主体。

2.1.2 头部标签

<head>标签用于定义文档头部,它是所有头部标签的容器。

<head>标签包含的元数据包括<link>、<meta>、<noscript>、<script>、<style>、<title>,这些内容均用来为浏览器提供信息,具体功能如表 2-1 所示。

表 2-1 <head>标签包含信息表

标 签	描 述
<link>	提供文档与外部资源之间的关系,通常用于链接到样式表
<meta>	提供有关页面的元信息(meta-information),如网页的描述、关键词、文件的最后修改时间、作者和其他元数据
<noscrip>	定义脚本未被执行时的替代内容(文本)
<script>	用于加载脚本文件,如 JavaScript
<style>	用于定义 CSS 样式表信息或提供样式文件的引用地址
<title>	提供页面标题

下面举例说明<head>标签的用法,网页效果如图 2-1 所示。

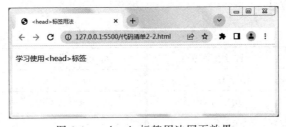

图 2-1 <head>标签用法网页效果

上述网页的实现代码如代码清单 2-2 所示。

代码清单 2-2 <head>标签用法

```
<!--代码清单 2-2-->
<!DOCTYPE html>
<html>
```

```html
<head>
    <meta charset="UTF-8">
    <!-- 定义文档的字符编码 -->
    <meta name="keywords" content="DKY,HTML,CSS,XML,XHTML,JavaScript">
    <!-- 定义文档关键词,用于搜索引擎 -->
    <meta name="description" content="DKY'WEBPAGE">
    <!-- 定义web页面描述 -->
    <meta name="author" content="DKY">
    <!-- 定义页面作者 -->
    <meta http-equiv="refresh" content="20">
    <!-- 每20秒刷新页面 -->
    <title><head>标签用法</title>
    <!-- 定义页面标题 -->
</head>
<body>
    <p>学习使用 &lt;head&gt;标签</p>
</body>
</html>
```

在代码清单2-2中,在<head>标签中对页面的多个属性进行了设置,但由于<head>标签中的内容仅为浏览器提供元信息,多数属性在页面中不能直接看出效果,因此在图2-1中只看到了<title>标签中的"<head>标签用法"字样出现在浏览器的页面标题处。

2.1.3 特殊字符

浏览网页时经常会看到一些特殊的符号,比如图2-1中<head>标签前后出现的"<>",还有诸如数学符号、希腊字符、各种箭头记号、科技符号以及形状等,这些符号不能直接在代码文档中输入,使用时需要以指定的字符串来表示。例如,在代码清单2-2中,使用<和>替代了<、>。

除了以上出现过的字符外,还有其他一些字符属于特殊字符。下面通过表2-2列出部分常用特殊字符的表示方法。

表2-2 特殊字符表示方法

特殊字符	替代字符	特殊字符	替代字符
空格		∪	&cup;
上标	&sup上标内容;	€	&euro;
∈	&isin;	™	&trade;
∉	&notin;	←	&larr;
∋	&ni;	↑	&uarr;
∏	&prod;	→	&rarr;
∑	&sum;	↓	&darr;
−	&minus;	↔	&harr;

续表

特殊字符	替代字符	特殊字符	替代字符
*	&lowast;	↵	&crarr;
√	&radic;	♠	&spades;
∧	&and;	♣	&clubs;
∨	&or;	♥	&hearts;
∩	&cap;	♦	&diams;
<	&lt;	α	&alpha;
>	&gt;	β	&beta;

下面举例说明特殊字符的表示方法,网页效果如图 2-2 所示。

图 2-2　特殊字符表示方法网页效果

上述网页的实现代码如代码清单 2-3 所示。

代码清单 2-3　特殊字符表示方法

```
<!-- 代码清单 2-3-->
<!DOCTYPE html>
<html lang="en">
<head>
    <meta charset="UTF-8">
    <title>特殊字符表示方法</title>
</head>
<body>
    <p>2&sup2;=4</p>
    <P>2&sup3;=8</P>
    <p>A&cap;B</p>
</body>
</html>
```

在代码清单 2-3 中,使用替代字符 ²、³和 ∩代表了 3 个特殊字符,分别表示平方、立方和交集符号。

2.1.4　注释

HTML 代码的注释采用"<!--注释内容-->"的形式表示。注释内容可以提高程序可读性,使代码更易被人理解。浏览器在解析代码时会对其进行忽略,不会在浏览器中显示注释中的内容。

下面举例说明添加注释的方法和效果,如图 2-3 所示。网页的实现代码如代码清单 2-4 所示。

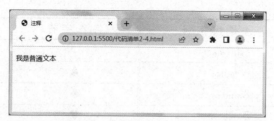

图 2-3　添加注释网页效果

代码清单 2-4　添加注释方法

```html
<!-- 代码清单 2-4-->
<!DOCTYPE html>
<html lang="en">
<head>
    <meta charset="UTF-8">
    <title>注释</title>
</head>
<body>
    <p>我是普通文本</p>
    <!-- <p>我是注释,浏览器不显示。</p> -->
</body>
</html>
```

在代码清单 2-4 中,\<body\>标签中共有两行代码。其中,第一行为普通段落文本,正常显示;第二行文本前后虽然也有\<p\>标签来表示开始和结束,但由于内容处于注释标签内,因此该内容在浏览器中不显示。

课堂实训 2-1　制作"神舟一号——飞天梦之起点"网页

1. 任务内容

载人飞天是这个世界上最具困难性的挑战。中国空间技术研究院空间站系统总设计师杨宏说:"载人航天是当今世界技术最复杂、难度最大的航天工程。"

北京时间 1999 年 11 月 20 日早上 6 时,神舟一号飞船在酒泉卫星发射中心发射升空,于北京时间 1999 年 11 月 21 日凌晨 3 时 41 分顺利降落在内蒙古中部地区的着陆场,在太空中共飞行了 21 小时。

神舟一号是中国实施载人航天工程的第一次飞行试验,标志着中国航天事业迈出重要步伐,对突破载人航天技术具有重要意义,是中国航天史上的重要里程碑。自此以后,中国成为继美、俄之后世界上第三个拥有载人航天技术的国家。

"神舟一号"飞船成功发射,吹响了中国载人航天飞行试验的号角。

本实训的内容是制作一个展示神舟一号飞船的网页,效果如图 2-4 所示。

2. 任务目的

通过制作简单的神舟一号介绍网页,进一步理解 HTML 文档结构,学会如何创建 HTML 文档、如何编写头部标签代码、如何在页面中使用标签的方法。

3. 技能分析

(1) 使用 VSCode 创建站点和网页文件,并搭建 HTML 文档结构。

图 2-4　神舟一号网页效果

（2）编辑<head>标签，为页面添加标题"神舟一号——中国飞天梦之起点"。

（3）使用<h1>标签、<p>标签和<img>标签为页面添加标题、内容和图片。

（4）使用特殊字符表示方法给页面添加版权信息"©Dky 版权所有"。

4．操作步骤

（1）利用 VSCode 创建网站并新建"神舟一号.html"网页文件。

（2）在编辑区输入"！"快速搭建 HTML 文档结构，效果如图 2-5 所示。

图 2-5　神舟一号 HTML 网页框架

（3）设置<head>标签，将其<title>标签的内容修改为"神舟一号——中国飞天梦之起点"，代码如下。

```
<title>神舟一号——中国飞天梦之起点</title>
```

（4）在<body>标签中添加标题、文字内容和图片标签，实现代码如代码清单 2-5 所示。

代码清单 2-5　神舟一号网页实现代码

```html
<!-- 代码清单 2-5-->
<!DOCTYPE html>
<html lang="en">
<head>
    <meta charset="UTF-8">
    <title>神舟一号——中国飞天梦之起点</title>
</head>
<body>
    <h3>神舟一号——中国飞天梦之起点</h3>
    <p>神舟一号,是中国载人航天工程发射的第一艘飞船,也是中华人民共和国载人航天计划中发射的第一艘无人试验飞船。</p>
    <img src="/images/shenzhou.jpg" alt=" 神舟一号 ">
    <p>&copy;Dky 版权所有</p>
</body>
</html>
```

在代码清单 2-5 中,通过<title>标签定义了网页的标题,使用<h3>标签定义了网页内容的标题,使用<p>标签定义了一段文字和版权信息,使用<img>标签定义了页面中的图像。

2.2　标签分类

HTML 文档是由 HTML 标签定义并构成的。目前 HTML 中大约包含有 150 余种标签。

一般可将 HTML 标签分为如图 2-6 所示的类别。

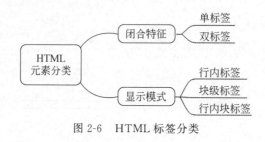

图 2-6　HTML 标签分类

2.2.1　按闭合特征分类

HTML 标签以开始标签起始,以结束标签终止,标签的内容是开始标签与结束标签之间的内容。

1. 单标签

单标签也称空标签,是指标签中不包含内容,仅有开始标签。在开始标签的右尖括号前加上一个"/"表示结束,基本的语法格式如下。

```
<标签名/>
```

常见的单标签有
、<hr>、<img>、<input>、<link>、<meta>等。

注意:目前浏览器能够识别有些标签不闭合的情况,如单独写
标签可以实现换行显示,但在 XHTML、XML 以及未来版本的 HTML 中,所有标签都必须被关闭。为了保证更好的兼容性,建议使用带有关闭标签的格式编写代码。

2. 双标签

双标签也称体标签,是指由开始和结束两个标签符号组成的标签。双标签的基本语法格式如下。

```
<标签名>内容</标签名>
```

常见的双标签有<html>和</html>、<body>和</body>、<p>和</p>、<h3>和</h3>等。

2.2.2 按显示模式分类

按 HTML 标签在浏览器显示时是否从新行开始将其划分为块级标签和行内标签。

1. 块级标签

块级标签单独占一整行或者多行,通常用于进行大布局(大结构)的搭建,如表 2-3 所示。

表 2-3 常见的块级标签

标 签	描 述
<div>	定义文档中的分区或节
<p>	定义段落
<form>	定义表单
<table>	定义表格
<hr>	定义水平线
<h1>~<h6>	定义 HTML 标题
<dl>、<dt>、<dd>	定义列表、列表中的项目、列表中项目的描述
<ol>、<ul>、<li>	定义有序列表、无序列表、列表的项目

块级标签具有以下特点。

(1) 每个块级标签独占一行,即内容从新的一行开始,从上到下排布。
(2) 可以设置标签的宽、高和内、外边距值。
(3) 若不设置宽度和高度,则宽度默认为父级标签的宽度(100%),高度根据内容大小自动填充。
(4) 块级标签大多都可以容纳行内标签和其他块级标签。

2. 行内标签

行内标签又称内联标签,不占有独立的区域,靠自身字体大小和图像尺寸支撑,常用于控制页面中文本的样式,如表 2-4 所示。

表 2-4 常见的行内标签

标 签	描 述	标 签	描 述
<b>	定义文本粗体	<span>	定义文档中的节
<em>	定义强调文本,显示为斜体	<strong>	定义强调文本,显示为加粗字体
<i>	定义斜体字		

行内标签具有以下特点。

(1) 与相邻行内标签在同一行中。
(2) 不能对其宽、高属性进行设置,默认宽度是本身内容的宽度。

(3) 行内标签只能容纳文本或者其他行内标签,不可在行内标签中嵌套其他块级标签。

注意:<a>标签比较特殊,链接中不可再嵌入其他链接。

3. 行内块标签

行内块标签综合了行内标签和块级标签的特性,对象以行内标签的方式排列,样式则采用块级标签的样式。常用的行内块标签如表 2-5 所示。

表 2-5 常用的行内块标签

标　签	描　述
<img>	定义图像
<input>	定义输入控件

行内块标签具有以下特点。

(1) 与相邻行内标签、行内块标签在同一行中,排列方式为从左到右。
(2) 标签之间默认有间距。
(3) 可以设置宽高、内、外边距值。
(4) 默认宽度是本身内容的宽度。

课堂实训 2-2　制作"神舟二号——中国第一艘正样无人飞船"网页

1. 任务内容

神舟二号,简称"神二",是中国载人航天工程发射的第二艘飞船,也是中国第一艘正样无人飞船。飞船由轨道舱、返回舱和推进舱三个舱段组成。

与"神舟一号"相比,"神舟二号"飞船的结构和技术都有了新的改变和提高,可以说跟真正的载人飞船没有区别。在这艘飞船上,载人飞行的几大系统全部参加了实验,包括:①逃生系统,用来保证宇航员的生命安全;②饮食系统,用来解决宇航员的体力问题;③卫生系统,用来解决宇航员的个人卫生;④医疗系统,用来解决宇航员晕船、头痛、辐射等病症;⑤环境系统,要求温、压、气、湿都能自动调节。

神舟二号的发射,是中国载人航天工程的第二次飞行试验,标志着中国载人航天事业取得了新的进展,向实现载人航天飞行迈出了可喜的一步。

本实训的内容是使用多种 HTML 标签制作一个展示神舟二号飞船的网页,其效果如图 2-7 所示。

2. 任务目的

通过制作神舟二号基本介绍的网页,理解并区分块级标签和内联标签,学会使用单标签和双标签。

3. 技能分析

(1) 标题"神舟二号——中国第一艘正样无人飞船"使用<h2>标题标签。
(2) 使用<hr>水平线标签对标题和内容进行划分。
(3) 使用<p>段落标签添加网页内容,使用
标签对内容进行换行,使用<b>加粗标签、<i>斜体标签对文本进行格式设置,使用<img>图像标签为页面添加图片并设置其宽度。
(4) 使用特殊字符表示方法给页面添加版权信息"©Dky 版权所有"。

图 2-7　神舟二号网页效果

4. 操作步骤

（1）利用 VSCode 创建网站并新建"代码清单 2-6.html"网页文件。

（2）在编辑区输入"!"快速搭建 HTML 文档结构。

（3）利用 HTML 标签添加并设置页面标题、内容文字，插入素材图片和文字。注意特殊字符版本标签的设置方法，实现代码如代码清单 2-6 所示。

代码清单 2-6　神舟二号网页代码

```
<!-- 代码清单 2-6 -->
<!DOCTYPE html>
<html lang="en">
<head>
    <meta charset="UTF-8">
    <title>神舟二号</title>
</head>
<body>
    <h2>神舟二号——中国第一艘正样无人飞船</h2>
    <hr/>
    <p>神舟二号,简称"神二",是中国载人航天工程发射的第二艘飞船,也是中国第一艘正样无人飞船。</p>
    <p>神舟二号飞船由轨道舱、返回舱和推进舱三个舱段组成。与神舟一号试验飞船相比,神舟二号飞船的系统结构有了新的扩展,技术性能有了新的提高,飞船技术状态与载人飞船基本一致。<br/>
    飞行期间,进行了空间生命科学、空间材料、空间天文和物理、微重力科学等领域的实验。</p>
    <img src="/images/sz2.jpg" alt="神舟二号" width="150">
    <i>以上内容引自百度百科</i>
    <p>&copy;Dky 版权所有</p>
</body>
</html>
```

（4）在标题行下方插入<hr>标签出现分割线。

```
<hr/>
```

（5）给神舟二号添加<b>标签使其加粗显示。

```
<b>神舟二号</b>
```

（6）在"飞行期间"前添加
标签，使其后面的文字换行显示。

```
<br/>飞行期间,
```

（7）在<img>图像标签中添加宽度 width 属性并设置值为 150。

```
<img src="/images/sz2.jpg" alt="神舟二号" width="150">
```

在代码清单 2-6 中，<b>标签和<i>标签为行内便签，标签里的内容没有独立成行显示，而是只对相关内容进行了格式设置。<img>标签为行内块标签，可以对其进行宽度设置，且后面的引用文字与其显示在同一行。

注意：如图 2-7 所示，<p>标签和
标签虽然都在新行显示内容，但段落间和同段换行的间距效果是不同的。

2.3 块级标签

在课堂实训 2-2 中，使用标题标签<h2>设计了"神舟二号——中国第一艘正样无人飞船"的标题，使用换行标签<hr>在标题和内容之间添加了分隔线，还使用段落标签<p>设计了页面的内容和版权信息。上述 3 种标签是典型块级标签的代表，下面介绍网页中常用的块级标签。

2.3.1 段落标签

网页中的段落文本使用<p>标签定义，其语法格式如下。

```
<p>文本内容</p>
```

<p>标签定义了 HTML 文档中的一个段落，这个标签以<p>表示起始，以</p>表示结束。下面举例说明<p>标签的使用方法，网页效果如图 2-8 所示。

图 2-8　<p>标签用法网页效果

上述网页的实现代码如代码清单 2-7 所示。

代码清单 2-7　<p>标签用法

```
<!-- 代码清单 2-7-->
<!DOCTYPE html>
<html lang="en">
<head>
    <meta charset="UTF-8">
    <title>p标签的用法</title>
</head>
<body>
```

```
        <p>第一个段落。</p>
        <P>第二个段落。</P>
        <P>第三个段落。</P>
</body>
</html>
```

在代码清单 2-7 中，页面添加了 3 个<p>标签。由于<p>标签为块级标签，每个<p>标签内的内容独占内容所在行的全部空间，因此每段文字均从新的一行开始显示，整个页面出现 3 个段落。

2.3.2 盒子标签

<div>标签也是一个典型块级标签，它可以用来定义文档中的分区或节，它的内容也会自动地开始于一个新行。

<div>标签不具有<p>标签那样特殊的文本段落含义，它只是用于表明此处是一个块级标签，用来处理文档中独立的部分，与其他内容分隔开来，使文档结构更加清晰。<div>标签常与 CSS 样式结合构成盒子模型对网页结构进行划分和布局。

<div>标签的语法结构如下。

```
<div>内容</div>
```

下面举例说明<div>标签的使用方法，网页效果如图 2-9 所示。

图 2-9　<div>标签用法网页效果

上述网页的实现代码如代码清单 2-8 所示。

代码清单 2-8　<div>标签用法

```
<!-- 代码清单 2-8-->
<!DOCTYPE html>
<html lang="en">
<head>
    <meta charset="UTF-8">
    <title>div 盒子标签用法</title>
</head>
<body>
    <div>第一个盒子</div>
    <div>第二个盒子</div>
    <div>第三个盒子</div>
</body>
</html>
```

在代码清单 2-8 中，上述代码定义了 3 个盒子，由于盒子标签属于块级标签，因此每个盒子均从新的一行开始显示并独占当前行。

2.3.3 水平线标签

水平线标签<hr>用于在 HTML 页面中创建一条水平线,在视觉上将文档分隔成不同的部分。

<hr>标签是典型的单标签,没有结束标签,其语法结构如下。

```
<hr/>
```

下面举例说明<hr>标签的使用方法,网页效果如图 2-10 所示。

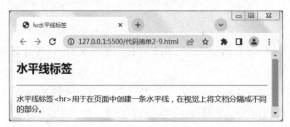

图 2-10 <hr>标签用法网页效果

上述网页的实现代码如代码清单 2-9 所示。

代码清单 2-9   <hr>标签用法

```
<!-- 代码清单 2-9 -->
<!DOCTYPE html>
<html lang="en">
<head>
    <meta charset="UTF-8">
    <title>hr 水平线标签</title>
</head>
<body>
    <h2>水平线标签</h2>
    <hr/>
    <p>水平线标签 &lt;hr&gt;用于在页面中创建一条水平线,在视觉上将文档分隔成不同的部分。</p>
</body>
</html>
```

在代码清单 2-9 中,上述代码在页面内容标题正文内容间定义了一条分隔线,分隔线的默认长度与浏览器的宽度相等。

2.3.4 块级引用标签

<blockquote>标签用于定义摘自另一个源的块引用。该标签中的内容将会被从常规文本中分离出来,浏览器通常会将<blockquote>标签中的内容进行左、右缩进,有时还会显示为斜体。

```
<blockquote>引用内容</blockquote>
```

下面举例说明<blockquote>标签的使用方法,网页效果如图 2-11 所示。
上述网页的实现代码如代码清单 2-10 所示。

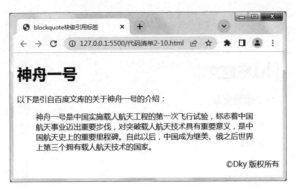

图 2-11 `<blockquote>`标签网页效果

代码清单 2-10 `<blockquote>`标签用法

```html
<!-- 代码清单 2-10 -->
<!DOCTYPE html>
<html>
<head>
    <meta charset="utf-8">
    <title>blockquote块级引用标签</title>
</head>
<body>
    <h1>神舟一号</h1>
    <p>以下是引自百度文库的关于神舟一号的介绍:</p>
    <blockquote cite="https://baike.baidu.com/">神舟一号是中国实施载人航天工程的第一次飞行试验,标志着中国航天事业迈出重要步伐,对突破载人航天技术具有重要意义,是中国航天史上的重要里程碑。自此以后,中国成为继美、俄之后世界上第三个拥有载人航天技术的国家。</blockquote>
    <p align="right">&copy;Dky 版权所有</p>
</body>
</html>
```

在代码清单 2-10 中,网页正文部分中关于神舟一号的介绍资料引自百度百科,引用内容使用`<blockquote>`标签包裹,使其呈现出左、右缩进的效果。

2.3.5 标题标签

标题标签`<h1>`～`<h6>`用于定义网页中的标题文字。`<h1>`定义最大的标题,`<h6>`定义最小的标题,其语法结构如下。

```html
<h1>标题内容</h1>
```

下面举例说明`<h1>`～`<h6>`标签的使用方法,网页效果如图 2-12 所示。
上述网页的实现代码如代码清单 2-11 所示。

代码清单 2-11 `<h1>`～`<h6>`标签用法

```html
<!-- 代码清单 2-11 -->
<!DOCTYPE html>
<html lang="en">
<head>
    <meta charset="UTF-8">
```

图 2-12 <h1>~<h6>标签网页效果

```
    <title>h1-h6标题标签</title>
</head>
<body>
    <h1>h1 标题文本</h1>
    <h2>h2 标题文本</h2>
    <h3>h3 标题文本</h3>
    <h4>h4 标题文本</h4>
    <h5>h5 标题文本</h5>
    <h6>h6 标题文本</h6>
    <p>p 段落文本</p>
</body>
</html>
```

在代码清单 2-11 中，分别定义了<h1>~<h6>六级标题和一段普通文字，可以通过图 2-12 对比其显示效果。

注意：标题标签的 align 属性能够对其对齐方式进行设置，属性值可以是"left"、"center"、"right"。在实践中不推荐使用，通常利用 CSS 样式表对其进行设置。

2.3.6 其他块级标签

除以上介绍的块级标签外，HTML 中还有许多块级标签，下面对其他常用的块级标签进行简单的介绍。

1. 预格式化标签

<pre>标签表示预定义格式文本。在<pre>标签内的文本通常会保留空格和换行符，按照原文件中的编排，文本也会呈现为等宽字体。

通常<pre>标签中的内容除了能够表示已经排版过的文字，如代码块和字符等，还可以用来表示计算机的源代码。

<pre>标签的语法格式如下。

```
<pre>
预格式化文本
</pre>
```

下面举例说明<pre>标签的使用方法，网页效果如图 2-13 所示。

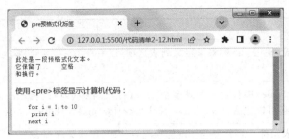

图 2-13 <pre>标签网页效果

上述网页的实现代码如代码清单 2-12 所示。

代码清单 2-12　　<pre>标签用法

```html
<!-- 代码清单 2-12 -->
<!DOCTYPE html>
<html lang="en">
<head>
    <meta charset="UTF-8">
    <title>pre 预格式化标签</title>
</head>
<body>
<pre>
此处是一段预格式化文本。
它保留了      空格
和换行。
</pre>
<p>使用 &lt;pre&gt;标签显示计算机代码：</p>
<pre>
    for i = 1 to 10
     print i
     next i
</pre>
</body>
</html>
```

在代码清单 2-12 中，使用<pre>标签定义了两段预格式化文本，通过图 2-13 能够看出两段文字中的空格没有使用   替代却被完整保留显示。

注意：如果希望使用<pre>标签来定义计算机源代码，如 HTML 源代码，仍使用符号实体来表示特殊字符。

2. 其他块级标签

除了上述的块级标签外，HTML 中还有许多其他用途的块级标签。其他常用的块级标签如表 2-6 所示。

表 2-6　其他常用的块级标签

标　签	描　　　述
<dl>	定义一个描述列表，与<dt>（定义项目/名字）和 <dd>（描述每一个项目/名字）一起使用
<form>	定义用于创建供用户输入的表单，包含一个或多个如下的表单标签：<input>、<textarea>、<button>、<select>、<option>、<optgroup>、<fieldset>、<label>

标签	描述
<ol>	定义有序列表，使用<li>标签来定义列表选项，以有序数字、字母、罗马数字等来显示列表选项序号
<table>	定义表格。<table>中包含一个或多个<tr>(行)、<th>(列)以及<td>(单元格)标签。复杂的HTML表格还可以包含<caption>、<col>、<colgroup>、<thead>、<tfoot>以及<tbody>标签
<ul>	定义无序列表。将<ul>标签与<li>标签配合使用，创建无序列表

2.3.7 语义化标签

语义化标签简单地说就是带有意义的标签。通过语义化标签的名称就能够清楚地表述其作用，如<form>、<table>和<img>标签通过单词意思就能清楚了解它的作用；反之，比如<div>和<span>标签没有实际意义属于无语义标签。

使用结构语义标签，可以使页面结构清晰、易于维护，也有助于屏幕阅读器和其他辅助工具的读取，有利于搜索引擎机器人快速了解页面结构，收集页面的信息。

常用的语义化标签如表2-7所示。

表2-7 常用的语义化标签

标签	描述
<header>	定义具有引导和导航作用的结构标签，通常表示整个页面或页面上的一个内容块的头部。header中可以包含标题标签、导航、Logo、搜索表单等
<nav>	定义页面的导航区域，通常包含一组比较重要的导航链接，这些链接可以指向当前页面的其他部分，也可以指向其他页面或资源。一个页面中可以存在多个<nav>标签，作为页面整体或者不同部分的导航
<main>	定义文档的主内容区，一个页面中只能有一个<main>标签，而且<main>标签不能放在<article>、<aside>、<header>、<footer>、<nav>标签中
<article>	定义文档、页面、应用程序或网站中可以被外部引用的内容。通常<article>标签里面可包含独立的<header>、<footer>等结构化标签。 一个页面可以没有或包含多个<article>标签。<article>标签也可以嵌套在其他<article>标签中
<section>	定义文档或应用的一般区块。<section>标签可以嵌套在<article>中显示文章的不同部分或章节
<aside>	定义跟文档的主内容区相关又独立于主内容区的区域。<aside>标签常用作侧边栏、说明、提示、引用、附加注释、广告等
<footer>	定义页脚。<footer>标签通常位于页面或内容块的结尾，用于显示作者、版权、相关文档的链接、联系信息等。页面中可以包含多个<footer>标签
<address>	定义页面、文章或区域的作者或拥有者的联系信息。<address>标签一般位于<footer>或<header>中，通常浏览器将<address>标签内容呈现为斜体

语义化标签的位置关系示意图如图2-14所示。

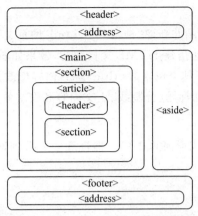

图 2-14 语义化标签的位置关系示意图

课堂实训 2-3　制作"神舟五号——圆梦飞天"网页

1. 任务内容

神舟五号,简称神五,是中国载人航天工程发射的第五艘飞船,也是中华人民共和国发射的第一艘载人航天飞船。

北京时间 2003 年 10 月 15 日 9 时整,神舟五号飞船搭载航天员杨利伟于酒泉卫星发射中心发射,在轨运行 14 圈,历时 21 小时 23 分,其返回舱于北京时间 2003 年 10 月 16 日 6 时 23 分返回内蒙古主着陆场,其轨道舱留轨运行半年。

神舟五号的成功发射实现了中华民族千年飞天的愿望,是中华民族智慧和精神的高度凝聚,是中国航天事业在 21 世纪的一座新的里程碑。

21 小时不长,但却让中国成为继苏联和美国之后,第三个将人类送上太空的国家。

本实训的内容是使用块级标签制作一个展示神舟五号飞船的简介网页,页面效果如图 2-15 所示。

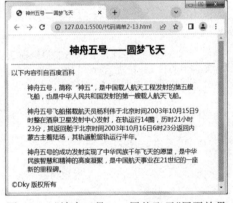

图 2-15 "神舟五号——圆梦飞天"网页效果

2. 任务目的

通过制作一个简单的神舟五号介绍网页,进一步理解并巩固块级标签的特点和作用效果,学会使用块级标签搭建页面的方法。

3. 技能分析

(1) 使用 HTML 创建站点和网页文件,并搭建 HTML 文档结构。

(2) 编辑<head>标签,为页面添加标题"神舟五号——圆梦飞天"。

(3) 使用<h2>标签、<p>标签和<img>标签为页面添加标题、内容和图片。

(4) 使用<hr>标签定义网页内容标题和正文间的分割线。

(5) 使用<blockquote>标签给引文添加缩进效果。

(6) 使用特殊字符表示方法给页面添加版权信息"©Dky 版权所有"。

4. 操作步骤

（1）利用 VSCode 创建网站并新建"神舟五号.html"网页文件。

（2）在编辑区输入"!"快速搭建 HTML 文档结构，效果如图 2-15 所示。

（3）设置<head>标签：将其中包含的<title>标签内容修改为"神舟五号——圆梦飞天"。

（4）在<body>标签中添加标题、分割线、正文内容和引文效果，实现代码如代码清单 2-13 所示。

代码清单 2-13　神舟五号页面代码

```html
<!-- 代码清单2-13 -->
<!DOCTYPE html>
<html lang="en">
<head>
    <meta charset="UTF-8">
    <title>神舟五号——圆梦飞天</title>
</head>
<body>
    <header>
        <h2 align="center">神舟五号——圆梦飞天</h2>
    </header>
    <hr/>
    <nav>
        <div>以下内容引自百度百科</div>
    </nav>
    <section>
        <blockquote>
            <p>神舟五号,简称"神五"第一艘载人航天飞船。</p>
            <p>神舟五号飞船搭载航天员杨利伟于北京时间 2003 年 10 月 15 日 9 时整在酒泉卫星发射中心发射,在轨运行 14 圈,历时 21 小时 23 分,其返回舱于北京时间 2003 年 10 月 16 日 6 时 23 分返回内蒙古主着陆场,其轨道舱留轨运行半年。</p>
            <p>神舟五号的成功发射实现了中华民族千年飞天的愿望,是中华民族智慧和精神的高度凝聚,是中国航天事业在 21 世纪的一座新的里程碑。</p>
        </blockquote>
    </section>
    <footer>
        <p>&copy;Dky 版权所有</p>
    </footer>
</body>
```

2.4　内联标签

内联标签也称行内标签，显示时通常不会以新行开始，常用的内联标签有<b>、<td>、<a>、<img>等。

2.4.1　图像标签

1. 创建图像

网页离不开文字、图像和超链接。在 HTML 中，图像由<img>标签定义，定义图像的语法格式如下。

```
<img src="图像url">
```

<img>标签中的 src 是 source 的缩写,用于指定图像文件的路径和文件名。

除了 src 属性外,<img>标签还有其他可选属性,如表 2-8 所示。

表 2-8 <img>标签的常用属性

属　　性	描　　述
alt	图像的替代文本
align	图像与周围文本对齐方式,值可以是"top"、"bottom"、"middle"、"left"、"right"
border	图像边框宽度,单位通常是 px
width	图像的宽度,单位通常是 px、%
height	图像的高度,单位通常是 px、%
hspace	图像水平方向左侧和右侧的空白,单位通常是 px
vspace	图像垂直方向顶部和底部的空白,单位通常是 px

注意:alt 属性用来为图像定义一串用户预定义的替换文本。当浏览器无法载入图像时,浏览器将显示替代文本而不是图像。给图像加上替换文本属性可告诉浏览者关于图片的信息,对于使用纯文本浏览器的用户更有用。

下面举例说明<img>标签的使用方法,网页效果如图 2-16 所示。

图 2-16 <img>标签网页效果

上述网页的实现代码如代码清单 2-14 所示。

代码清单 2-14 <img>标签用法

```
<!-- 代码清单 2-14 -->
<!DOCTYPE html>
<html lang="en">
<head>
    <meta charset="UTF-8">
    <title>img图像标签</title>
</head>
<body>
    <h2>神舟六号</h2>
```

```
            <img src="/images/sz6.jpg" alt="神舟六号总装图" hspace="10" width="200"
            border="2" align="left"/>
        <p>神舟六号,简称"神六",为中国载人航天工程发射的第六艘飞船,是中国的第二次载人航天飞
    行任务,人类历史上第 243 次太空飞行,也是中国"三步走"空间发展战略的第二阶段。</p>
        <p>神舟六号于 2005 年 10 月 12 日发射升空,进入预定轨道;2005 年 10 月 17 日返回舱在内蒙
    古中部预定区域成功着陆,完成了"多人多天"航天飞行的任务。</p>
        <p>神舟六号载人航天飞行的成功,标志着工程第二步任务实现顺利开局,是中国载人航天工程
    继神舟五号首次载人飞行之后取得的又一具有里程碑意义的重大成果。</p>
    </body>
</html>
```

在代码清单 2-14 中,使用<h2>标签定义了页面标题"神舟六号",<img>标签定义了 1 张图片,alt 属性定义替代文本内容为"神舟六号总装图";设置 hspace 属性水平间距为 10 像素,使图片页面左边框和右边的文字保持间隔;使用 width 属性设置图片宽度,锁定大小保证页面的显示效果;使用 border 属性设置图片边框为 2 像素;使用 align 属性设置图片的对齐方式为左对齐,右侧空间可以使文字上浮显示在其右侧。

2. 绝对路径和相对路径

在代码清单 2-14 中,<img>标签的 src 属性值为"/images/sz6.jpg",这跟平时看到的文件路径不太一样,这是什么表示方法呢?

通常表述文件位置有以下两种方式。

(1)绝对路径:在当前文件的计算机硬盘上真正存在的路径,或是指向一个因特网文件的完整 URL。绝对路径是可以在本地文件夹或浏览器地址栏直接进行复制取得的路径,如 C:\AppData\pic.png 和 https://lib.bpi.edu.cn/mobile-library 等。

(2)相对路径:以当前的文件作为起点,相较于当前文件夹的位置而被指向并且加以引用的文件资源。根据引用文件与当前网页文件的位置关系,可选用不同的路径表示方法,其方法如表 2-9 所示。

表 2-9 相对路径的表示方法

相对路径	位置关系
<img src="pic.png">	pic.png 位于与当前网页相同的文件夹中
<img src="images/pic.png">	pic.png 位于当前文件夹的 images 文件夹中
<img src="/images/pic.png">	pic.png 位于当前站点根目录的 images 文件夹中
<img src="../pic.png">	pic.png 位于当前文件夹的上一级文件夹中,若在上两级可表示为"../../pic.png",以此类推

注意:在网页设计时,很少使用绝对路径。因为一旦图像文件的位置发生改变,浏览器无法通过绝对地址找到该图像就无法进行显示,会影响浏览者的用户体验。

2.4.2 换行标签

标签可插入一个简单的换行符。在 HTML 5 中,
标签没有结束标签,语法格式如下。

```
<br/>
```

多个
标签可以连续使用,使用多少个
标签就会换多少行。

注意：
标签将换行符后的内容换到下一行显示，而不是重新开始新的段落。

下面举例说明
标签的使用方法，网页效果如图2-17所示。

图2-17
标签网页效果

上述网页的实现代码如代码清单2-15所示。

**代码清单2-15　
标签用法**

```
<!-- 代码清单 2-15 -->
<!DOCTYPE html>
<html lang="en">
<head>
    <meta charset="UTF-8">
    <title>br 换行符标签</title>
</head>
<body>
    <p>这<br/>是<br/>一<br/>个<br/>段<br/>落</p>
</body>
</html>
```

在代码清单2-15中，使用<p>标签定义了一行段落文字，再通过5个
换行标签对段落内的后5个文字分别进行了换行设置，实现一字一行的效果。

2.4.3　超链接标签

网页中的超链接使用<a>标签定义，作用是从一个网页跳转到另一个网页或是从网页中的一个位置跳转到另一个位置。

1. 创建超链接

<a>标签的语法格式如下。

```
<a href="URL">链接文本或图像</a>
```

href作为<a>标签最重要的属性，其作用是设置文字或图像的链接目标。

通常在浏览器中，链接文本的默认外观是：未被访问的链接带有下画线而且是蓝色的，已被访问的链接带有下画线而且是紫色的，活动链接带有下画线而且是红色的。

提示：除了文本可以创建链接，图片或其他HTML标签也可以创建链接。

下面举例说明<a>标签的使用方法，网页效果如图2-18所示。

图2-18 <a>标签网页效果

上述网页的实现代码如代码清单 2-16 所示。

代码清单 2-16　　<a>标签用法

```
<!-- 代码清单 2-16 -->
<!DOCTYPE html>
<html lang="en">
<head>
    <meta charset="UTF-8">
    <title>a 标签</title>
</head>
<body>
    <a href="http://www.cmse.gov.cn/" target="_self">
    <img src="/images/cms.png" alt="CMSlogo" width="200">
    </a>
<hr>
<a href="http://www.cmse.gov.cn/" target="_blank">中国载人航天</a>
</body>
</html>
```

在代码清单 2-16 中，分别给中国载人航天（CMS）的 Logo 和文字名称分别设置了超链接，链接目标是中国载人航天官网。此外，在<a>标签中，还对 target 属性进行了设置。

target 属性用于指定在哪个窗口或框架中加载链接目标文档，其属性值有以下 4 个。

（1）_blank：在新窗口中打开。

（2）_parent：在父窗口中打开。

（3）_self：默认，在当前窗口中打开。

（4）_top：在当前窗格打开链接，并替换当前的整个窗格（框架页）。

在代码清单 2-16 中，分别将图片和文字的超链接<a>标签内的 target 属性设置为_self 和_blank。当单击图片时将在当前窗口中打开链接，如图 2-19 所示；当单击文字进行跳转时将在新窗口打开链接，如图 2-20 所示。

图 2-19　单击 CMS Logo 链接后网页效果

图 2-20　单击"中国载人航天"文字链接后页面效果

2. 锚点链接

锚点链接是超链接的另一种用法。锚点链接功能类似于页面内的定位器，是一种页面内的超链接，在页面比较长的网页中运用非常普遍。

在文档中设置锚点，这些锚点通常放在文档的特定主题处或顶部，然后创建到这些锚点的链接，通过单击链接可快速访问指定位置。

下面举例说明创建锚点链接的方法，网页效果如图 2-21 所示。

单击页面顶端的"航天人员"蓝色链接文字，网页显示效果如图 2-22 所示。

 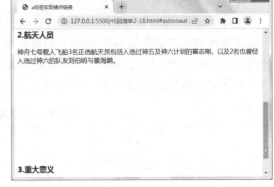

图 2-21　锚点链接页面效果　　　　图 2-22　单击页面顶端"航天人员"锚点后页面效果

上述网页的实现代码如代码清单 2-17 所示。

代码清单 2-17　锚点链接用法

```html
<!-- 代码清单 2-17 -->
<!DOCTYPE html>
<html lang="en">
<head>
    <meta charset="UTF-8">
    <title>a 标签实现锚点链接</title>
</head>
<body>
    <h2>神舟七号</h2>
    <a href="#introduction">飞船介绍</a>
    <a href="#astronaut">航天人员</a>
    <a href="#meaning">重大意义</a>
    <hr>
    <h3 id="introduction">1.飞船介绍</h3>
    <p>神舟七号，是中国第三个载人航天器，是中国"神舟"号系列飞船之一。</p>
    <br><br><br><br><br><br><br><br><br><br>
    <h3 id="astronaut">2.航天人员</h3>
    <p>神舟七号载人飞船 3 名正选航天员包括入选过神五及神六计划的翟志刚,以及 2 名也曾经入选过神六的队友刘伯明与景海鹏。</p>
    <br><br><br><br><br><br><br><br><br>
    <h3 id="meaning">3.重大意义</h3>
    <p>神舟七号载人航天飞行任务于 28 日取得圆满成功,中国人的足迹第一次印在了茫茫太空。
    </p>
</body>
</html>
```

在代码清单 2-17 中，定义了 3 个锚点 introduction、astronaut 和 meaning，分别与页面顶端的 3 个栏目创建锚点链接。用户单击页面顶端的导航栏目即可实现页面内跳转，显示该锚点对应的内容。

2.4.4　其他内联标签

除了以上介绍的三种内联标签外，HTML 中还有许多具有其他功能的内联标签，下面对这些标签进行简要的介绍。

1. 字体样式标签

字体样式标签的作用是使文本内容在浏览器中呈现出特定的效果。

文本样式标签能够实现简单的文本格式化,但若要实现更加丰富的效果,实现结构和样式分离,建议使用 CSS 样式表对文本样式进行设置。

常用的字体样式标签如表 2-10 所示。

表 2-10 常用的字体样式标签

标 签	描 述	标 签	描 述
`<b>`	定义粗体文本,b 的意思是 bold(粗体)	`<small>`	定义小号字
`<i>`	定义斜体字	`<sup>`	定义上标字
`<big>`	定义大号字	`<sub>`	定义下标字

2. 短语标签

短语标签专用于标注特殊用途的文本,实现与文本格式标签类似的功能,如突出显示网页中的文本和给引用文字添加双引号等。

常见的短语标签如表 2-11 所示。

表 2-11 常见的短语标签

标 签	功 能 描 述
`<abbr>`	定义缩写文本
`<bdo>`	定义文字方向,用于反向重写当前文本
`<cite>`	定义作品(如书籍、歌曲、电影、电视节目、绘画、雕塑等)的标题,内容以斜体的形式显示
`<code>`	定义编码。通常`<code>`标签的内容以等宽字体显示,就像大多数编程书籍中的代码那样
`<del>`	定义文档中已删除的文本
`<dfn>`	定义一个项目,一般以斜体的形式显示
`<em>`	定义着重或强调文本,一般以斜体的形式显示
`<ins>`	定义已经被插入文档中的文本。通常,`<del>`和`<ins>`共同使用来描述文档中的更新和修正。浏览器通常会在已删除文本上添加一条删除线,在新插入文本下添加一条下画线
`<kbd>`	定义键盘文本,表示文本是从键盘上输入的,内容以等宽字体显示
`<mark>`	定义标记文本,以黄底色标记文本
`<q>`	定义引用本文,为标签里的文本添加双引号
`<samp>`	定义计算机程序的样本文本
`<strong>`	定义重要文本,一般以粗体的形式来显示
`<var>`	定义变量,内容以斜体的形式显示

3.`<span>`标签

`<span>`标签是没有特定含义的内联标签,可用作文本的容器。通常与 CSS 样式表配合为部分文本设置样式。

`<span>`标签的语法格式如下。

```
<span>文本内容</span>
```

课堂实训 2-4 制作"神舟九号——首次载人交会对接"网页

1. 任务内容

神舟九号,简称"神九",为中国载人航天工程发射的第九艘飞船,是中国的第四次载人航天飞行任务,也是中国首次载人交会对接任务。

神舟九号于 2012 年 6 月 16 日发射升空,进入预定轨道;2012 年 6 月 18 日与天宫一号完成自动交会对接工作,建立刚性连接,形成组合体;2012 年 6 月 29 日返回舱在内蒙古主着陆场安全着陆,完成与天宫一号载人交会对接任务。

对中国来说,成功的载人对接任务是在 2020 年前后建立空间站计划的重要一步,这不仅将是其不断增长的太空能力的最新展示,同时还将与其日益扩张的军事和外交影响力相匹配。

2012 年 6 月 20 日,中国航天员中心传出令人振奋的消息,神舟九号任务航天员在轨体液生化指标检测结果成功下传,结果表明航天员在轨健康状况良好。这是我国首次开展体液应激水平在轨监测,标志着我国在轨医监生化检测技术达到国际先进水平。

神舟九号任务圆满成功标志着载人航天工程第二步任务取得了重大成果,为今后的载人航天的发展、空间站的建设奠定了良好的基础。

本实训的内容是使用内联标签制作展示神舟九号的网页,效果如图 2-23 所示。

图 2-23 神舟九号网页效果

2. 任务目的

通过制作神舟九号宇宙飞船的介绍网页,学会如何使用内联标签实现网页的内容展示。

3. 技能分析

(1) 使用字体样式标签和短语标签为页面设置特殊格式文本。

(2) 使用<img>标签为页面添加图像并设置其属性。

(3) 使用<a>标签为页面添加链接效果和页面内的锚点链接。

(4) 使用特殊字符表示方法给页面添加版权信息"©Dky 版权所有"。

4. 操作步骤

(1) 利用 HTML 语言搭建页面架构,插入文字和素材图片。神舟九号网页代码如代码清单 2-18 所示。

代码清单 2-18 神舟九号网页代码

```
<!-- 代码清单 2-18 -->
<!DOCTYPE html>
<html lang="en">
<head>
    <meta charset="UTF-8">
    <title>神舟九号——首次载人交会对接</title>
</head>
<body>
```

```
                <h2>神舟九号——首次载人交会对接</h2>
                <p>
                        主要内容：
                        <a href="#">神舟九号</a>
                        <a href="#">宇航员</a>
                </p>
                <hr>
                <h2>神舟九号</h2>
                <p>神舟九号，简称"神九"，为中国载人航天工程发射的第九艘飞船，是中国的第四次载人航天飞行任务，也是中国首次载人交会对接任务。——引自"神舟九号"全景报道专题——人民网</p>
                <img src="/images/join.jpg" alt="神舟九号与天宫一号组合体">
                <br><br><br><br><br><br><br><br><br><br><br><br><br><br><br><br>
                <hr>
                <h2>宇航员</h2>
                <img src="/images/jhp.png" alt="景海鹏" align="left" width="150">
                <p>景海鹏 ...景海鹏将成为中国飞得最远的人。</p>
                <br>
                <img src="/images/lw.png" alt="刘旺" align="left" width="150">
                <p>刘旺 ...为了飞天,他等了十几年。</p>
                <br>
                <img src="/images/ly.png" alt="刘洋" align="left" width="150">
                <p>刘洋 ...主要负责航天医学空间科学实验。</p>
                <br><br><br>
                <a>返回页首</a>
        </body>
</html>
```

（2）使用<strong><mark>标签为"主要内容"添加强调加粗和标记黄底色效果。

`<strong><mark>主要内容：</mark></strong>`

（3）使用<cite>和<q>标签为新闻引用出处文字添加引用斜体和双引号效果。

`<cite>——引自<q>"神舟九号"全景报道专题——人民网</q></cite>`

（4）使用<big>标签为宇航员姓名添加大号字体效果。

`<big>景海鹏</big>`

（5）使用<em>标签为"返回页首"文字添加引用斜体字效果。

`<em>返回页首</em>`

（6）使用<a>标签实现锚点链接效果。
首先为内容标题"神舟九号""宇航员"创建锚点。

`<h2 id="intro">神舟九号</h2>`

然后将<a>标签的 href 属性指向对应的锚点。

`<a href="#intro">神舟九号</a>`

2.5 多媒体标签

Web 上的多媒体指的是音频、视频和动画，常见的多媒体标签的文件格式有 SWF、WMV、MP3 以及 MP4 等。

常见的音频文件格式如表 2-12 所示。

表 2-12 常见的音频文件格式

格式	文件扩展名	描述
MIDI	.mid、.midi	MIDI(musical instrument digital interface)是一种针对电子音乐设备(比如合成器和声卡)的格式。MIDI 文件不含有声音,但包含可被电子产品(比如声卡)播放的数字音乐指令。 由于 MIDI 文件极其小巧,因此得到了大量软件的支持。大多数流行的网络浏览器都支持 MIDI
RealAudio	.rm、.ram	RealAudio 格式是由 Real Media 针对因特网开发的。该格式也支持视频。该格式允许低带宽条件下的音频流(在线音乐、网络音乐),但声音质量会降低
Wave	.wav	Wave(waveform)格式是由 IBM 和微软开发的。所有运行 Windows 的计算机和几乎所有网络浏览器都支持此格式
WMA	.wma	WMA 格式(windows media audio),质量优于 MP3,除了 iPod 外兼容大多数播放器。WMA 文件可作为连续的数据流来传输,对于网络电台或在线音乐很实用
MP3	.mp3、.mpga	MP3 文件实际上是 MPEG 文件的声音部分,是广受欢迎的针对音乐的声音格式

常见的视频文件格式如表 2-13 所示。

表 2-13 常见的视频文件格式

格式	文件扩展名	描述
AVI	.avi	AVI(audio video interleave)格式是由微软开发的,是因特网上很常见的视频格式,所有运行 Windows 的计算机都支持 AVI 格式
WMV	.wmv	Windows Media 格式是由微软开发的,是因特网上很常见的视频格式
MPEG	.mpg、.mpeg	MPEG(moving pictures expert group)格式是跨平台的,得到了绝大多数浏览器的支持
QuickTime	.mov	QuickTime 格式是由苹果公司开发的,是因特网上常见的格式,但是需要在 Windows 计算机上安装额外的组件才能播放
RealVideo	.rm、.ram	RealVideo 格式由 Real Media 针对因特网开发的,该格式允许低带宽条件下(在线视频、网络电视)的视频流。由于低带宽优先,其视频质量常会降低
Flash	.swf、.flv	Flash(Shockwave)格式是由 Macromedia 开发的,需要额外的组件来播放。通常该组件会预装到 Firefox 或 IE 之类的浏览器上
MPEG-4	.mp4	MPEG-4(with H.264 video compression)是一种针对因特网的新格式,可以作为 Flash 播放器和 HTML 5 的因特网共享格式

2.5.1 音频标签

HTML 5 中使用<audio>标签定义声音。<audio>标签目前支持 MP3、WAV 和 Ogg 三种音频格式文件。

<audio>标签的语法格式如下。

<audio src="音频路径">提示文本</audio>

当浏览器不支持<audio>标签时,会显示出标签中的提示文本。

<audio>标签的常见属性如下。

（1）src：用于定义音频的 URL。

（2）autoplay：用于定义音频就绪后自动播放。

（3）controls：用于定义向用户显示控件，如播放按钮。

（4）loop：用于定义音频结束时重新开始播放。

（5）muted：用于定义音频输出时被静音。

（6）preload：用于定义音频在页面加载时进行加载，并预备播放。如果已设置 autoplay 属性，可忽略此属性。

下面举例说明<audio>标签的用法。使用<audio>标签的网页效果如图 2-24 所示。

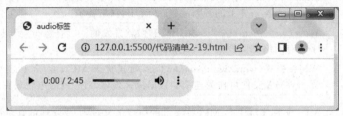

图 2-24　<audio>标签网页效果

上述网页的实现代码如代码清单 2-19 所示。

代码清单 2-19　<audio>标签用法

```
<!-- 代码清单 2-19 -->
<!DOCTYPE html>
<html lang="en">
<head>
    <meta charset="UTF-8">
    <title>audio标签</title>
</head>
<body>
    <audio src="/media/music.mp3" controls="controls">
        您的浏览器不支持 &lt;audio&gt;标签。
    </audio>
</body>
</html>
```

在代码清单 2-19 中，页面使用<audio>标签定义了 1 个音频，并设置其 controls 属性用于以显示音频控件。

2.5.2　视频标签

HTML 5 中使用<video>标签在 HTML 页面中嵌入视频标签。目前，<video>标签支持三种视频格式：MP4、WebM、Ogg。

<video>标签的语法格式如下。

```
<video src="视频路径" controls="controls">
提示文本
</video>
```

与<audio>标签相同，<video>标签的开始标签和结束标签之间也可以放置提示文本，目的是当浏览器不支持<video>标签时,该提示文本将显示在浏览器中用以提示用户。

<video>标签的常见属性如下。

(1) src:用于定义要播放视频的 URL。

(2) width:用于定义视频播放器的宽度,单位为像素。

(3) height:用于定义视频播放器的高度,单位为像素。

(4) autoplay:用于定义视频在就绪后自动播放。

(5) controls:用于定义向用户显示控件,如播放按钮。

(6) loop:用于定义视频文件完成播放后再次开始播放。

(7) muted:用于定义视频的音频输出为静音。

(8) poster:用于定义视频正在下载时显示的图像的 URL,直到用户单击播放按钮。

(9) preload:用于定义视频在页面加载时进行加载,并预备播放,如果已设置 autoplay 属性,则忽略该属性。

下面举例说明<video>标签的用法,网页效果如图 2-25 所示。

图 2-25 <video>标签网页效果

如图 2-25 所示,<video>标签提供了播放、暂停和音量控件来控制视频。上述网页的实现代码如代码清单 2-20 所示。

代码清单 2-20 <video>标签用法

```
<!-- 代码清单 2-20 -->
<!DOCTYPE html>
<html>
<head>
    <meta charset="utf-8">
    <title>video 标签</title>
</head>
<body>
    <video src="/media/sz13gohome.mp4" width="320" height="240"
     controls="controls">
    您的浏览器不支持 HTML 5 video 标签。
    </video>
</body>
</html>
```

在代码清单 2-20 中,页面中嵌入了一段 MP4 格式的视频。<video>标签在指定视频路径的同时,还对<video>标签的 width 和 height 属性进行了设置。这样做的好处在于提前设置好视频区域的高度和宽度后,浏览器在加载页面时就会预留好相应的空间。如果没有设置这些属性,浏览器就不能在加载时保留特定的空间,页面就会根据原始视频的大小而改变,导致页面的布局发生改变。

课堂实训 2-5　制作"神舟十三号——新的航天纪录"网页

1. 任务内容

神舟十三号,简称"神十三",是中国载人航天工程发射的第十三艘飞船,是中国空间站关键技术验证阶段第六次飞行,也是该阶段最后一次飞行任务。

神舟十三号载人飞船于 2021 年 10 月 16 日从酒泉卫星发射中心发射升空,随后与天和核心舱对接形成组合体,3 名航天员进驻核心舱,进行了为期 6 个月的驻留,创造了中国航天员连续在轨飞行时长新纪录。

航天员在轨飞行期间,先后进行了 2 次出舱活动,开展了手控遥操作交会对接、机械臂辅助舱段转位等多项科学技术实(试)验,验证了航天员长期驻留保障、再生生保、空间物资补给、出舱活动、舱外操作、在轨维修等关键技术。利用任务间隙,航天员还进行了 2 次"天宫课堂"太空授课,以及一系列别具特色的科普教育和文化传播活动。

神舟十三号载人飞行任务的圆满成功,标志着空间站关键技术验证阶段任务圆满完成,中国空间站即将进入建造阶段。

本实训的内容是使用视频标签制作神舟十三号展示的网页,效果如图 2-26 所示。

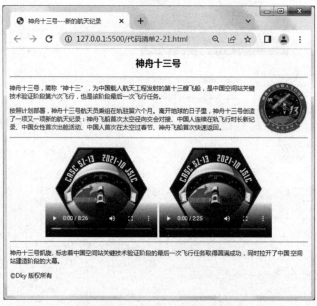

图 2-26　神舟十三号网页效果

单击视频播放按钮后,网页效果如图 2-27 所示。

2. 任务目的

通过制作神舟十三宇宙飞船的展示网页,学会如何使用视频标签设计图文混排网页的方法。

图 2-27　单击视频播放后神舟十三网页效果

3. 技能分析

（1）使用字体样式标签和短语标签为页面设置特殊格式文本。

（2）使用<img>标签为页面添加图像并设置其属性。

（3）使用<a>标签为页面添加链接效果和页面内的锚点链接。

（4）使用特殊字符表示方法给页面添加版权信息"©Dky 版权所有"。

4. 操作步骤

（1）利用 HTML 语言搭建页面架构，编辑页面的文字、图片和视频，实现代码如代码清单 2-21 所示。

代码清单 2-21　神舟十三号网页代码

```html
<!-- 代码清单 2-21 -->
<!DOCTYPE html>
<html lang="en">
<head>
    <meta charset="UTF-8">
    <title>神舟十三号——新的航天纪录</title>
</head>
<body>
    <h2 align="center">神舟十三号</h2>
    <hr/>
    <img src="/images/sz13logo.jpg" alt="神舟十三 Logo">
    <p>神舟十三号...也是该阶段最后一次飞行任务。</p>
    <p>神舟十三号载人飞船...创造了中国航天员连续在轨飞行时长新纪录。</p>
    <p>航天员在轨飞行期间...以及一系列别具特色的科普教育和文化传播活动。</p>
    <hr/>
```

```
        <div>
           <video src="/media/sz13class.mp4"></video>
           <video src="/media/sz13spring day.mp4"></video>
        </div>
        <hr/>
        <p>神舟十三号凯旋,标志着中国空间站关键技术验证阶段的最后一次飞行任务取得圆满成功,
同时拉开了中国空间站建造阶段的大幕。
        </p>
        <p>&copy;Dky 版权所有</p>
</body>
</html>
```

(2)实现标题居中:将\<h2\>标签的 align 对齐属性设置为"center"。

`<h2 align="center">神舟十三号</h2>`

(3)实现图文混排:设置图片\<img\>标签的宽度属性 width 为"200"(像素),对齐方式属性 align 为"center"。

`< img src="/images/sz13logo.jpg" alt="神舟十三 LOGO" width="200" align="right">`

(4)实现视频居中显示:设置\<div\>标签的对齐方式属性 align 为"center"。

`<div align="center">`

(5)实现视频默认效果:统一设置两个视频\<video\>标签的显示控制属性 controls 为 "controls",宽度属性为"300",视频下载时或单击播放按钮前显示的图像属性 poster 为要展示的图像的 URL。

`< video src="/media/sz13class.mp4" controls="controls" width="300" poster="/images/sz13logo.png"></video>`

设置 poster 属性后,在没有单击第二个视频播放按钮时,视频显示为在 poster 属性中设置的神舟十三的飞船标识,如图 2-28 所示。

图 2-28 \<video\>标签 poster 属性效果

习　　题

选择题

1. \<b\>标签的作用是显示(　　)效果。
   A. 加粗文本　　　B. 斜体文本　　　C. 小号字体　　　D. 大号字体
2. \<i\>标签的作用是显示(　　)效果。
   A. 加粗文本　　　B. 斜体文本　　　C. 小号字体　　　D. 大号字体
3. 定义有序列表的标签是(　　)。
   A. \<ul\>　　　　B. \<ol\>　　　　C. \<li\>　　　　D. \<dl\>
4. \<img\>标签的(　　)属性用于定义文件位置。
   A. alt　　　　　B. title　　　　C. src　　　　　D. href
5. (　　)标签不属于 HTML 文档的基本结构。
   A. \<html\>　　　B. \<head\>　　　C. \<body\>　　　D. \<title\>
6. 在 HTML 中用(　　)来表示空格。
   A. ®　　　　B. ©　　　C. "　　　　D.
7. 下列对行内标签和块级标签描述正确的是(　　)。
   A. 行标签可以设置宽和高　　　　　　B. 块标签的属性不会独占一行
   C. \<img\>标签属于行内块标签　　　　D. 行内块标签不能设置宽和高
8. 下列表示自定义列表的标签是(　　)。
   A. \<dl\>　　　　B. \<ol\>　　　　C. \<li\>　　　　D. \<ul\>
9. 给图片加边框正确的写法是(　　)。
   A. \<img src="" border="blod"/\>　　　　B. \<img src="" width="1"/\>
   C. \<img src="" height="1"/\>　　　　　D. \<img src="" border="1"/\>
10. 关于定义无序列表的基本语法格式,以下描述不正确的是(　　)。
    A. \<ul\>\</ul\>标签用于定义无序列表
    B. \<li\>\</li\>标签嵌套在\<ul\>\</ul\>标签中,用于描述具体的列表项
    C. 每对\<ul\>\</ul\>中至少应包含一对\<li\>\</li\>
    D. \<li\>不可以定义 type 属性,只能使用 CSS 样式属性代替
11. 以下标签中用于设置页面标题的是(　　)。
    A. \<title\>　　　B. \<caption\>　　C. \<head\>　　　D. \<html\>
12. 在 HTML 中,标签 \<pre\> 的作用是(　　)。
    A. 标题　　　　B. 预排版　　　C. 转行　　　　D. 文字效果
13. 以下选项中属于行内标签的是(　　)。
    A. \<span\>　　　B. \<p\>　　　　C. \<div\>　　　D. \<hr\>
14. (　　)是换行符标签。
    A. \<p\>　　　　B. \<h1\>　　　C. \<br\>　　　　D. \<hr\>
15. (　　)是水平线标签。
    A. \<h1\>　　　　B. \<p\>　　　　C. \<br\>　　　　D. \<hr\>

第 3 章

CSS 核心基础

使用 CSS 将网页内容与显示效果进行分离,这样既能够方便网页的升级和维护,也可以把页面做得更加美观、大方。本章从 CSS 的基本思想出发,讲述如何定义 CSS 的各种选择器以及如何利用它美化页面。

 知识目标

- CSS 在网页的应用和优势。
- 网页引入 CSS 的方式。
- CSS 的基本选择器、复合选择器、CSS 3 选择器的方法。
- CSS 层叠性、继承性和重要性,CSS 优先级。

 技能目标

- 能够使用基本选择器、复合选择器为页面元素添加样式。
- 通过层叠性、继承性和 CSS 优先级样式规则为元素添加简单的样式。

 思政目标

以中国红旗轿车为引导,在使用 CSS 选择器为进行页面美化的过程中,增强学生对祖国的自豪感,培养学生刻苦钻研、奋勇争先、勤于思考、勇于创新的精神。

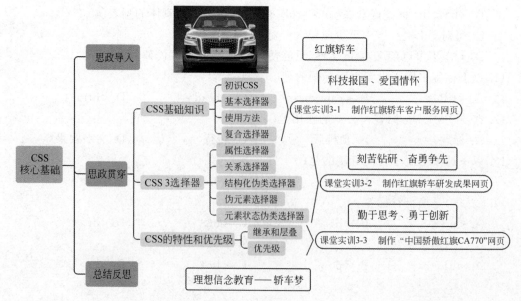

3.1 CSS 基础知识

3.1.1 初识 CSS

CSS(Cascading Style Sheet,层叠样式表单)又称风格样式表,是一种用来表现 HTML 或 XML 等文件样式的计算机语言,用于进行网页风格设计。HTML 和 CSS 之间是"内容结构"与"表现形式"的关系。例如,链接文本未单击时是蓝色的,当鼠标指针移上去后链接文本变成红色的,且有下画线,这就是一种风格。通过设置 CSS,可以统一控制 HTML 中各元素的显示属性。使用 CSS 可以更有效地控制网页外观,可以精确指定网页元素的位置、外观以及创建特殊效果等。

为了说明具体问题,先看一个实例。这里制作一个红旗轿车网页,效果如图 3-1 所示。

图 3-1 新红旗 H9+网页效果

新红旗 H9+网页的实现代码如代码清单 3-1 所示。

代码清单 3-1 新红旗 H9+网页实现代码

```
<!-- 代码清单 3-1-->
<!DOCTYPE html>
<html lang="en">
<head>
    <meta charset="UTF-8">
    <title>新红旗 H9+</title>
</head>
<body>
    <h1>新红旗 H9+</h1>
    <img src="images/h9-car-blue.jpg" alt="">
    <br> &copy; 版权所有 DKY 制作
</body>
</html>
```

在代码清单 3-1 实现的网页中,红旗轿车的图片非常大,如果想使这个红旗轿车图片变为背景图片,而让文字在图片上面显示,这就需要利用 CSS 代码实现,具体代码如代码清单 3-2 所示。

代码清单 3-2 新红旗 H9＋网页的 CSS 实现代码

```html
<!-- 代码清单 3-2-->
<!DOCTYPE html>
<html lang="en">
<head>
    <meta charset="UTF-8">
    <title>新红旗 H9+</title>
    <style>
        body {
            background-image: url(images/h9-car-blue.jpg);
            background-repeat: no-repeat;
        }
        h1 {
            color: #ffffff;
        }
        p {
            position: absolute;
            right: 400px;
            top: 350px;
            color: #ffffff;
        }
    </style>
</head>
<body>
    <h1>新红旗 H9+</h1>
    <br>
    <p>&copy; 版权所有 DKY 制作</p>
</body>
</html>
```

在代码清单 3-2 实现的网页中,可以看出 CSS 对页面背景的设置,使页面背景图片只能出现一次,起到了很好的控制效果。不仅如此,CSS 还可以很好地控制整个网页的样式,其最核心的思想就是将内容和表现分别由 HTML 和 CSS 承担,效果如图 3-2 所示。

图 3-2 新红旗 H9＋网页的 CSS 实现效果

3.1.2 基本选择器

选择器是 CSS 中的重要概念,所有 HTML 中的元素样式都是通过不同的选择器控制的。利用 CSS 选择器可以对 HTML 页面中的元素实现一对一、一对多或者多对一的控制。每个 CSS 选择器都包含选择器名、属性和值 3 个部分,如图 3-3 所示。其中,属性和值可以设置多个,从而实现一对多的控制。

选择器名{属性1:值;
　　　　属性2:值;…}

图 3-3　CSS 基本选择器的结构

从图 3-2 可以看出,"{}"内的属性可以有多个,它们之间用";"分隔,属性和值之间用":"分隔,如果有多个值,则用空格分隔。

CSS 有多种类型的选择器,但是不同的浏览器支持的选择器不同。下面重点讲解 3 种基本选择器,分别是标签选择器、类选择器和 ID 选择器。

1. 标签选择器

一个完整的 HTML 页面由多个不同的标签组成,而标签选择器用于决定哪些标签采用哪种 CSS 样式。一般情况下,设计整体页面的效果时使用这种选择器。例如,在 style.css 文件中对<p>标签样式的定义如下。

```
p{
    font-size:12px;
    background:#FF0000;
    color:#009900;
}
```

基于上面的定义,则页面中所有<p>标签的背景都是♯FF0000(红色),文字大小均是 12px,字体颜色为♯009900(绿色)。在后期维护中,如果想改变整个网站中<p>标签背景的颜色,只需要修改 background 属性就可以了,遗憾的是这种方法不能单独更改某一种颜色和字体大小。

注意:

(1) 标签选择器能快速为页面中同类型的标签统一样式,但是不能设计差异化样式。

(2) *表示通配符选择器,它是所有选择器中适用范围最广的,能匹配页面中的所有元素,但是它会降低页面响应速度,一般用于清除浏览器默认的 8px 的外边距,具体代码如下。

```
*{
    margin:0;
    padding:0;
}
```

2. 类选择器

类选择器在使用时常在类名前面加"."来标识,具体代码如下。

```
.show{
    color:#FF0000;
}
```

然后就可以在 HTML 中使用该类选择器了,具体代码如下。

```
<div class="show">
    这个区域字体颜色为红色
</div>
```

注意：类选择器使用"."(英文点号)进行标识,后面紧跟类名,不要用纯数字、中文等命名,尽量使用英文字母来表示。它的第一个字符不能是数字,区分大小写,如果长名称或词组可以使用中横线为选择器命名。

3. ID 选择器

根据标签的 ID 来选择标签,具有唯一性。ID 选择器在使用时常在选择器名前面加"#",具体代码如下。

```
#show{
    color:#FF0000;
}
```

上述代码的含义是,使 ID 为 show 的标签中的文本的字体颜色为红色,定义之后就可以在页面上使用该选择器了,具体代码如下。

```
<div id="show">
    这个区域字体颜色为红色
</div>
```

用浏览器浏览页面,可以看到区域内的颜色变成了红色,具体代码如下。

```
<div>
    这个区域没有定义颜色
</div>
```

用浏览器浏览页面,该<div>标签没有应用样式,所以区域中的字体颜色是默认的黑色。

注意：W3C 标准规定,在同一个页面内,不允许有相同名字的对象出现,但是允许相同名字的 class。

3.1.3 使用方法

在 HTML 中使用 CSS 的方法主要有 4 种,分别是行内样式表、嵌入式样式表、链接式样式表和导入式样式表。

1. 行内样式表

行内样式表是最直接的一种样式,它在 HTML 中使用 style 属性,然后将 CSS 代码直接写入其中,其用法示例如代码清单 3-3 所示。

代码清单 3-3　使用行内样式表

```
<!-- 代码清单 3-3 -->
<!DOCTYPE html>
<html lang="en">
<head>
    <meta charset="UTF-8">
    <title>行内样式表</title>
</head>
<body style="font-size:28px">
    行内样式表!
```

```
    </body>
</html>
```

上述代码在 Google 浏览器中的效果如图 3-4 所示。

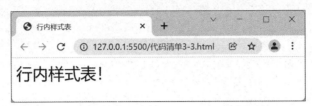

图 3-4　使用行内样式表的网页效果

在代码清单 3-3 中，<body>标签内有一条特别的语句，style＝"font-size：28px"。我们把类似这样的写法称为属性，style 就是<body>标签的一个属性，这就是行内样式表的书写方式。即行内样式表出现在要控制其格式的标签内部，形式为 style＝"..."，引号中间是样式控制的命令。

注意：行内样式表没有做到内容和表现形式的分离，所以不建议使用。如果样式规格少而且只在该元素上使用一次，或者临时修改某个样式可以使用。

2. 嵌入式样式表

嵌入式样式表又称内嵌式样式表，它利用<style>和</style>标签进行页面控制，放在<head>和</head>之间。将代码清单 3-3 改写成嵌入式样式表，如代码清单 3-4 所示。

代码清单 3-4　使用嵌入式样式表

```
<!-- 代码清单 3-4-->
<!DOCTYPE html>
<html lang="en">
<head>
    <meta charset="UTF-8">
    <title>嵌入式样式表</title>
    <style type="text/CSS">
        body {font-size:28px;}
    </style>
</head>
<body>
    嵌入式样式表
</body>
</html>
```

3. 链接式样式表

链接式样式表属于外部样式表的一种，它将 HTML 和 CSS 分成两个或者多个页面，把 CSS 样式存储在扩展名为.css 的文件中，利用<link>标签的 href 属性实现样式控制。用链接式样式表实现图 3-4 所示网页的步骤如下。

（1）创建一个 style.css 的文件，代码如下。

```
body {font-size:28px;}
```

（2）编写 HTML 文件代码，如代码清单 3-5 所示。

代码清单 3-5　使用链接式样式表

```html
<!-- 代码清单 3-5-->
<!DOCTYPE html>
<html lang="en">
<head>
    <meta charset="UTF-8">
    <title>链接式样式表</title>
    <link href="css/style.css" type="text/CSS" rel="stylesheet">
</head>
<body>
    链接式样式表
</body>
</html>
```

4. 导入式样式表

导入式样式表也属于外部样式表的一种，它与链接式样式表的区别在于引入方法不同，它在 HTML 文件的<style>和</style>标签之间引入 CSS 文件。用导入式样式表实现图 3-4 所示网页的步骤如下。

（1）创建一个 style.css 的文件，代码如下。

```css
body {font-size:28px;}
```

（2）编写 HTML 文件代码，如代码清单 3-6 所示。

代码清单 3-6　使用导入式样式表

```html
<!-- 代码清单 3-6-->
<!DOCTYPE html>
<html lang="en">
<head>
    <meta charset="UTF-8">
    <title>导入式样式表</title>
    <style>
        @import url(css/style.css);
    </style>
</head>
<body>
    导入式样式表
</body>
</html>
```

注意：如果一个页面样式表比较简单，而且只使用一次，那么可以用行内样式表。内嵌式样式表将 CSS 代码集中在一个区域，有利于后期的维护，且网页本身会变得很清晰。但是，如果一个网站有多个页面的风格样式都相同，使用内嵌式样式表就比较麻烦了，这时需要使用链接式样式表或者导入式样式表。

3.1.4　复合选择器

1. 交集选择器

交集选择器由两个选择器直接连接构成。其中，第一个必须是标签选择器，第二个可以是类选择器或 ID 选择器，两个选择器名中间不能有空格，必须连续书写。交集选择器的结果是两个选择器的交集。

下面举例说明交集选择器的用法。某个使用交集选择器网页的效果如图 3-5 所示。

图 3-5　使用交集选择器网页的效果

上述网页的实现代码如代码清单 3-7 所示。

代码清单 3-7　使用交集选择器

```html
<!-- 代码清单 3-7-->
<!DOCTYPE html>
<html lang="en">
<head>
    <meta charset="UTF-8">
    <title>交集选择器</title>
    <style>
        p {
            color: blue;
        }
        p.txtcolor {
            color: red;
        }
        .txtcolor {
            color: green;
        }
    </style>
</head>
<body>
    <p>直接使用 p 标签</p>
    <h1>直接使用 h1 标签</h1>
    <p class="txtcolor">使用 p 标签和 txtcolor</p>
    <h1 class="txtcolor">使用 h1 标签和 txtcolor</h1>
</body>
</html>
```

上述代码定义了 3 个选择器，分别是标签选择器<p>、类选择器.txtcolor 和交集选择器 p.txtcolor，这 3 个选择器的作用范围如图 3-6 所示。

2. 并集选择器

并集选择器也由多个选择器构成，之间由逗号连接，它的结果是多个选择器的并集。如果某几个页面选择器风格相同，或者部分相同，可以利用并集选择器进行声明。

下面举例说明并集选择器的用法。某个使用并集选择器网页的效果如图 3-7 所示。

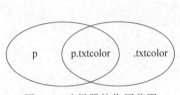

图 3-6 选择器的作用范围

图 3-7 使用并集选择器网页的效果

上述网页的实现代码如代码清单 3-8 所示。

代码清单 3-8　使用并集选择器

```html
<!-- 代码清单 3-8-->
<!DOCTYPE html>
<html lang="en">
<head>
    <meta charset="UTF-8">
    <title>并集选择器</title>
    <style type="text/css">
        h2 {
            color: red;
            font-size: 15px;
        }
        p {
            color: blue;
            font-size: 16px;
        }
        h2.txtcolor, .txtcolor {
            text-decoration: underline;
        }
    </style>
</head>
<body>
    <h2 class="txtcolor">h2 双重效果</h2>
    <p>p 单独效果</p>
    <p class="txtcolor">p 双重效果</p>
</body>
</html>
```

上述代码定义的 h2.txtcolor、.txtcolor 选择器效果都是一样的，它们的作用范围如图 3-8 所示。

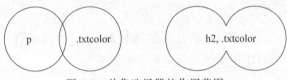

图 3-8 并集选择器的作用范围

3. 后代选择器

后代选择器通过各种选择器的嵌套实现对页面的控制。其中，内层标签是外层标签的后代。在写法上，外层标签写在前面，内层标签写在后面，中间用空格分隔。例如：

```
<p>我在外面<h1>我在里面</h1>我在外面<p>
```

以上代码中，<p>标签中嵌套了<h1>标签，所以<h1>标签是<p>标签的子标签，要想使两个标签显示不同的效果，就可以使用后代选择器。后代选择器的使用范围极其广泛，下面举例说明后代选择器的用法。某个使用后代选择器网页的效果如图3-9所示。

图 3-9　使用后代选择器网页的效果

上述网页的实现代码如代码清单3-9所示。

代码清单 3-9　使用后代选择器

```
<!-- 代码清单 3-9-->
<!DOCTYPE html>
<html lang="en">
<head>
    <meta charset="UTF-8">
    <title>后代选择器</title>
    <style>
      p b {
          color: blue;
      }
      b {
          color: red;
      }
    </style>
</head>
<body>
    <p>p 在外面<b>h2 在里面</b>外面</p>
    <b>h2 在外面<p>p 在里面</p>外面</b>
</body>
</html>
```

课堂实训 3-1　制作红旗轿车客户服务网页

1. 任务内容

对中国人而言，红旗不仅是一个著名的汽车品牌，还是一种深深的情怀和神圣的记忆。对一汽人而言，红旗更是一种强烈的责任和历史的使命。当今，新红旗将突出"新高尚""新精致""新情怀"的理念，把中国优秀文化和世界先进文化、现代时尚设计、前沿科学技术、精细情感体验深度融合，打造卓越产品和服务。本课堂实训制作一个简单的网页，用于展示红旗轿车汽车服务。网页效果如图3-10所示。

图 3-10 红旗轿车客户服务网页效果

2. 任务目的

通过制作一个简单的红旗轿车客户服务网页,学会如何利用 CSS 标签选择器、类选择器实现内容和表现形式的分离。

3. 技能分析

(1) 标题"红旗轿车客户服务"使用标题标签<h1>,子标题"专业""安心""尊享"使用标题标签<h2>,图片和文本则使用图片标签<img>和段落标签<p>,版权使用段落标签<p>。

(2) 使用外部链接方式引用外部样式表。

(3) 分别设置标签<h1>、<h2>、<p>标签的字体颜色和字体大小。

4. 操作步骤

(1) 利用 HTML 设置页面内容,插入素材图片和文字,注意空格和版本标签的设置方法,如代码清单 3-10 所示。

代码清单 3-10 插入素材图片和文字的代码

```
<!-- 代码清单 3-10-->
<!DOCTYPE html>
<html lang="en">
<head>
    <meta charset="UTF-8">
```

```
<title>红旗轿车客户服务</title>
</head>
<body>
    <h1>红旗轿车客户服务</h1>
    <h2>专业</h2>
    <p>
        <img src="images/service-01.jpg">先进的设备,标准的工艺,敬业的态度,以规范和
技术定义专业,创领行业标准。
    </p>
    <h2>安心</h2>
    <p><img src="images/service-02.jpg">纯正的配件,透明的作业,合理的价格,以承诺和
行动保障安心,赢得由衷的信赖。
    </p>
    <h2>尊享</h2>
    <p><img src="images/service-03.jpg">专属的服务,贴心的标准,非凡的礼遇,以细节和
真诚诠释尊享,伴行无忧前程。
    </p>
    <p class=footer>&copy;Dky 版权所有</p>
</body>
</html>
```

(2) 创建 car-sever.css 的文件,并在 HTML 中引用,代码如下。

```
<link rel="stylesheet" href="css/car-sever.css">
```

(3) 在 CSS 样式表中通过标签选择器设置标签<h1>、<h2>、<p>的字体颜色、字体大小等样式,代码如下。

```
h1 {
    color: #0c1cf3;
}
h2 {
    color: #351535;
    font-size: 16px;
}
p {
    font-size: 14px;
}
.footer {
    color: #0c1cf3;
}
```

(4) 在 CSS 样式表中通过后代选择器设置标签<img>的大小和边框样式,代码如下。

```
p img {
    width: 200px;
    border: 1px;
}
```

(5) 在 CSS 样式表中通过类选择器设置文字的颜色和文字位置样式,代码如下。

```
.footer {
    color: #0c1cf3;
    text-align: center;
}
```

3.2 CSS 3 选择器

3.2.1 属性选择器

CSS 3 新增了属性选择器,用户可以根据元素的属性及属性值来选择元素,这样能大幅提高设计者的书写和修改样式表的效率。常用的属性选择器有 5 种写法,具体描述如表 3-1 所示。

表 3-1 属性选择器

选 择 器	描 述
E[att]	表示带有以 att 命名的属性的元素
E[att=value]	表示带有以 att 命名的属性,且属性值为 value 的元素
E[att^=value]	表示带有以 att 命名的属性,且属性值是以 value 开头的元素
E[att$=value]	表示带有以 att 命名的属性,且属性值是以 value 结尾的元素
E[att*=value]	表示带有以 att 命名的属性,且属性值至少包含一个 value 值的元素

1. E[att]属性选择器

E[att]属性选择器是指选择名称为 E 的标签,且该标签定义了 att 属性。需要注意的是 E 是可以省略的,如果省略则表示可以匹配满足条件的任意元素。例如,input[disabled]表示匹配包含 disabled 属性的 input 元素。

下面举例说明 E[att]属性选择器的用法。某个使用 E[att]属性选择器网页的效果如图 3-11 所示。

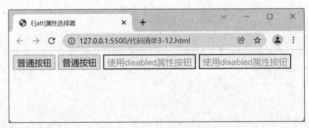

图 3-11 使用 E[att]属性选择器网页的效果

上述网页的实现代码如代码清单 3-11 所示。

代码清单 3-11 使用 E[att]属性选择器

```
<!-- 代码清单 3-11-->
<!DOCTYPE html>
<html lang="en">
<head>
    <meta charset="UTF-8">
    <title>E[att]属性选择器</title>
    <style>
        button[disabled] {
            border: 2px solid #000fff;
        }
```

```
        </style>
    </head>
    <body>
        <button>普通按钮</button>
        <button>普通按钮</button>
        <button disabled="disabled">使用disabled属性按钮</button>
        <button disabled="disabled">使用disabled属性按钮</button>
    </body>
</html>
```

在代码清单3-11中有4个button元素,其中后面两个设置了disabled属性,所以button[disabled]设置的样式只对后面两个子元素有效。

2. E[att=value]属性选择器

E[att=value]属性选择器是指选择名称为E的标签,且该标签定义了att属性,att属性值为value的字符串。需要注意的是E是可以省略的,如果省略则表示可以匹配满足条件的任意元素。例如,div[class="icon2"]表示匹配包含class属性,且class属性值是"icon2"字符串的div元素。

下面举例说明E[att=value]属性选择器的用法。某个使用E[att=value]属性选择器网页的效果如图3-12所示。

图3-12　使用E[att=value]属性选择器网页的效果

上述网页的实现代码如代码清单3-12所示。

代码清单3-12　使用E[att^=value]属性选择器

```
<!-- 代码清单3-12-->
<!DOCTYPE html>
<html lang="en">
<head>
    <meta charset="UTF-8">
    <title>E[att^="value"]属性选择器</title>
    <style>
        div[class="icon2"] {
            width: 200px;
            height: 50px;
            border: 2px solid #000fff;
        }
    </style>
</head>
<body>
    <div class="icon1">图标 1</div>
    <div class="icon2">图标 2</div>
```

```
        <div class="icon3">图标 3</div>
    </body>
</html>
```

在代码清单 3-12 中有 3 个 div 元素,分别设置 class 属性和不同的属性值,所以 div[class="icon2"]是指 class 属性的属性值为 icon2 的 div 的元素。

3. E[att^=value]属性选择器

E[att^=value]属性选择器是指选择名称为 E 的标签,且该标签定义了 att 属性,att 属性值包含前缀为 value 的子字符串。需要注意的是 E 是可以省略的,如果省略则表示可以匹配满足条件的任意元素。例如,div[class^="icon"]表示匹配包含 class 属性,且 class 属性值是以"icon"字符串开头的 div 元素。

下面举例说明 E[att^=value]属性选择器的用法。某个使用 E[att^=value]属性选择器网页的效果如图 3-13 所示。

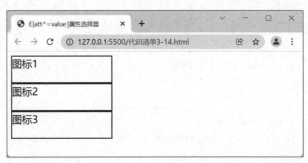

图 3-13　使用 E[att^=value]属性选择器网页的效果

上述网页的实现代码如代码清单 3-13 所示。

代码清单 3-13　使用 E[att^=value]属性选择器

```
<!-- 代码清单 3-13-->
<!DOCTYPE html>
<html lang="en">

<head>
    <meta charset="UTF-8">
    <title>E[att^="value"]属性选择器</title>
    <style>
        div[class^="icon"] {
            width: 200px;
            height: 50px;
            border: 2px solid #000fff;
        }
    </style>
</head>
<body>
    <div class="icon1">图标 1</div>
    <div class="icon2">图标 2</div>
    <div class="icon3">图标 3</div>
</body>
</html>
```

在代码清单 3-13 实现的网页中有 3 个 div 元素，分别设置 class 属性和不同的属性值，所以 div[class^="icon"]是指 class 属性的属性值为含有 icon 的 div 的元素，也就是指 3 个 div 元素。

4. E[att $ = value]属性选择器

E[att $ = value]属性选择器是指选择名称为 E 的标签，且该标签定义了 att 属性，att 属性值包含后缀为 value 的子字符串。需要注意的是 E 是可以省略的，如果省略则表示可以匹配满足条件的任意元素。例如，div[class $ ="icon"]表示匹配包含 class 属性，且 class 属性值是以"icon"字符串结束的 div 元素。

下面举例说明 E[att $ = value]属性选择器的用法。某个使用 E[att $ = value]属性选择器网页的效果如图 3-14 所示。

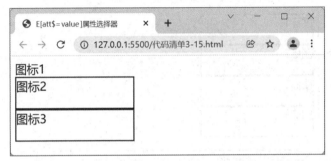

图 3-14　使用 E[att $ = value]属性选择器网页的效果

上述网页的实现代码如代码清单 3-14 所示。

代码清单 3-14　使用 E[att $ = value]属性选择器

```html
<!-- 代码清单 3-14-->
<!DOCTYPE html>
<html lang="en">

<head>
    <meta charset="UTF-8">
    <title>E[att$=value]属性选择器</title>
    <style>
        div[class$="icon"] {
            width: 200px;
            height: 50px;
            border: 2px solid #000fff;
        }
    </style>
</head>
<body>
    <div class="icon1">图标 1</div>
    <div class="bicon">图标 2</div>
    <div class="icon">图标 3</div>
</body>
</html>
```

在代码清单 3-14 实现的网页中有 3 个 div 元素，分别设置 class 属性和不同的属性值，所以 div[class $ ="icon"]是指 class 属性的属性值以 icon 结尾的 div 元素，也就是后面两个 div 元素。

5. E[att*=value]属性选择器

E[att*=value]属性选择器是指选择名称为 E 的标签,且该标签定义了 att 属性,att 属性值包含 value 的子字符串。需要注意的是 E 是可以省略的,如果省略则表示可以匹配满足条件的任意元素。例如,div[class*="icon"]表示匹配包含 class 属性,且 class 属性值包含"icon"字符串的 div 元素。

下面举例说明 E[att*=value]属性选择器的用法。某个使用 E[att*=value]属性选择器网页的效果如图 3-15 所示。

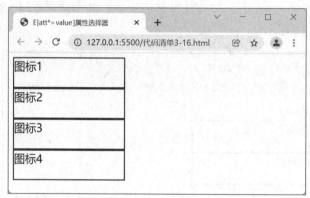

图 3-15 使用 E[att$=value]属性选择器网页的效果

上述网页的实现代码如代码清单 3-15 所示。

代码清单 3-15　使用 E[att*=value]属性选择器

```html
<!-- 代码清单 3-15-->
<!DOCTYPE html>
<html lang="en">
<head>
    <meta charset="UTF-8">
    <title>E[att$=value]属性选择器</title>
    <style>
        div[class*="icon"] {
            width: 200px;
            height: 50px;
            border: 2px solid #000fff;
        }
    </style>
</head>
<body>
    <div class="icon">图标 1</div>
    <div class="iconx">图标 2</div>
    <div class="xicon">图标 3</div>
    <div class="xiconx">图标 4</div>
</body>
</html>
```

在代码清单 3-15 实现的网页中有 4 个 div 元素,分别设置 class 属性和不同的属性值,所以 div[class*="icon2"]是指 class 属性的属性值中含有 icon 字符串的 div 的元素。

3.2.2 关系选择器

关系选择器也称为层次选择器,能更精确地控制元素样式,常用的关系选择器有3种写法,具体描述如表3-2所示。

表 3-2 关系选择器

选 择 器	描 述
子元素选择器(E＞F)	选择所有作为 E 元素的直接子元素 F,对更深一层的元素不起作用,用"＞"表示
相邻兄弟选择器(E＋F)	选择紧跟 E 元素后的 F 元素,选择相邻的第一个兄弟元素,用"＋"表示
普通兄弟选择器(E～F)	选择 E 元素之后的所有兄弟元素 F,作用于多个元素,用"～"表示

1. 子元素选择器

子元素选择器只能选择某元素第一级子元素,子元素选择器缩小选择的范畴,例如,若只希望选择 h1 元素子元素的 strong 元素,则代码为 h1＞strong。

下面举例说明子元素选择器的用法。某个使用子元素选择器网页的效果如图 3-16 所示。

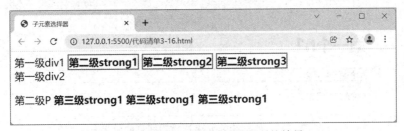

图 3-16 使用子元素选择器网页的效果

上述网页的实现代码如代码清单 3-16 所示。

代码清单 3-16 使用子元素选择器

```
<!-- 代码清单 3-16-->
<!DOCTYPE html>
<html lang="en">
<head>
    <meta charset="UTF-8">
    <title>子元素选择器</title>
    <style>
       div>strong {
           border: 2px solid #ff0000;
       }
    </style>
</head>
<body>
    <div>第一级 div1
        <strong>第二级 strong1</strong>
        <strong>第二级 strong2</strong>
        <strong>第二级 strong3</strong>
    </div>
    <div>第一级 div2
        <p>第二级 P
            <strong>第三级 strong1</strong>
```

```
            <strong>第三级 strong1</strong>
            <strong>第三级 strong1</strong>
        </p>
    </div>
</body>
</html>
```

在代码清单 3-16 实现的网页中有两个 strong 元素，第一个为 div 元素的子元素，第二个为 p 元素的子元素，所以用 div>strong 设置样式时只对 div 元素的 3 个 strong 子元素有效。

2. 相邻兄弟选择器

如果需要选择紧接在另一个元素后的元素，而且两者有相同的父元素，可以使用相邻兄弟选择器。例如，"h1+p"表示选择紧接在 h1 元素后出现的段落，h1 和 p 元素拥有共同的父元素。

下面举例说明相邻兄弟选择器的用法。某个使用相邻兄弟选择器网页的效果如图 3-17 所示。

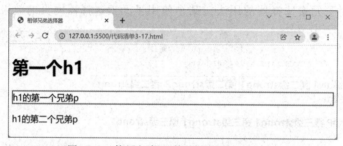

图 3-17　使用相邻兄弟选择器网页的效果

上述网页的实现代码如代码清单 3-17 所示。

代码清单 3-17　使用相邻兄弟选择器

```
<!-- 代码清单 3-17-->
<!DOCTYPE html>
<html lang="en">
<head>
    <meta charset="UTF-8">
    <title>相邻兄弟选择器</title>
    <style>
        h1+p {
            border: 2px solid #ff0000;
        }
    </style>
</head>
<body>
    <h1>第一个 h1</h1>
    <p>h1 的第一个兄弟 p</p>
    <p>h1 的第二个兄弟 p</p>
</body>
</html>
```

在代码清单 3-17 实现的网页中，h1 和两个 p 元素都拥有相同的父元素 body 元素，但是"h1+p"表示选择紧接在 h1 元素后出现的第一个 p 元素样式有效。

3. 普通兄弟选择器

普通兄弟选择器表示两者有相同的父元素,使用"~"来进行连接。例如,"h1~p"表示 h1 和 p 元素拥有共同的父元素。

下面举例说明普通兄弟选择器的用法。某个使用普通兄弟选择器网页的效果如图 3-18 所示。

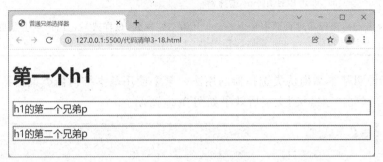

图 3-18　使用普通兄弟选择器网页的效果

上述网页的实现代码如代码清单 3-18 所示。

代码清单 3-18　使用普通兄弟选择器

```
<!-- 代码清单 3-18-->
<!DOCTYPE html>
<html lang="en">
<head>
    <meta charset="UTF-8">
    <title>普通兄弟选择器</title>
    <style>
        h1~p {
            border: 2px solid #ff0000;
        }
    </style>
</head>
<body>
    <h1>第一个 h1</h1>
    <p>h1 的第一个兄弟 p</p>
    <p>h1 的第二个兄弟 p</p>
</body>
</html>
```

在代码清单 3-18 实现的网页中,h1 和两个 p 元素都拥有相同的父元素 body 元素,"h1~p"对所有 3 个元素样式都有效。

3.2.3　结构化伪类选择器

结构伪类选择器可以根据元素在文档中所处的位置来动态选择元素,从而减少 HTML 文档对 ID 或类的依赖,有助于保持代码干净整洁。常用的结构化伪类选择器有基本结构伪类选择器和子元素伪类选择器两大类。

1. 基本结构伪类选择器

基本结构伪类选择器包含 4 种,具体描述如表 3-3 所示。

表 3-3 基本结构伪类选择器

选择器	功 能 描 述
E:root	选择文档的根元素,对于 HTML 文档,根元素永远为 HTML
E:empty	选择空节点,即没有子元素的元素,而且该元素也不包含任何文本节点
E:not	想对某个结构元素使用样式,但是想排除这个结构元素下面的子结构元素,让它不使用这个样式时,就可以使用 not 选择器
E:target	target 选择器对页面中某个 target 元素指定样式,该样式只在用户单击了页面中的超链接并且跳转到 target 元素后起作用

下面举例说明基本结构伪类选择器的用法。某个使用基本结构伪类选择器网页的效果如图 3-19 所示,当单击"超链接"文字后效果如图 3-20 所示。

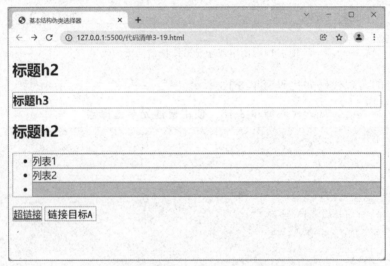

图 3-19 使用基本结构伪类选择器网页的效果

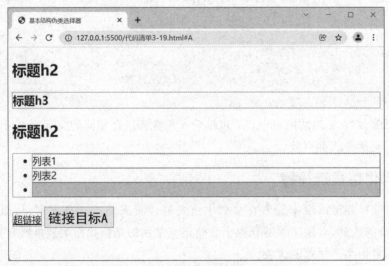

图 3-20 单击"超链接"文字后网页的效果

上述网页的实现代码如代码清单 3-19 所示。

代码清单 3-19　使用基本结构伪类选择器

```html
<!-- 代码清单 3-19-->
<!DOCTYPE html>
<html lang="en">
<head>
    <meta charset="UTF-8">
    <title>基本结构伪类选择器</title>
    <style>
        /* 整个页面所有元素 */
        :root {
            color: blue;
        }
        /* body中<h2>标签以外元素 */
        body *:not(h2) {
            border: 1px solid #ff0000;
        }
        /* <li>标签内为空的元素 */

        li:empty {
            background-color: #00ff00;
        }
        /* 单击超链接后,目标元素 */

        *:target {
            background-color: #eeff00;
            font-size: 30px;
        }
    </style>
</head>
<body>
    <h2>标题 h2</h2>
    <h3>标题 h3</h3>
    <h2>标题 h2</h2>
    <ul>
        <li>列表 1</li>
        <li>列表 2</li>
        <li></li>
    </ul>
    <a href="#A">超链接</a>
    <a name="A">链接目标 A</a>
</body>

</html>
```

在代码清单 3-19 实现的网页中,:root 使整个页面所有文字颜色为蓝色;body *:not(h2)使 body 中<h2>标签以外的文字都增加了边框;li:empty 使<li>标签内为空的元素背景为红色; *:target 使单击超链接后,目标<a name="A">的标签文字变为背景变为黄色且文字大小为 30px。

2. 子元素伪类选择器

常见子元素伪类选择器包含 10 种,具体描述如表 3-4 所示。

表 3-4 子元素伪类选择器

选择器	功能描述
E:first-child	选择父元素的第一个子元素 E,相当于 E:nth-first-child(1)
E:last-child	选择父元素的倒数第一个子元素 E,相当于 E:nth-last-child(1)
E:nth-child(n)	选择父元素的第 n 个子元素,n 从 1 开始。 2n 表示第偶数个子元素,等价于 even,2n+1 表示第奇数个子元素,等价于 odd
E:nth-last-child(n)	选择父元素的倒数第 n 个子元素,n 从 1 开始
E:first-of-type	选择父元素下同种标签的第一个元素,相当于 E:nth-of-type(1)
E:last-of-type	选择父元素下同种标签的倒数第一个元素,相当于 E:nth-last-of-type(1)
E:nth-of-type(n)	与:nth-child(n)作用类似,用作选择使用同种标签的第 n 个元素
E:nth-last-of-type	与:nth-last-child 作用类似,用作选择同种标签的倒数第一个元素
E:only-child	选择父元素下仅有的一个子元素,相当于 E:first-child:last-child 或 E:nth-child(1):nth-last-child(1)
E:only-of-type	选择父元素下使用同种标签的唯一子元素,相当于 E:first-of-type:last-of-type 或 nth-of-type(1):nth-last-of-type(1)

下面举例说明子元素伪类选择器的用法。某个使用子元素伪类选择器网页的效果如图 3-21 所示。

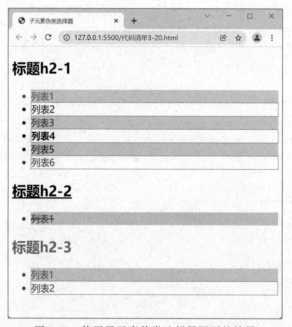

图 3-21 使用子元素伪类选择器网页的效果

上述网页的实现代码如代码清单 3-20 所示。

代码清单 3-20 使用子元素伪类选择器

```
<!-- 代码清单 3-20-->
<!DOCTYPE html>
<html lang="en">
```

```html
<head>
    <meta charset="UTF-8">
    <title>子元素伪类选择器</title>
    <style>
        /* 3组 ul 中的第 1 个 li */

        li:first-child {
            color: red;
        }
        /* 3组 ul 中的最后 1 个 li */

        li:last-child {
            color: green;
        }
        /* 第 1 组 ul 中第 3 个 li */

        li:nth-child(3) {
            color: blue;
        }
        /* 第 1 组 ul 中倒数第 3 个 li */

        li:nth-last-child(3) {
            font-weight: bold;
        }
        /* 3组 ul 中第偶数个 li,2n 等价于 even */

        li:nth-child(2n) {
            border: 1px solid green;
        }
        /* 3组 ul 中第奇数个 li,odd 等价于 2n+1 */

        li:nth-child(odd) {
            background-color: wheat;
        }
        /* 只有 1 个子元素 li */

        li:only-child {
            text-decoration: line-through;
        }
        /* h2 类型中第 3 个 */

        h2:nth-of-type(3) {
            color: tomato;
        }
        /* h2 类型中倒数第 3 个 */

        h2:nth-last-of-type(2) {
            text-decoration: underline;
        }
    </style>
</head>

<body>
    <h2>标题 h2-1</h2>
```

```html
        <ul>
            <li>列表 1</li>
            <li>列表 2</li>
            <li>列表 3</li>
            <li>列表 4</li>
            <li>列表 5</li>
            <li>列表 6</li>
        </ul>
        <h2>标题 h2-2</h2>
        <ul>
            <li>列表 1</li>

        </ul>
        <h2>标题 h2-3</h2>
        <ul>
            <li>列表 1</li>
            <li>列表 2</li>
        </ul>
    </body>
</html>
```

在代码清单 3-20 实现的网页中，li:first-child 使 3 组 ul 中的第一个 li 的文本颜色都为红色；li:last-child 使 3 组 ul 中的最后一个 li 的文本颜色都为绿色；li:nth-child(3)使第一组 ul 中第三个 li 文本颜色为蓝色；li:nth-last-child(3)使第一组 ul 中倒数第三个 li 文本样式为加粗；li:nth-child(2n)使 3 组 ul 中第偶数个 li 加绿色实线边框，它等价于 li:nth-child(even)；li:nth-child(odd)使 3 组 ul 中第奇数个 li 背景色为小麦色(wheat)，它等价于 li:nth-child(2n+1)；li:only-child 使只有一个子元素 li 的文字样式为删除线；h2:nth-of-type(3)使 h2 类型中第三个颜色为番茄色(tomato)；h2:nth-last-of-type(2) 使 h2 类型中倒数第三个文字样式为带有下画线。

注意：子元素伪类选择器中，n 是公式，它可以表示多种形式，具体如下。

(1) 5：指第 5 个元素。
(2) 5n：指 5 的倍数元素，也就是 0、5、10、15、…这些元素。
(3) n+5：指从第 5 个(包含第 5 个)元素开始往后面选择，也就是 5、10、15、…这些元素。
(4) −n+5：指前面 5 个元素，也就是 1、2、3、4、5 这 5 个元素。

3.2.4 伪元素选择器

伪元素选择器能够在文档中插入假想的元素，常用伪元素选择器 4 个，具体描述如表 3-5 所示。

表 3-5 伪元素选择器

选 择 器	功 能 描 述
:∶first-line	为文本的首行设置特殊样式，只能用于块级元素
:∶first-letter	为文本的首字母设置特殊样式
:∶before	在元素的内容前面插入新的内容，必须配合 content 属性一起使用
:∶after	在元素的内容后面插入新的内容，必须配合 content 属性一起使用

注意：如果页面为了兼容谷歌和火狐浏览器建议添加两个冒号；如果为了兼容 IE 浏览

器,可以只写成一个冒号。

下面举例说明伪元素选择器的用法。某个使用伪元素选择器网页的效果如图 3-22 所示。

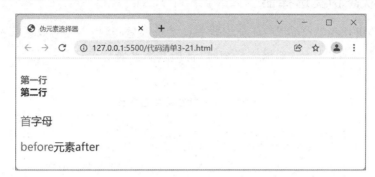

图 3-22　使用伪元素选择器网页的效果

上述网页的实现代码如代码清单 3-21 所示。

代码清单 3-21　使用伪元素选择器

```html
<!-- 代码清单 3-21-->
<!DOCTYPE html>
<html lang="en">
<head>
    <meta charset="UTF-8">
    <title>伪元素选择器</title>
    <style>
        /* 首行伪元素选择器 */

        h5::first-line {
            color: red;
        }
        /* 首字母伪元素选择器 */
        p::first-letter {
            color: red;
        }
        /* 元素的内容之前伪元素选择器 */
        div::before {
            content: "before";
            color: red;
        }
        /* 元素内容之后伪元素选择器 */
        div::after {
            content: "after";
            color: blue;
        }
    </style>
</head>
<body>
    <h5>第一行<br>第二行</h5>
    <p>首字母</p>
    <div>元素</div>
</body>
</html>
```

在代码清单 3-21 实现的网页中,分别使用::first-line、::first-letter、::before、::after 对

元素 h5、p 和 div 进行了样式设置。

3.2.5 元素状态伪类选择器

元素状态伪类选择器又称为 UI 元素状态伪类选择器，是指当元素默认状态不起作用，在某种状态下才能激活的样式，如鼠标移动时，常用元素状态伪类选择器有 10 个，具体描述如表 3-6 所示。

表 3-6 元素状态伪类选择器

选 择 器	功 能 描 述
E:hover	指定当鼠标指针移动到元素上面时元素所使用的样式
E:action	指定元素被激活（鼠标在元素上按下还没有松开）时所使用的样式
E:focus	指定元素获得光标焦点时所使用的样式，主要是在文本框空间获得焦点并进行文字输入时使用的样式
E:enable	设置该元素处于可用状态时的样式
E:disabled	设置该元素处于不可用状态时的样式
E:read-only	设置元素处于只读状态时的样式
E:read-write	设置元素处于非只读状态时的样式
E:checked	指定表单中的 radio 单选按钮或者 checkbox 复选框处于选取状态时的样式
E:default	指定页面打开时默认处于选取状态的单选按钮或者复选框样式（即使用户将默认状态设置为选取状态的单选按钮或者复选框改为禁用状态，使用该选择器设置的样式同样有效）
E:indeterminate	指定当页面打开时，如果一组单选按钮中任何一个选项都没有被设定为选取状态时，整组单选按钮的样式；如果用户选取了其中任何一个单选按钮，则该样式将被停止使用
E::selection	设置元素被选中状态时的样式

元素状态伪类选择器常用于超链接和表单元素中，下面举例说明元素伪类选择器用法。某个使用元素伪类选择器网页的效果如图 3-23～图 3-25 所示。

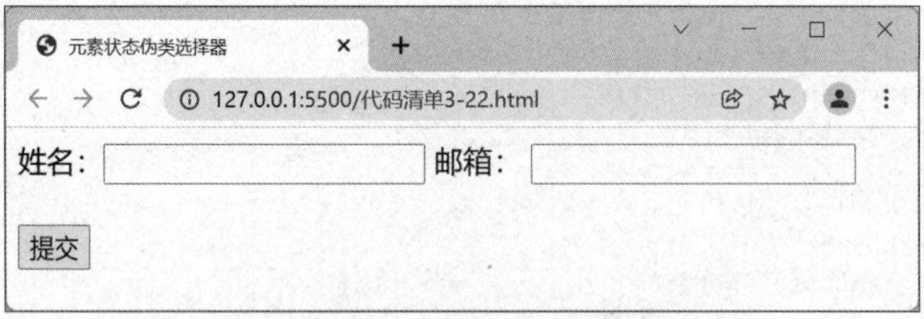

图 3-23 元素原始状态

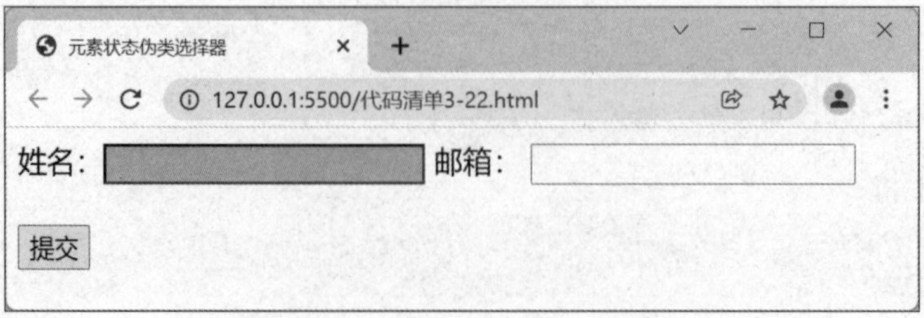

图 3-24 鼠标指针指向文本框上方时的状态

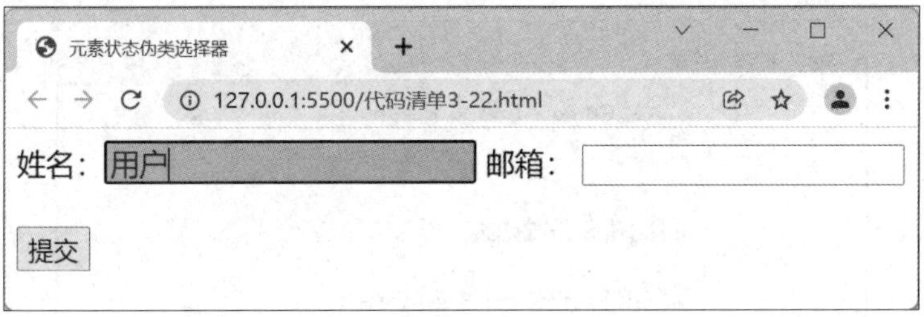

图 3-25　获取文本框焦点时的状态

上述网页的实现代码如代码清单 3-22 所示。

代码清单 3-22　使用元素状态伪类选择器

```html
<!-- 代码清单 3-22-->
<!DOCTYPE html>
<html lang="en">
<head>
    <meta charset="UTF-8">
    <title>元素状态伪类选择器</title>
    <style>
        /* 鼠标指针指向文本框上方时的样式 */
        input[type="text"]:hover {
            background-color: #ccc;
        }
        /* 文本框激活时激活的样式 */
        input[type="text"]:active {
            font-size: 20px;
            color: blue;
        }
    </style>
</head>
<body>
    姓名：<input type="text" name="user" id="user">
    邮箱：<input type="text" name="email" id="email">
    <input type="submit" value="提交">
</body>
</html>
```

在代码清单 3-22 实现的网页中,当鼠标指针在文本框元素上方时背景样式为灰色（#ccc）,当文本框元素获得焦点时,字体大小为 20px、颜色为蓝色。

课堂实训 3-2　制作红旗轿车研发成果网页

1. 任务内容

在所有的国产自主汽车品牌中,红旗汽车永远是最特殊的那一个。目前红旗的口号为"让理想飞扬"。先进的生产线、详尽的测试和这些孜孜不倦的红旗人就是让理想飞扬的基石,飞扬的理想背后是坚实的技术积累和无数工匠们夜以继日研究的结果。本课堂实训制作一个简单的网页,用于展示红旗轿车自主研发成果。网页效果如图 3-26 所示。

2. 任务目的

通过制作一个简单的红旗轿车自主研发成果网页,学会如何利用子元素选择器、伪元素选

图 3-26 红旗轿车研发成果网页效果

择器等实现小图标列表和内容展示。

3. 技能分析

（1）使用<div>标签进行局部内容展示，标题"红旗轿车研发成果"放到标题标签<h2>中，研发内容列表放到标签<h5>中。

（2）使用外部链接方式引用外部样式表。

（3）分别设置<div>、<h2>、<h5>标签的背景大小、字体颜色、字体大小，并利用子元素选择器进行隔行变色设置。

（4）利用伪元素选择器::before进行小图标设置。

4. 操作步骤

（1）利用 HTML 设置页面内容，插入素材图片和文字，注意空格和版本标签的设置方法，如代码清单 3-23 所示。

代码清单 3-23　插入素材图片和文字的代码

```html
<!-- 代码清单 3-23-->
<!DOCTYPE html>
<html lang="en">

<head>
    <meta charset="UTF-8">

    <title>红旗轿车研发成果</title>
</head>

<body>
    <div class="box">
        <h2>红旗轿车研发成果</h2>
        <h5>智能网联创新奖——红旗·旗偲智能座舱</h5>
```

```
            <h5>全新交互体验——FEEA3.0电子电气架构</h5>
            <h5>"双零"时代的先锋军——氢能发动机</h5>
            <h5>新能源新气象——HEI2.0全新智能化平台</h5>
            <h5>为"美妙出行"量身打造——红旗E-QM5</h5>
            <h5>...</h5>
    </div>
</body>
</html>
```

（2）创建一个car-search.css文件，并在HTML中引用，代码如下。

```
<link rel="stylesheet" href="css/car-search.css">
```

（3）在CSS样式表中通过类选择器设置<box>标签的宽度、高度、边框、内边距、外边距和背景等样式，代码如下。

```
.box {
        width: 298px;
        height: 300px;
        border: 1px solid#ccc;
        margin: 10px auto;
        background: url(images/line.jpg) repeat-x;
        padding: 15px;
}
```

（4）在CSS样式表中通过后代选择器设置<h2>标签的字体大小、内边距、外下边距和下边框样式，代码如下。

```
.box h2 {
          font-size: 18px;
          padding: 5px 0;
          border-bottom: 1px solid #ccc;
          margin-bottom: 10px;
}
```

（5）在CSS样式表中通过后代选择器设置<h5>标签的字体颜色、大小和字体样式，代码如下。

```
.box h5 {
     color: #333;
     font-size: 12px;
     text-decoration: none;
}
```

（6）在CSS样式表中通过子元素选择器分别设置奇数、偶数行文字样式，代码如下。

```
.box h5:nth-child(even) {
    color: rgb(194, 39, 116);
}
.box h5:nth-child(odd) {
    color: rgb(29, 119, 29);
}
```

（7）在CSS样式表中通过伪元素选择器设置行前图标样式，代码如下。

```
.box h5::before {
        content: url(images/arr.jpg);
        width: 10px;
        height: 10px;
}
```

3.3 CSS 的特性和优先级

3.3.1 继承和层叠

继承和层叠是 CSS 最重要的特征。这两个特性通常发挥在整个网页的样式预设,给网页设计者提供更理想的发挥空间。

1. 继承特性

CSS 的一个主要特征就是继承,它是依赖于祖先—后代的关系的。继承是一种机制,它允许样式不仅可以应用于某个特定的标签,还可以应用于它的后代。例如一个<body>中定义了的颜色值也会应用到段落的文本中。为了说明问题,先看一下网页代码的层次结构。

图 3-27 所示是一个很简单的 HTML 文档,它是一个树状结构,树根为<html>,它的"子"是<head>和<body>,其他元素层层嵌套。

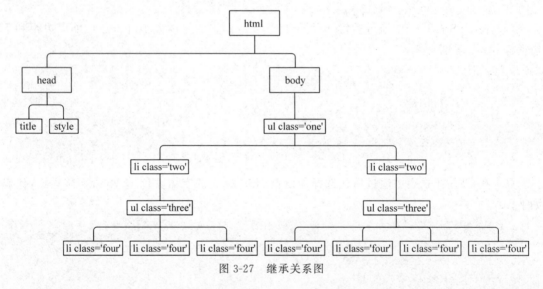

图 3-27 继承关系图

在这个继承关系图中,嵌套声明中存在 CSS 的继承问题。就是父标签中定义 CSS,在子标签中定义 CSS 遵循"子没有样式",也就是如果子标签没有定义样式,则继承父的样式;如果子标签定义了样式,将覆盖父标签的样式。

CSS 继承是指子标签继承父标签的所有样式风格,并可以在父标签的基础上进行修改覆盖,从而产生新的样式;子标签的风格不会影响父标签。CSS 的继承贯穿整个 CSS 页面设计中,利用 CSS 继承的这种关系可以大大缩短代码的编写量,并提高程序的可读性。下面举例说明继承的用法。某个使用继承网页的效果如图 3-28 所示。

上述网页的实现代码如代码清单 3-24 所示。

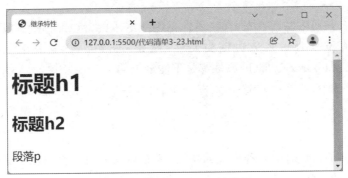

图 3-28　使用继承网页的效果

代码清单 3-24　不使用继承特性

```
<!-- 代码清单 3-24-->
<!DOCTYPE html>
<html lang="en">
<head>
    <meta charset="UTF-8">
    <title>继承特性</title>
    <style>
        h1 {
            color: blue;
        }
        h2 {
            color: blue;
        }
        p {
            color: blue;
        }
    </style>
</head>
<body>
    <h1>标题 h1</h1>
    <h2>标题 h2</h2>
    <p>段落 p</p>
</body>
</html>
```

在代码清单 3-24 中，标签<h2>、<h1>和<p>都拥有一样的字体颜色，可以简化成如下代码。

```
h1, h2, p {
    color: blue;
}
```

按照继承性也可以写为以下代码。

```
body{
    color: blue;
}
```

两种写法能够达到同样效果。区别在于，如果还要新增标签<h5>也要有一样字体颜色，第一种写法需要变换代码，而第二种写法不需要更改，所以适当使用继承可以简化代码，降低代码复杂度。

同时继承也有其局限性。首先,有些属性是不能继承的,例如border属性用来设置标签的边框,它就没有继承性。多数边框类属性,比如padding(内边距)、margin(外边界)、background(背景)和border边框的属性都是不能继承的。

注意:不具备继承特性的CSS样式有边距、内边距、外边距、背景、定位、布局、元素的宽和高。

2. 层叠特性

CSS层叠特性是指页面中多种样式的叠加,下面举例说明层叠用法。某个使用层叠特性网页的效果如图3-29所示。

图3-29 使用层叠特性网页的效果

上述网页的实现代码如代码清单3-25所示。

代码清单3-25 使用层叠特性

```html
<!-- 代码清单3-25-->
<!DOCTYPE html>
<html lang="en">
<head>
    <meta charset="UTF-8">
    <title>层叠特性</title>
    <style>
        p {
            color: blue;
        }
        .paragraph {
            font-size: 12px;
        }
        #one {
            text-decoration: underline;
        }
    </style>
</head>
<body>
    <p class="special" id="one">段落1</p>
    <p>段落2</p>
    <p>段落3</p>
</body>
</html>
```

在代码清单3-25实现的网页中,文字"段落1"显示了标签选择器p定义的字体蓝色,ID选择器#one定义的字体下画线样式和类选择,.paragraph定义的字体大小为12px,也就是3

个选择器定义的样式叠加,这样写能够使网页设计更灵活。

同样层叠特性在祖先—后代的关系的网页中也很常见,下面举例说明层叠特性在继承关系中网页的用法。某个使用层叠网页的效果如图 3-30 所示。

图 3-30　使用层叠特性网页的效果

上述网页的实现代码如代码清单 3-26 所示。

代码清单 3-26　使用层叠特性

```html
<!-- 代码清单 3-26-->
<!DOCTYPE html>
<html lang="en">
<head>
    <meta charset="UTF-8">
    <title>层叠特性</title>
    <style>
        body {
            color: blue;
            font-size: 15px;
        }

        p {
            text-decoration: underline;
        }
        span {
            background-color: red;
        }
    </style>
</head>
<body>
    body
    <p>段落 p
        <span>行内 span</span>
    </p>
</body>
</html>
```

在代码清单 3-26 实现的网页中,body 标签选择器定义文本颜色为红色,文字大小为 15px,根据继承性,p 标签选择器定义文字修饰为下画线,所以<p>标签中文本"段落 p"显示了文本颜色、字体大小和文字修饰 3 个样式。而 span 标签选择器定义了背景颜色为红色,根据继承性,所以<span>标签中的文本"行内 span"显示了文本颜色、字体大小、文字修饰、背景颜色 4 个样式。

注意:在层叠样式中,继承关系如果有冲突,同等条件下,按照就近原则处理,也就是说距离元素越近级别越高。

3.3.2 优先级

浏览器通过优先级来判断哪些属性值与一个元素最为相关,从而在该元素上应用这些属性值。优先级是基于不同种类选择器组成的匹配规则。

优先级就是分配给指定的 CSS 声明的一个权重,它由匹配的选择器中的每一种选择器类型的数值决定,具体权重如表 3-7 所示。

表 3-7 优先级权重表

选择器	权重值	选择器	权重值
标签选择器、伪元素选择器	1 分	ID 选择器	100 分
类选择器、属性选择器、伪类选择器	10 分	行内样式	1000 分

下面举例说明优先级权重的使用方法。某个网页的效果如图 3-31 所示。

图 3-31 优先级网页的效果

上述网页的实现代码如代码清单 3-27 所示。

代码清单 3-27 使用优先级

```
<!-- 代码清单 3-27-->
<!DOCTYPE html>
<html lang="en">
<head>
    <meta charset="UTF-8">
    <title>优先级</title>
    <style>
        /* 权重值 10 */
        .paragraph1 {
            color: red;
        }
        /* 权重值 100 */
        #one {
            color: blue;
        }
        /* 权重值 1 */
        b {
            color: red;
        }
        /* 权重值 10+1=11 */
```

```
        .paragraph2 span {
            color: blue;
        }
        /* 权重值 10+1+1=12 */
        .paragraph2 span b {
            color: green;
        }
        /* 权重值 1+10+1+1=13 */
        p[class="paragraph2"] span b {
            color: orange;
        }
    </style>
</head>
<body>
    <p class="paragraph1" id="one">段落 1</p>
    <p class="paragraph2">段落 2
        <span><b>行内 span</b></span>
    </p>
</body>
</html>
```

在代码清单 3-27 中，文本"段落 1"定义了类选择器.paragraph1 和 id 选择器♯one，根据权重计算方法，类选择器.paragraph1 权重值为 10，id 选择器♯one 权重为 100，所以文本"段落 1"的文字颜色为 id 选择器♯one 定义的蓝色效果。

文本"行内 span"定义了标签选择器，根据权重计算方法权重值为 1，而.paragraph2 span、.paragraph2 span b、p[class="paragraph2"] span b 根据权重计算方法权重值分别为 11、12、13，所以文本"段落 2"的文字颜色为 p[class="paragraph2"] span b 定义的橘色。

注意：当优先级与多个 CSS 声明中任意一个声明的优先级相等的时候，CSS 中最后定义的优先级最高。

在制作网页的过程中，人们可能想要设置某个规则比其他的规则更重要，CSS 中允许这样设置，它们被称为重要规则（important rule）。这是根据其声明的方式和它们的自然属性来命名的。通过在一条规则的分号前插入!important 这样一个短语来标记一条重要规则。例如：

```
p.one {color:♯red !important; background:white;}
```

颜色值♯red 被标记为!important，而背景色 white 未被标记，如果需要两条规则都是重要的，那么每条规则都需要标上!important。

标记为!important 的规则具有最高的权值，也就是说它没有具体的特性值，但是比其他的权值都要大。需要注意的是，虽然设计人员定义的样式比用户定义的样式具有更高权值，但!important 规则恰恰相反。重要的用户定义规则要比设计人员定义的样式具有更高权值，即使是标记为!important 的重要规则也是如此。下面举例说明。

样式定义：

```
h1 {color:gray !important;}
```

应用示例：

```
<h1 style="color:black;">看这儿！</h1>
```

!important 规则会覆盖行内样式表 style 设置的样式，所以结果文字是灰色的而不是黑色的。

课堂实训 3-3　制作"中国骄傲红旗 CA770"网页

1. 任务内容

CA770 是红旗高级轿车车型中生产最多的产品，CA770 不仅在当时引起了强烈的反响，它所带来的红旗热直至现在仍未停止，至今全国的大型城市里面都有不少红旗 770 的收藏。该车全重 6 吨，一汽自主开发了 8 升的大马力发动机以驱动沉重的车体，并且从变速箱、驱动桥、轮胎，再到整个传动系统和底盘，都由自己设计制造。这一系列的工作又拉动了一大批项目的进步，如车窗的改造、自补轮胎、车用空调等。本课堂实训制作一个简单的网页，用于展示红旗 CA770 诞生的历史进程。网页效果如图 3-32 所示。

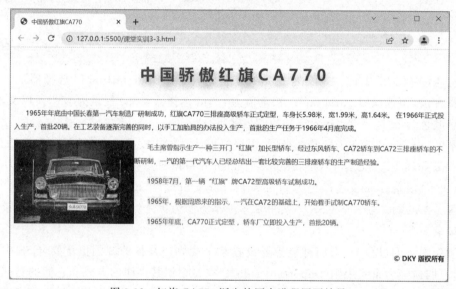

图 3-32　红旗 CA770 诞生的历史进程网页效果

2. 任务目的

通过制作一个简单的红旗 CA770 诞生历史进程网页，学会如何利用选择器特性和选择优先级实现内容展示。

3. 技能分析

（1）使用<body>标签进行局部内容展示，标题"中国骄傲红旗 CA770"放到标题标签和<h3>中，研发历程内容放到<p>标签中。

（2）使用外部链接方式引用外部样式表。

（3）分别设置标签<body>、<h3>、<p>的背景大小、字体颜色、字体大小，并利用子元素选择器进行隔行变色设置。

4. 操作步骤

(1) 利用 HTML 语言设置页面内容,插入素材图片和文字,注意空格和版本标签的设置方法,具体代码如代码清单 3-28 所示。

代码清单 3-28　　插入素材图片和文字的代码

```html
<!-- 代码清单 3-28-->
<!DOCTYPE html>
<html lang="en">
<head>
    <meta charset="UTF-8">
    <title>中国骄傲红旗 CA770</title>
</head>
<body>
    <h3>中国骄傲红旗 CA770</h3>
    <hr/>
    <p class="main">
        1965 年年底由中国长春第一汽车制造厂研制成功,红旗 CA770 三排座高级轿车正式定型,车身长 5.98 米,宽 1.99 米,高 1.64 米。在 1966 年正式投入生产,首批 20 辆。在工艺装备逐渐完善的同时,以手工加胎具的办法投入生产,首批的生产任务于 1966 年 4 月底完成。
    </p>
    <img src="images/ca770.jpg" alt="ca770" align="left" style="width:260px">

    <p>毛主席曾指示生产一种三开门"红旗"加长型轿车,经过东风轿车、CA72 轿车到 CA72 三排座轿车的不断研制,一汽的第一代汽车人已经总结出一套比较完善的三排座轿车的生产制造经验。</p>
    <p><span>1958 年 7 月</span>,第一辆"红旗"牌 CA72 型高级轿车试制成功。</p>
    <p><span>1965 年</span>,根据周恩来的指示,一汽在 CA72 的基础上,开始着手试制 CA770 轿车。</p>
    <p><span>1965 年</span>年底,CA770 正式定型,轿车厂立即投入生产,首批 20 辆。</p>
    <br/>
    <p class="copy">&copy; DKY 版权所有</p>
</body>
</html>
```

(2) 创建一个 car-ca770.css 的文件,并在 HTML 中引用,代码如下。

```html
<link rel="stylesheet" href="css/car-ca770.css">
```

(3) 在 CSS 样式表中通过标签选择器设置标签<body>、<h3>、<p>的样式,其优先级权重为 1,代码如下。

```css
/* 权重 1 */
body {
    color: #128095;
    text-indent: 2em;
    font-size: 14px;
}
/* 权重 1 */
h3 {
    font-family: jianzhi;
    /*设置字体样式*/
    font-size: 32px;
```

```
        text-align: center;
        letter-spacing: 10px;
        text-shadow: 2px 10px 20px #CCC;
}
/* 权重 1 */
p {
        line-height: 28px;
}
```

(4) 在 CSS 样式表中通过类选择器设置样式,其优先级权重为 10,代码如下。

```
/* 权重 10 */
.main {
        color: #000;
}

/* 权重 10 */
.copy {
        text-align: right;
        font-weight: bold;
        color: blue;
}
```

(5) 在 CSS 样式表中通过结构伪类选择器设置样式,其优先级权重为 11,代码如下。

```
/* 权重 10+1=11 */
p:nth-of-type(2) {
        color: rgb(113, 36, 185);
}
```

(6) 在 CSS 样式表中通过行内样式表设置标签<span>样式,其优先级权重为 100,代码如下。

```
/* 权重 100 */
<span style="background-color: yellow">1958 年 7 月</span>
<span style="background-color: yellow">1965 年</span>
<span style="background-color: yellow">1965 年</span>
```

习　题

一、选择题

1. 使用 CSS 设置格式时,p em{color:blue }表示(　　)。

　　A. p 作为父元素,其中包含的所有 em 元素均为蓝色

　　B. p 作为父元素,离 p 最近的 em 子元素为蓝色

　　C. em 元素内的 p 元素为蓝色

　　D. em 元素内的元素为蓝色

2. 在 HTML 中,通过(　　)可以实现鼠标悬停在超链接上时,为无下画线的效果。

　　A. a{text-decoration:underline}

　　B. a{text-decoration:none}

　　C. a:hover{text-decoration:none}

D. a:link{text-decoration:underline}

3. 同一个 HTML 元素被不止一个样式定义时,会发生冲突。如果下面 4 个选项的样式同时设置,网页会使用(　　)样式。

　　A. 浏览器默认设置

　　B. 外部样式表

　　C. 内部样式表(位于<head>标签内部)

　　D. 内联样式(在 HTML 元素内部)

4. (　　)属性不可以被继承。

　　A. border　　　　B. font-style　　　　C. text-align　　　　D. list-style

5. 以下选择器中,优先级最高的是(　　)。

　　A. 元素选择器　　　　　　　　　　B. ID 选择器

　　C. 类选择器　　　　　　　　　　　D. 加了!important 标记的规则

6. 有一个无序列表,包括 3 个列表项,若只把第二项和第三项的文字设置为蓝色,以下选项正确的是(　　)。

　　A. ul li{color:blue;}　　　　　　　B. li li{color:blue;}

　　C. li>li{color:blue;}　　　　　　　D. li+li{color:blue;}

7. 以下能正确表示子代选择器的是(　　)。

　　A. h1,p　　　　B. h1 p　　　　C. h1+p　　　　D. h1>p

8. 若要选取段落的第一行设置格式,以下选择器表示正确的是(　　)。

　　A. p:first-line　　B. p:first　　C. p:firstline　　D. p:first-letter

9. 下列有关 CSS 3 新增伪类选择器说法不正确的是(　　)。

　　A. E:nth-child(n):匹配元素类型为 E 且是父元素的第 n 个子元素

　　B. E:empty:匹配不包含子节点的 E 元素

　　C. E:first-of-type:匹配父元素的第一个类型为 E 的子元素

　　D. E:nth-of type(n):匹配父元素的第 n 个子元素。

二、简答题

1. 有几种方法能够保证你设计的样式应用到你的内容中去?

2. 如何在 HTML 代码中使用 CSS 代码?

3. 什么是 CSS 的选择器?CSS 基本选择器一共有几种选择器?

4. 如何理解选择器优先级问题?

5. 结构伪类选择器的特点是什么?

第 4 章

文本和背景样式

网页中的文字与图像是非常重要的内容,制作一个网页时首先要使用 HTML 完成基本的网页结构设计,然后将文字、图像等标签插入网页中,最后利用 CSS 样式实现标签显示效果。本章主要介绍网页中文字与图像标签的属性设置,实现图文混排的效果。

 知识目标

- CSS 文本样式与文本外观属性。
- 在网页中添加图像。
- 网页的背景颜色与背景图像。
- 线性渐变与径向渐变。

 技能目标

- 能熟练应用 CSS 字体样式及文本外观属性,控制页面中的文本样式。
- 能熟练应用 CSS 图像属性,控制页面中图像的样式。
- 能够为网页添加背景颜色和背景图像。
- 理解渐变属性的原理,能够设置渐变背景。

 思政目标

以新中国高铁的发展为引导,学习 CSS 设计文本和背景样式的知识,激发学生的民族自豪感,培养学生不甘落后、勇于争先,善于思考、勇于创新的工匠精神。

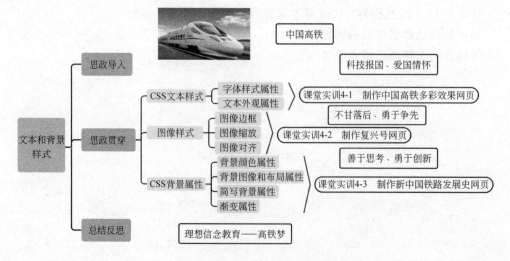

4.1 CSS 文本样式

任何一个页面中,文本都是呈现内容的主要载体。文本样式设计得是否美观直接关系到人们对网页的喜爱程度,因此文本样式设计对于网页来说至关重要。

4.1.1 字体样式属性

为了方便控制网页中各种各样的字体,CSS 提供了一系列的字体样式属性,常用属性的具体描述如表 4-1 所示。

表 4-1 字体样式属性列表

属 性	功 能 描 述	属 性	功 能 描 述
font-family	用于设置字体	font-style	用于定义字体风格(倾斜)
font-size	用于设置字号,控制字号的大小	font	用于将多个字体样式进行综合设置
font-weight	用于定义字体是否是粗体显示		

1. font-family 属性

font-family 属性用于设置网页中文本的字体。网页中常用的字体有宋体、微软雅黑、黑体等。可以同时设置多种字体,如果浏览器不支持第一种字体,则会尝试下一个,直到找到合适的字体。在为 font-family 属性设定属性值的时候,应该遵循以下规则。

(1)多种字体之间必须使用半角逗号","隔开。

(2)中文字体名需要加英文引号,英文字体名一般不需要加引号。

(3)如果字体名中包含空格、#、$ 等符号,则该字体必须加英文单引号或双引号,如 font-family:"Times New Roman"。

(4)英文字体名必须位于中文字体名之前。

(5)尽量使用系统默认字体,保证在任何用户的浏览器中都能正确显示。

常用字体的中文名与对应的英文名如表 4-2 所示。

表 4-2 常用字体的中文名与对应的英文名列表

中 文 名	英 文 名	中 文 名	英 文 名
新细明体	PMingLiU	仿宋	FangSong
细明体	MingLiU	楷体	KaiTi
标楷体	DFKai-SB	仿宋_GB2312	FangSong_GB2312
黑体	SimHei	楷体_GB2312	KaiTi_GB2312
宋体	SimSun	微软正黑体	Microsoft JhengHei
新宋体	NSimSun	微软雅黑	Microsoft YaHei

下面举例说明 font-family 属性的用法。font-family 属性网页的效果如图 4-1 所示。

上述网页的实现代码如代码清单 4-1 所示。

图 4-1 font-family 属性网页的效果

代码清单 4-1　使用 font-family 属性

```html
<!-- 代码清单4-1-->
<!DOCTYPE html>
<html lang="en">
<head>
    <meta charset="UTF-8">
    <title>font-family属性</title>
    <style>
    .font1{
        font-family: "华文彩云";
    }
    .font2{
        font-family: "黑体";
    }
    .font3{
        font-family: "楷体";
    }
</style>
</head>
<body>
  <p class="font1">中国高铁(华文彩云)</p>
  <p class="font2">中国高铁(黑体)</p>
  <p class="font3">中国高铁(楷体)</p>
</body>
</html>
```

在代码清单 4-1 中定义了 3 个类选择器，分别指定 3 个段落的字体。

2. font-size 属性

font-size 属性用于设置字号，控制字号的大小。该属性的值可以使用相对长度单位，也可以使用绝对长度单位，具体描述如表 4-3 所示。

表 4-3　font-size 属性的长度单位

长度单位		描述
相对	em	倍率，相对于当前对象内文本的字号大小
	px	像素，最常用的单位，推荐使用
绝对	in	英寸
	cm	厘米
	mm	毫米
	pt	磅

下面举例说明 font-size 属性的用法。font-size 属性网页的效果如图 4-2 所示。

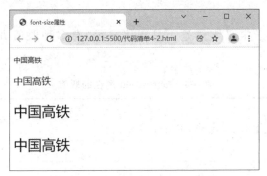

图 4-2 font-size 属性网页的效果

上述网页的实现代码如代码清单 4-2 所示。

代码清单 4-2 使用 font-size 属性

```html
<!-- 代码清单 4-2 -->
<!DOCTYPE html>
<html lang="en">
<head>
    <meta charset="UTF-8">
    <title>font-size 属性</title>
    <style>
    body{
        font-size: 15px;
    }
    .size1{
        font-size: 20px;
    }
    .size2{
        font-size: 2em;
    }
    .size3{
        font-size: 30px;
    }
    </style>
</head>
<body>
    <p>中国高铁</p>
    <p class="size1">中国高铁</p>
    <p class="size2">中国高铁</p>
    <p class="size3">中国高铁</p>
</body>
</html>
```

在代码清单 4-2 中，通过指定<body>标签中的字号大小，可以轻松地设计与修改整个网页的默认字号。网页中第一个段落的"中国高铁"没有单独指定字号大小，根据继承特性，采用<body>中的默认值 15px；第二个段落的"中国高铁"字号大小为 20px；第三个段落的"中国高铁"字号大小为 2em，就是<body>中默认值 15px 的两倍，因此为 30px；第四个段落的字号大小与第三个相同。

3. font-weight 属性

font-weight 属性用于定义字体是否是粗体显示,有多种取值方式,具体描述如表 4-4 所示。

表 4-4 font-weight 属性的取值

属 性 值	描 述
normal	文本正常显示,不加粗,为默认值
bold	文本显示为粗体
bolder	更粗
lighter	更细
100~900(100 的整倍数)	定义字符的粗细,数值越大字体越粗。其中 400 等同于 bold,700 等同于 bolder

注意:在实际使用中,通常只设置为 normal(不加粗)或者 bold(粗体)。

例如,指定段落中文本加粗显示的代码如下。

```
p{
    font-weight: bold;
}
```

4. font-style 属性

font-style 属性用于定义字体是否斜体显示,有 3 种取值方式,具体如表 4-5 所示。

表 4-5 font-style 属性的取值

属 性 值	描 述
normal	文本正常显示,不倾斜,为默认值
italic	文本以斜体显示
oblique	文本以"倾斜"显示(很少有浏览器支持这种效果)

注意:italic 和 oblique 两者在显示效果上并没有本质区别,在实际工作中通常使用 italic。

例如,指定段落中文本倾斜显示的代码如下。

```
p{
    font-style: italic;
}
```

5. font 属性

font 属性用于对字体样式进行综合设置,可以同时设置多种字体样式,其语法格式如下。

```
font: font-style font-weight font-size/line-height font-family;
```

注意:

(1)必须按照上面语法格式中的顺序书写,各属性之间以空格分隔。

(2)不需要设置的属性可以省略(取默认值),但必须保留 font-size 和 font-family 属性,否则 font 属性将不起作用。

(3)如果需要在 font 属性中加入 line-height 属性,则把它写在 font-size 后面,中间用"/"分开。line-height 属性用于指定文本行高。

例如,指定段落中文本样式为"华文彩云,20px,倾斜,加粗"的代码如下。

```
p{
    font: italic bold 20px "华文彩云";
}
```

以上代码等价于下面的代码。

```
p{
    font-family: "华文彩云";
    font-size: 20px;
    font-style: italic;
    font-weight: bold;
}
```

4.1.2 文本外观属性

通过文本外观属性可以改变文本的颜色、字符间距、对齐方式、文本缩进等。图 4-3 所示不同显示效果的文本内容就是文本外观属性设置的效果。

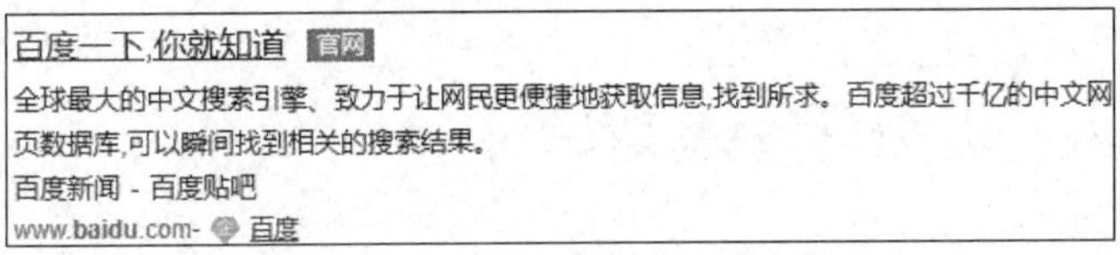

图 4-3 文本外观属性设置的效果

使用 HTML 可以对文本外观进行简单的控制,但是效果单一,不丰富。CSS 提供了多种文本外观属性,可以设置丰富的文本样式,具体如表 4-6 所示。

表 4-6 文本外观属性

属　　性	描　　述
color	用于设置文本的颜色
text-decoration	用于设置文本的修饰效果
text-indent	用于设置文本的缩进
text-align	用于设置文本水平方向对齐的方式
text-transform	用于设置英文字符的大小写
line-height	用于设置行间距
letter-spacing	用于设置文本中字符之间的间距
word-spacing	用于设置英文单词之间的间距
white-space	用于设置空白符的处理方式
text-shadow	用于设置文本的阴影效果

1. color 属性

color 属性用于设置文本颜色,有 3 种取值方式,具体如表 4-7 所示。

白色的 RGB 代码可以表示为 rgb(255,255,255) 或 rgb(100%,100%,100%)。十六进制编码的红色可以表示为 #ff0000。

表 4-7　color 属性的取值

属 性 值	描　　述
预定义的颜色值	直接采用英文单词设置颜色,例如 red、green、blue 等
RGB 代码	R 代表红色,G 代表绿色,B 代表蓝色。每种颜色的取值范围是 0~255(或者 0%~100%)
十六进制编码	这是最常用的定义颜色的方式。十六进制编码以♯开头,后面有 6 位数字,前面两位数字代表红色,中间两位数组代表绿色,最后两位数字代表蓝色,其取值范围是 00~ff(等同于十进制的 0~255)

注意:

(1) 用百分比代表 RGB 颜色值时,如果取值为 0,必须写成 0%,百分号不能省略。

(2) 用十六进制编码描述颜色时,如果每两位数字都一样可以采用 CSS 缩写方式,例如 ♯cc00aa 可以缩写为♯c0a。

例如,指定<p>标签文本颜色为红色,<h1>标签文本颜色为绿色,<h2>标签文本颜色为蓝色,要分别采用 3 种不同的颜色取值方式,代码如下。

```
p{
    color: red;
}
h1{
    color: rgb(0,255,0);
}
h2{
    color: #00ff;
}
```

2. text-decoration 属性

text-decoration 属性用于设置文本的修饰效果,有 4 种取值方式,具体如表 4-8 所示。

表 4-8　text-decoration 属性的取值

属性值	描　　述	属性值	描　　述
none	没有修饰效果,默认值	overline	上画线
underline	下画线	line-through	删除线

例如,指定<h1>标签文本添加上画线、<h2>标签文本添加删除线、<h3>标签文本添加下画线,代码如下。

```
h1{
    text-decoration: overline;
}
h2{
    text-decoration: line-through;
}
h3 {
    text-decoration: underline;
}
```

通常,删除超链接文本下画线的代码如下。

```
a {
    text-decoration: none;
}
```

建议：不要为非链接文本加下画线，因为带有下画线的文本通常会被当作是链接，容易使浏览者产生困惑。

注意：

（1）text-decoration 可以同时指定多个值，用空格隔开，给文本添加多种修饰效果。

（2）text-decoration 在添加修饰效果的同时还可以指定修饰效果的颜色。

下面举例说明 text-decoration 属性的用法。使用 text-decoration 属性的网页效果如图 4-4 所示。

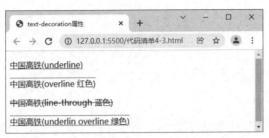

图 4-4　使用 text-decoration 属性的网页效果

上述网页的实现代码如代码清单 4-3 所示。

代码清单 4-3　使用 text-decoration 属性

```
<!-- 代码清单 4-3-->
<!DOCTYPE html>
<html lang="en">
<head>
    <meta charset="UTF-8">
    <title>text-decoration 属性</title>
    <style>
    .one{
        text-decoration: underline;
    }
    .two{
        text-decoration:overline red;
    }
    .three{
        text-decoration:line-through blue;
    }
    .four{
        text-decoration: underline overline green;
    }
    </style>
</head>
<body>
    <p class="one">中国高铁(underline)</p>
    <p class="two">中国高铁(overline 红色)</p>
    <p class="three">中国高铁(line-through 蓝色)</p>
    <p class="four">中国高铁(underlin overline 绿色)</p>
</body>
</html>
```

在代码清单 4-3 中定义了 4 个段落，使用 text-decoration 属性添加不同的装饰效果。第一个段落添加下画线，默认颜色黑色；第二个段落添加红色上画线；第三个段落添加蓝色删除线;第四个段落同时了绿色的下画线与上画线。

3. text-indent 属性

text-indent 属性用于设置文本的缩进,可以使用所有长度单位设置不同的数值,如字符宽度的倍数 em,或相对于浏览器窗口宽度的百分比。建议使用 em 作为设置单位。text-indent 属性允许取负值,效果相当于中文中的悬挂缩进。

例如,指定第一个段落首行缩进两个字符,第二个段落悬挂缩进两个字符,代码如下。

```
.one{
    text-indent: 2em;
}
.two{
    text-indent: -2em;
}
```

4. text-align 属性

text-align 属性用于设置文本水平方向对齐的方式,有 4 种常用取值方式,具体如表 4-9 所示。

表 4-9 text-align 属性的取值

属性值	描述
left	左对齐,默认值
right	右对齐
center	居中对齐
justify	两端对齐,拉伸每一行,以使每一行具有相等的宽度,并且左、右边距相同

下面举例说明 text-align 属性的用法。使用 text-align 属性的网页效果如图 4-5 所示。

图 4-5 使用 text-align 属性的网页的效果

上述网页的实现代码如代码清单 4-4 所示。

代码清单 4-4 使用 text-align 属性

```
<!-- 代码清单 4-4-->
<!DOCTYPE html>
<html lang="en">
<head>
    <meta charset="UTF-8">
    <title>text-align 属性</title>
    <style>
    .one{
```

```
            text-align: left;
        }
        .two{
            text-align:right;
        }
        .three{
            text-align:center;
        }</style>
</head>
<body>
<p class="one">中国高铁</p>
<p class="two">中国高铁</p>
<p class="three">中国高铁</p>
</body>
</html>
```

在代码清单 4-4 中定义了 3 个段落,使用 text-align 属性设置段落不同的对齐方式。第一个段落左对齐,为默认方式;第二个段落右对齐;第三个段落居中对齐。

5. text-transform 属性

text-transform 属性用于设置英文字符的大小写,可以将所有内容转换为大写字母或小写字母,或将每个单词的首字母大写,有 4 种取值方式,具体如表 4-10 所示。

表 4-10　text-transform 属性的取值

属性值	描　　述	属性值	描　　述
none	不转换,默认值	uppercase	全部字母转换为大写
capitalize	首字母大写	lowercase	全部字母转换为小写

例如,依次指定 3 个英文段落字符大小写方式为全部大写字母、全部小写字母首字母大写,代码如下。

```
.uppercase {
  text-transform: uppercase;
}
.lowercase {
  text-transform: lowercase;
}
.capitalize {
  text-transform: capitalize;
}
```

6. line-height 属性

line-height 属性用于设置行间距,即行与行之间的距离,一般称为行高,有 3 种取值方式,具体如表 4-11 所示。

表 4-11　line-height 属性的取值

属　性　值	描　　述
px	像素
em	相对值
%	百分比

实际工作中使用较多的单位是 px。

下面举例说明 line-height 属性的用法。使用 line-height 属性的网页效果如图 4-6 所示。

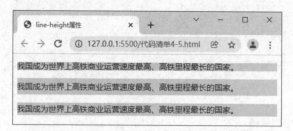

图 4-6 使用 line-height 属性的网页效果

上述网页的实现代码如代码清单 4-5 所示。

代码清单 4-5 使用 line-height 属性

```html
<!-- 代码清单 4-5 -->
<!DOCTYPE html>
<html lang="en">
<head>
    <meta charset="UTF-8">
    <title>line-height 属性</title>
    <style>
p{
    font-size: 15px;
    background-color: coral;
}
    .one{
    line-height: 15px;
}
    .two{
    line-height: 2em;
}
    .three{
    line-height: 150%;
}
</style>
</head>
<body>
<p class="one">我国成为世界上高铁商业运营速度最高、高铁里程最长的国家。</p>
<p class="two">我国成为世界上高铁商业运营速度最高、高铁里程最长的国家。</p>
<p class="three">我国成为世界上高铁商业运营速度最高、高铁里程最长的国家。</p>
</body>
</html>
```

在代码清单 4-5 中，在<p>标签中指定字号大小为 15px；为了清楚展示行高的效果，在此指定段落的背景颜色。第一个段落行高 15px，跟字号大小相同；第二个段落行高 2em，相当于字号 15px 的 2 倍，实际行高为 30px；第三个段落行高为 150%，相当于字号 15px 的 1.5 倍。

7. letter-spacing 属性

letter-spacing 属性用于设置文本中字符之间的间距，即字符与字符之间的空白，有 3 种取值方式，具体如表 4-12 所示。

表 4-12 letter-spacing 属性的取值

属 性 值	描 述
normal	正常间距,相当于 0,默认值
px	像素
em	相对值

设置为 px 或 em 时,允许使用负值,负数较大时有可能产生文字重叠的效果。

下面举例说明 letter-spacing 属性的用法。使用 letter-spacing 属性的网页效果如图 4-7 所示。

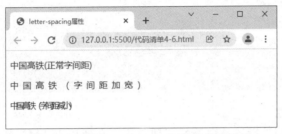

图 4-7 使用 letter-spacing 属性的网页效果

上述网页的实现代码如代码清单 4-6 所示。

代码清单 4-6   使用 letter-spacing 属性

```
<!-- 代码清单 4-6-->
<!DOCTYPE html>
<html lang="en">
<head>
    <meta charset="UTF-8">
  <title>letter-spacing 属性</title>
    <style>
    .spac1{
        letter-spacing: 8px;              /*字间距加宽*/
    }
    .spac2{
        letter-spacing: -5px;             /*字间距减小*/
    }
    </style>
</head>
<body>
    <p>中国高铁(正常字间距) </p>
    <p class="spac1">中国高铁(字间距加宽) </p>
    <p class="spac2">中国高铁(字间距减小) </p>
</body>
</html>
```

在代码清单 4-6 中定义了 3 个段落,使用 letter-spacing 属性设置段落文本的字符间距。第一个段落采用默认方式,正常字符间距;第二个段落字符间距为 8px,间距加宽;第三个段落字符间距为-5px,产生字符重叠效果。

8. word-spacing 属性

word-spacing 属性用于设置英文单词之间的间距,有 3 种取值方式,具体如表 4-13 所示。

表 4-13　word-spacing 属性的取值

属性值	描述
normal	正常间距,相当于 0,默认值
px	像素
em	相对值

设置为 px 或 em 时,允许使用负值,负数较大时有可能产生单词间重叠的效果。

注意:由于中文中不存在单词的概念,所以 word-spacing 属性对中文不起作用。

例如,指定<h1>标签增加单词之间的距离,<h2>标签减少单词之间的距离,代码如下。

```
h1 {
    word-spacing: 10px;
}
h2 {
    word-spacing: -5px;
}
```

9. white-space 属性

white-space 属性用于设置空白符的处理方式。在使用 HTML 制作网页时,无论源代码中有多少个空格,在浏览器窗口中只显示一个空白。此时可以使用 CSS 中的 white-space 属性设置空白符的处理方式,共有 5 种取值方式,具体如表 4-14 所示。

表 4-14　white-space 属性的取值

属性值	描述
normal	忽略多余的空格,只保留一个空格,空行无效,默认值
pre	按文档的书写格式保留空格、空行原样显示。其设置方式类似 HTML 的<pre>标签
nowrap	空格、空行无效,强制文本不换行,在同一行上显示,直到遇到 标签。若超出浏览器页面,自动添加滚动条
pre-wrap	按文档的书写格式保留空格原样显示,正常地进行换行
pre-line	忽略多余的空格,只保留一个空格,保留换行符

下面举例说明 white-space 属性的用法。使用 white-space 属性的网页效果如图 4-8 所示。

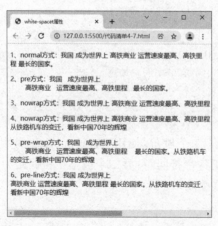

图 4-8　使用 white-space 属性的网页效果

上述网页的实现代码如代码清单 4-7 所示。

代码清单 4-7　使用 white-space 属性

```html
<!-- 代码清单 4-7-->
<!DOCTYPE html>
<html lang="en">
<head>
    <meta charset="UTF-8">
    <title> white-spacet 属性</title>
    <style>
    .one{
        white-space: pre;
    }
    .two{
        white-space:nowrap;
    }
    .three{
        white-space:nowrap;
    }
    .four{
        white-space: pre-wrap;
    }
    .five{
        white-space: pre-line;
    }
    </style>
</head>
<body>
    <p>1、normal 方式：我国     成为世界上
        高铁商业    运营速度最高、高铁里程     最长的国家。</p>
    <p class="one">2、pre 方式：我国     成为世界上
        高铁商业    运营速度最高、高铁里程     最长的国家。</p>
    <p class="two">3、nowrap 方式：我国     成为世界上
        高铁商业    运营速度最高、高铁里程     最长的国家。从铁路机车的变迁，看新中国 70 年的辉煌</p>
    <p class="three">4、nowrap 方式：我国     成为世界上
        高铁商业    运营速度最高、高铁里程     最长的国家。<br/>从铁路机车的变迁，看新中国 70 年的辉煌</p>
    <p class="four">5、pre-wrap 方式：我国     成为世界上
        高铁商业    运营速度最高、高铁里程     最长的国家。从铁路机车的变迁，看新中国 70 年的辉煌</p>
    <p class="five">5、pre-line 方式：我国     成为世界上
        高铁商业    运营速度最高、高铁里程     最长的国家。从铁路机车的变迁，看新中国 70 年的辉煌</p>
</body>
</html>
```

在代码清单 4-7 中一共有 6 个段落，分别采用不同的属性值设置空白字符的显示方式。

（1）第一个段落，采用 normal 默认方式：文本中连续多个空白字符只显示一个，空行无效，所以"世界上"三个字后并没有换行，只显示了一个空白字符。

（2）第二个段落，采用 pre 方式：按文档的书写格式，所有的空格与空行原样显示。

（3）第三个段落，采用 nowrap 方式：空格无效，多个空白字符只显示一个，空行无效，所有文本在同一行上显示，超出浏览器页面时，自动添加滚动条。

(4) 第四个段落,采用 nowrap 方式:中间有强制换行符
,所以"从铁路机车的变迁"开始在第二行显示。之前的文本均在第一行显示,超出浏览器页面的内容通过拖到滚动条浏览。

(5) 第五个段落,采用 pre-wrap 方式:所有空白字符均保留,可以正常地进行换行。

(6) 第六个段落,采用 pre-line 方式:多个空白字符只显示一个,保留换行符。

10. text-shadow 属性

text-shadow 属性用于设置文本的阴影效果,其基本语法格式如下。

```
text-shadow: h-shadow v-shadow blur color;
```

其中,各属性值的含义如下。

(1) h-shadow:水平阴影的位置,允许负值,必须设置。

(2) v-shadow:垂直阴影的位置,允许负值,必须设置。

(3) blur:模糊的距离,可选,若省略默认为 0,不能为负值。数值越大,阴影向外模糊的范围越大。

(4) color:阴影的颜色,可选,若省略默认为黑色。

下面举例说明 text-shadow 属性的用法。使用 text-shadow 属性的网页效果如图 4-9 所示。

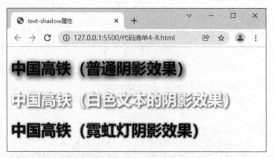

图 4-9 使用 text-shadow 属性的网页效果

上述网页的实现代码如代码清单 4-8 所示。

代码清单 4-8 使用 text-shadow 属性

```html
<!-- 代码清单 4-8 -->
<!DOCTYPE html>
<html lang="en">
<head>
    <meta charset="UTF-8">
   <title>text-shadow 属性</title>
    <style>
     .shadow1{
         text-shadow: 2px 3px 10px blue;
     }
     .shadow2{
         color:white;                              /* 文本颜色白色 */
         text-shadow: 2px 2px 4px green;           /* 白色文本的阴影效果 */
     }
     .shadow3{
```

```
            text-shadow: 0px 0px 3px red;
            /*霓虹灯阴影效果,水平与垂直偏移为 0,模糊半径值不宜太大*/
        }
    </style>
</head>
<body>
    <h1 class="shadow1">中国高铁(普通阴影效果)</h1>
    <h1 class="shadow2">中国高铁(白色文本的阴影效果)</h1>
    <h1 class="shadow3">中国高铁(霓虹灯阴影效果)</h1>
</body>
</html>
```

在代码清单 4-8 中,定义了 3 个<h1>标题标签,使用 text-shadow 属性设置不同的阴影效果,具体设置如下。

(1)第一个设置阴影效果:水平偏移 2px,垂直偏移 3px,模糊距离 10px,阴影颜色蓝色。

(2)第二个设置阴影效果:水平偏移 2px,垂直偏移 2px,模糊距离 4px,阴影颜色绿色。

(3)第三个设置阴影效果:水平偏移 0px,垂直偏移 0px,模糊距离 3px,阴影颜色红色,由于偏移量为 0,所以产生了霓虹灯的阴影效果。

注意:使用 text-shadow 属性可以给文本添加多个阴影效果。添加方法为设置多组阴影参数,以逗号分隔,从而产生多个阴影叠加效果。

使用 text-shadow 属性叠加阴影的网页效果如图 4-10 所示。

图 4-10 使用 text-shadow 属性叠加阴影的网页效果

上述网页的实现代码如代码清单 4-9 所示。

代码清单 4-9 使用 text-shadow 属性

```
<!-- 代码清单 4-9-->
<!DOCTYPE html>
<html lang="en">
<head>
    <meta charset="UTF-8">
    <title>阴影叠加效果</title>
    <style>
        h1{
            text-shadow: 5px 5px 5px red,-3px -2px 4px green;
            /*红色阴影和绿色阴影叠加*/
        }
    </style>
</head>
<body>
    <h1>中国高铁(多个阴影叠加效果)</h1>
</body>
</html>
```

在代码清单 4-9 中,为<h1>标题标签同时添加了两个阴影效果。第一个阴影效果为水平偏移 5px,垂直偏移 5px,模糊距离 5px,阴影颜色红色;第二个阴影效果为水平偏移－3px,垂直偏移－2px,模糊距离 4px,阴影颜色绿色,从而产生了阴影叠加的效果。

课堂实训 4-1　制作中国高铁多彩效果网页

1. 任务内容

2003 年,铁道部提出了"推动中国铁路跨越式发展"的总战略。开启了中国铁路跨越式发展的新时期。目前我国成为世界上高铁商业运营速度最高、高铁里程最长的国家。从铁路机车的变迁,看新中国 70 年的辉煌,每一个中国人心中都充满了自豪感。本课堂实训制作一个简单的网页,用于展示"中国高铁"字样的多彩显示效果,网页效果如图 4-11 所示。

图 4-11　中国高铁网页效果

2. 任务目的

通过制作一个简单的"中国高铁"的多彩显示效果网页,学会利用字体样式属性和文本外观属性,实现文字的字体、字号大小、颜色、阴影等样式的方法。

3. 技能分析

（1）所有文字在同一行显示,所以放在一个段落标签<p>中。
（2）每个文字有不同的显示效果,分别放在<span>标签中,并设置不同的类别选择器。
（3）所有文字的大小、字符间距等相同,进行统一的效果设计。
（4）分别设置每个<span>标签的不同显示效果。

4. 操作步骤

（1）利用 HTML 设置页面内容,添加文本信息,如代码清单 4-10 所示。

代码清单 4-10　课堂实训 4-1 HTML 代码内容设置

```
<!-- 代码清单 4-10-->
<!DOCTYPE html>
<html lang="en">
<head>
    <meta charset="UTF-8">
<title>中国高铁多彩效果</title>
</head>
<body>
```

```html
    <p>
        <span class="g1">中</span>
        <span class="g2">国</span>
        <span class="g3">高</span>
        <span class="g4">铁</span>
    </p>
</body>
</html>
```

（2）在 CSS 样式表中通过标签选择器设置标签<p>字体样式、字号大小、字符间距等样式，代码如下。

```css
p{
    font-size:80px;
    letter-spacing:-8px;        /* 字符间距 */
    font-family:"微软雅黑";
    font-weight: bold;
}
```

（3）在 CSS 样式表中通过类别选择器设置每个字符不同的显示颜色及阴影效果，代码如下。

```css
.g1{ color:#184dc6;
    text-shadow: 2px 2px 5px #ef008b;
}
.g2{ color:#c61800;
    text-shadow: 2px 2px 5px #2c00ef;
}
.g3{ color:#efba00;
    text-shadow: 2px 2px 5px #d300ef;
}
.g4{ color:#42c34a;
    text-shadow: 2px 2px 5px #ef6c00;
}
```

4.2 图像样式

网页中的图像在 HTML 中可以通过修改<img>标签中的属性直接进行调整，但是风格都比较单一，而通过 CSS 的统一管理，不但可以更加精确地调整各种属性，还可以实现更多特殊的效果。

4.2.1 图像边框

在 CSS 中通过 border 属性可为图像添加各种各样的边框。一个边框由以下 3 个要素组成。

（1）border-width：边框宽度，其属性值可以是不同单位的数值，最常用的是像素。

（2）border-color：边框颜色，其属性值可以使用英文单词、十六进制编码以及 RGB 代码。

（3）border-style：边框线型，定义边框的样式，其属性值可以选择不同的线型，如虚线、实线、点画线等，边框可以选择不同的线型，具体如表 4-15 所示。

表 4-15　边框样式线型取值

属性值	描述	属性值	描述
none	无边框（默认值）	groove	3D 沟槽状的边框
dotted	由点组成的虚线边框	ridge	3D 脊状的边框
dash	由短线组成的虚线边框	inset	3D 内嵌边框（颜色较深）
solid	实线边框	outset	3D 外嵌边框（颜色较浅）
double	双线边框		

注意：宽度、样式、颜色顺序任意，不分先后。border-style 属性必须有，否则其他 CSS 边框属性都不会起任何作用。

下面举例说明图像边框的用法。图像边框网页的效果如图 4-12 所示。

图 4-12　图像边框网页的效果

上述网页的实现代码如代码清单 4-11 所示。

代码清单 4-11　图像边框

```html
<!-- 代码清单 4-11-->
<!DOCTYPE html>
<html lang="en">
<head>
    <meta charset="UTF-8">
    <title>图像边框</title>
    <style>
        .img1{
            border-style: dotted;          /*点画线*/
            border-color: #f90;
            border-width: 5px;
        }
        .img2{
            border-style:double;           /*双实线*/
            border-color: red;
            border-width: 2px;
        }
    </style>
</head>
<body>
```

```
        <img src="./images/和谐号1.jpg" width="250">
        <img src="./images/和谐号1.jpg" width="250" class="img1">
        <img src="./images/和谐号1.jpg" width="250" class="img2">
</body>
</html>
```

在代码清单 4-11 中,应用<img>标签插入了 3 张图像。第一张图像没有边框;第二张图像添加了 5px 橘色的点画线边框;第三张图像添加了 2px 红色双实线边框。

如果想分别设置图像 4 个边框的不同样式,则可以通过表 4-16 所示的不同样式属性来设定。

表 4-16 边框样式属性

属 性 值	描 述	属 性 值	描 述
border-left	左边框	border-top	上边框
border-right	右边框	border-bottom	下边框

在使用时,依然是每条边框分别设置宽度、颜色和线型这三项。例如,设置右边框的颜色,相应的属性就是 border-right-color。

下面举例说明分别设置图像四条边框的用法。图像边框网页的效果如图 4-13 所示。

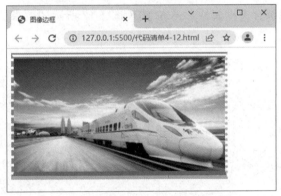

图 4-13 图像边框网页的效果

上述网页的实现代码如代码清单 4-12 所示。

代码清单 4-12 图像四条边框

```
<!-- 代码清单 4-12-->
<!DOCTYPE html>
<html lang="en">
<head>
    <meta charset="UTF-8">
    <title>图像边框</title>
    <style>
    img{
        border-left-style:dashed;           /* 左虚线 */
        border-left-color:#ee0000;          /* 左边框颜色 */
        border-left-width:5px;              /* 左边框宽度 */
        border-right-style:dotted;          /* 右点画线 */
```

```
            border-right-color:#33CC33;              /* 右边框颜色 */
            border-right-width:5px;                  /* 右边框宽度 */
            border-top-style:double;                 /* 上双线 */
            border-top-color:#CC00FF;
            border-top-width:10px;
            border-bottom-style:groove;              /* 下沟槽线 */
            border-bottom-color:#cca113;
            border-bottom-width:15px;         }
    </style>
</head>
<body>
    <img src="./images/和谐号1.jpg" width="400">
</body>
</html>
```

在代码清单 4-12 中,指定图像左边框线为 5px 红色虚线;右边框线为 5px 绿色点画线;上边框线为 10px 紫色双实线;下边框线为 15px 橘色下沟槽线。

通常情况下,每个边框样式是一样的,此时可以应用综合边框属性 border,把边框的各个属性值写到同一语句中,用空格分隔,这样可以使 CSS 代码的长度明显减少,代码更加简洁清晰,加快网页的下载速度。

下面举例说明应用综合边框属性 border 实现图 4-12 所示的效果。修改后的实现代码如代码清单 4-13 所示。

代码清单 4-13　综合边框属性应用

```
<!-- 代码清单 4-13-->
<!DOCTYPE html>
<html lang="en">
<head>
    <meta charset="UTF-8">
    <title>图像边框</title>
    <style>
        .img1{
            border: dotted #f90 5px;
            /* 5px 橘色点画线,3 个属性没有顺序关系,边框样式必须有 */
        }
        .img2{
            border:double 2px red;  /* 2px 红色双实线 */
        }
    </style>
</head>
<body>
    <img src="./images/和谐号1.jpg" width="250">
    <img src="./images/和谐号1.jpg" width="250" class="img1">
    <img src="./images/和谐号1.jpg" width="250" class="img2">
</body>
</html>
```

在代码清单 4-13 中,第二张图像应用 border 属性,添加了 5px 橘色的点画线边框;第三张图像应用 border 属性添加了 2px 红色双实线边框。

4.2.2 图像缩放

CSS 控制图像大小是通过 width 和 height 两个属性来实现的。图像的大小可以使用相对值和绝对值来设置,具体描述如表 4-17 所示。

表 4-17 图像高度和宽度的取值

值	描 述
auto	默认值。浏览器会计算出图像实际的高度和宽度
length	使用 px、cm 等单位定义高度和宽度
%	基于包含它的父元素高度和宽度的百分比

下面举例说明图像缩放的用法。图像缩放网页的效果如图 4-14 所示。

图 4-14　图像缩放网页的效果

上述网页的实现代码如代码清单 4-14 所示。

代码清单 4-14　图像缩放

```
<!-- 代码清单 4-14-->
<!DOCTYPE html>
<html lang="en">
<head>
    <meta charset="UTF-8">
    <title>图像缩放</title>
    <style>
        .img2{
            height: 200px;
        }
```

```
            .img3{
                width:30%;
            }
            .img4{
                width: 20%;
                height: 100px;
            }
        </style>
    </head>
    <body>
        <p>原始图像<img src="./images/和谐号 1.jpg" ></p>
        <p>调整图像高度<img src="./images/和谐号 1.jpg" class="img2"></p>
        <p>调整图像宽度<img src="./images/和谐号 1.jpg" class="img3"></p>
        <p>同时调整图像高度与宽度<img src="./images/和谐号 1.jpg" class="img4"></p>
    </body>
</html>
```

在代码清单 4-14 中,应用<img>标签插入了 4 张图像,具体设置如下。

(1) 第一张图像为默认效果,即原始大小。

(2) 第二张图像为指定高度 200px,宽度值自动等比缩放,保持原始图像的纵横比。

(3) 第三张图像为指定宽度 30%,为父标签宽度(这里是浏览器宽度)的 30%,高度值自动等比缩放,保持原始图像的纵横比。此时若改变浏览器窗口的宽度,图像的大小也会相应地发生变化。

(4) 第四张图像为指定宽度的 20%(相对于浏览器宽度)、高度为 100px,此时图像失去原始的纵横比。

4.2.3 图像对齐

人们创建的网页通常都是图文混排的,当图像与文字同时出现在页面上的时候,图像的对齐方式就显得尤为重要。如何能够合理地将图像对齐到理想的位置,成为页面是否整体协调、统一的重要因素。本小节从图像水平对齐和垂直对齐两方面出发,分别介绍 CSS 设置图像对齐方式的方法。

1. 图像水平对齐

图像水平对齐的方式与 4.2.2 小节中文字水平对齐的方式基本相同,分为左、中、右三种。不同的是图像水平对齐通常不能直接通过设置图像的 text-align 属性,而是通过设置其父标签的该属性来实现的。

下面举例说明图像水平对齐的用法。图像水平对齐网页的效果如图 4-15 所示。

上述网页的实现代码如代码清单 4-15 所示。

代码清单 4-15 图像水平对齐

```
<!-- 代码清单 4-15-->
<!DOCTYPE html>
<html lang="en">
<head>
```

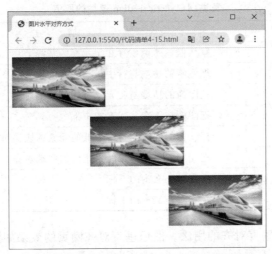

图 4-15　图像水平对齐网页的效果

```
    <meta charset="UTF-8">
    <title>图像水平对齐方式</title>
    <style>
    img{
        width: 200px;
    }
    .img1{
        text-align: left;
    }
    .img2{
        text-align: center;
    }
    .img3{
        text-align: right;
    }
    </style>
</head>
<body>
    <p class="img1"><img src="./images/和谐号1.jpg"></p>
    <p class="img2"><img src="./images/和谐号1.jpg"></p>
    <p class="img3"><img src="./images/和谐号1.jpg"></p>
</body>
</html>
```

在代码清单 4-15 中，<img>标签放在段落<p>标签内，通过设置段落的 text-align 属性来设置图像的对齐方式。如果直接在图像上设置水平对齐方式，则达不到效果。

2．图像垂直对齐

图像的垂直对齐方式主要体现在与文字搭配的情况下，尤其是当图像的高度和文字高度本身不一致时比较明显。在 CSS 中是通过 vertical-align 属性来设置图像的垂直对齐方式，设置图像的基线相对于该图像所在行的基线的垂直对齐。vertical-align 属性的值很多，在不同的浏览器中显现结果也会有些不一样，具体如表 4-18 所示。

表 4-18 vertical-align 属性的取值

属性值	描述
baseline	默认值。图像放置在父元素的基线上
top	把元素的顶端与行中最高元素的顶端对齐
text-top	把图像的顶端与父元素字体的顶端对齐
middle	把图像放置在父元素的中部
bottom	把图像的底端与行中最低的元素的底端对齐
text-bottom	把元素的底端与父元素字体的底端对齐
sub	垂直对齐文本的下标
sup	垂直对齐文本的上标

下面举例说明图像垂直对齐的用法。图像垂直对齐网页的效果如图 4-16 所示。

图 4-16 图像垂直对齐网页的效果

上述网页的实现代码如代码清单 4-16 所示。

代码清单 4-16 图像垂直对齐

```html
<!-- 代码清单 4-16-->
<!DOCTYPE html>
<html lang="en">
<head>
    <meta charset="UTF-8">
    <title>图像垂直对齐方式</title>
</head>
<body>
    <p>垂直对齐方式：top <img src="./images/和谐号 2.jpg" style="vertical-align: top;"></p>
    <p>垂直对齐方式：text-top <img src="./images/和谐号 2.jpg" style="vertical-align: text-top;"></p>
    <p>垂直对齐方式：bottom <img src="./images/和谐号 2.jpg" style="vertical-align: bottom;"></p>
    <p>垂直对齐方式：text-bottom <img src="./images/和谐号 2.jpg" style="vertical-align: text-bottom;"></p>
```

```
<p>垂直对齐方式：middle <img src="./images/和谐号 2.jpg"
style="vertical-align:middle;"></p>
<p>垂直对齐方式：baseline<img src="./images/和谐号 2.jpg"
style="vertical-align: baseline;"></p></body>
</html>
```

在代码清单4-16实现的网页中一共有6个段落，每个段落中均添加了文字与图像，通过设置图像的vertical-align属性，来设置图像与文字在垂直方向的对齐方式。

课堂实训4-2　制作复兴号网页

1. 任务内容

2003年，铁道部提出了"推动中国铁路跨越式发展"的总战略。开启了中国铁路跨越式发展的新时期，京津城际铁路、武广客运专线、京沪高铁等一大批专线和高铁的开通，大量时速250km/h、300km/h、350km/h的动车组上线运行。2017年6月25日，中国标准动车组被正式命名为"复兴号"，具有完全自主知识产权，达到世界先进水平。我国成为世界上高铁商业运营速度最高、高铁里程最长的国家。本课堂实训制作一个图文混排的网页，用于介绍中国高铁划时代的标志——复兴号。从铁路机车的变迁，看新中国的辉煌，网页效果如图4-17所示。

图4-17　图文混排的网页效果

2. 任务目的

通过制作"中国高铁划时代的标志——复兴号"图文混排效果的网页，学会如何利用字体样式属性、文本外观属性和图像样式属性，实现图文混排的效果。

3. 技能分析

(1) 网页中共有5个段落，因此添加5个段落标签<p>，其中两个段落放置图像，添加图像标签<img>。

(2) 中间 3 个段落文字的大小、字符间距等相同,进行统一的效果设计。
(3) 中间 3 个段落中设置时间的文字有不同的显示效果,需要放在<span>标签中。
(4) 每个段落中文字有不同的效果,设置不同的类别选择器分别设计。
(5) 2 张图像显示效果相同,调整了大小,添加边框线,与文本垂直居中对齐。

4. 操作步骤

(1) 利用 HTML 语言设置页面内容,添加文本与图像信息,如代码清单 4-17 所示。

代码清单 4-17　课堂实训 4-2 HTML 代码内容设置

```html
<!-- 代码清单 4-17-->
<!DOCTYPE html>
<html lang="en">
<head>
    <meta charset="UTF-8">
    <title>图文混排</title>
</head>
<body>
    <p class="title">中国高铁划时代的标志</p>
    <p class="p2"><span >1、2017 年 6 月 25 日:</span>中国标准动车组被正式命名为"复兴号",具有完全自主知识产权,达到世界先进水平。<img src="./images/复兴号 1.jpg">
    </p>
    <p class="p3"><img src="./images/复习 2.jpg"><span >2、2017 年 6 月 26 日:
    </span> 两列"复兴号",在京沪高铁两端双向发车成功。2017 年 9 月起复兴号提速至 350 公里。</p>
    <p class="p4"><span >3、2017 年 8 月 21 日起:</span>"复兴号"动车组列车扩大开行范围。</p>
    <p class="p5">中国成为世界上高铁商业运营速度最高、高铁里程最长的国家。</p>
</body>
</html>
```

(2) 中间 3 个段落有相同的文本样式,在 CSS 样式表中通过标签选择器设置标签<p>的字体样式、字号大小、首行缩进、行高等,代码如下。

```css
<style>
p{
    font-size: 15px;
    font-family: "宋体";
    text-indent: 2em;
    line-height: 1.5em;}
</style>
```

(3) 标题行文本有背景色,字间距加大居中等,还有立体效果(通过添加下边框线实现),在 CSS 样式表中设置类别选择器 title 实现,代码如下。

```css
.title {
    background-color: #ddd;
    border-bottom: 3px solid #aaa;
    /*实现立体效果,边框线颜色与背景色同一色系,颜色值深一些即可 */
    font-size: 30px;
    font-family: "隶书";
    text-align: center;
    letter-spacing: 8px;
}
```

（4）中间 3 个段落中设置时间的文字有不同的显示效果，放在<span>标签中，在 CSS 样式表中进行样式设计，代码如下。

```
span {
    text-decoration: underline;
    color: #c60;
    font-size: 18px;
    font-weight: bold;
}
```

（5）中间 3 个段落文字颜色不同，在 CSS 样式表中通过类别选择器设置每个段落文字不同的显示颜色，代码如下。

```
.p2 {
    color: darkviolet;
}
p3 {
    color: deepskyblue;
}
.p4 {
    color: deeppink;
}
```

（6）最后的段落有不同的文字效果，在 CSS 样式表中设置类别选择器 p5 实现，代码如下。

```
.p5 {
    font-size: 25px;
    color: #f00;
    font-family: "黑体";
    text-decoration: none;
    font-weight: bold;
}
```

（7）2 张图像显示效果相同，调整了大小，添加边框线，与文本垂直居中对齐，在 CSS 样式表中通过标签选择器设置标签<img>的样式，代码如下。

```
img{
    width: 200px;
    vertical-align: middle;
    border: orange 2px double;
}
```

4.3　CSS 背景属性

网页中的背景设计是相当重要的，好的背景不但能影响访问者对网页内容的接受程度，还能影响访问者对整个网站的印象。人们在上网过程中会发现在不同的网站上，甚至同一个网站的不同页面上，都会有各式各样的不同的背景设计。比如在节假日期间，网站通常采用红色系的颜色、图标以及喜气洋洋的图像来烘托节日的氛围。所以在网页设计中，合理控制背景颜色和背景图像至关重要。本节介绍如何设置网页的背景颜色，以及多种背景图像样式的设置方法。

4.3.1 背景颜色属性

在 CSS 中,网页的背景颜色使用 background-color 属性来设置,属性值为某种颜色。颜色值的表示方法和 4.1.2 小节的文字颜色设置方法相同,其基本语法格式如下。

```
background-color:指定元素的背景色;
```

注意:background-color 属性不仅可以应用于网页背景,还可以设置段落、标题、块元素等对象的背景颜色。

下面举例说明背景颜色的用法。有背景颜色的网页效果如图 4-18 所示。

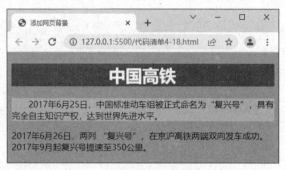

图 4-18 有背景颜色的网页效果

上述网页的实现代码如代码清单 4-18 所示。

代码清单 4-18 背景颜色

```html
<!-- 代码清单 4-18-->
<!DOCTYPE html>
<html lang="en">
<head>
    <meta charset="UTF-8">
    <title>添加网页背景</title>
    <style>
        body{
            background-color: darkgrey;        /*网页的背景颜色*/
        }
        h1{
            background-color: brown;           /*标题的背景颜色*/
            color: white;                      /*标题的文本颜色*/
            text-align: center;                /*标题居中对齐*/
        }
        .p1{
            text-indent: 2em;                  /*第一个段落首行缩进2个字符*/
            background-color: #faaafa;         /*第一个段落背景颜色*/
        }
    </style>
</head>
<body>
    <h1>中国高铁</h1>
    <p class="p1">2017 年 6 月 25 日,中国标准动车组被正式命名为"复兴号",具有完全自主知识产权,达到世界先进水平。</p>
```

```
    <p>2017 年 6 月 26 日,两列"复兴号",在京沪高铁两端双向发车成功。2017 年 9 月起复兴号提
       速至 350 公里。</p>
</body>
</html>
```

在代码清单 4-18 中,应用 background-color 属性分别设置了网页背景颜色、标题背景颜色和第一个段落背景颜色。其中第二个段落没有指定背景颜色,为默认值(第二个段落的父元素的背景颜色,此处就是网页的背景颜色)。

4.3.2 背景图像和布局属性

背景不仅可以设置为某种颜色,CSS 中还可以用图像作为网页的背景,而且用途极为广泛。设置背景图像和图像布局的属性很多,具体如表 4-19 所示。

表 4-19 背景图像和布局属性

属性	描述	属性	描述
background-image	设置背景图像	background-position	设置背景图像位置
background-repeat	设置背景图像平铺方式	background-attachment	设置背景图像固定

1. background-image 属性

background-image 属性用于设置元素的背景图像,其基本语法格式如下。

```
background-image: url('图像的地址');
```

修改代码清单 4-18 所示的案例,为网页添加背景图像,代码如下。

```
body{
    background-color: darkgrey;                    /*网页的背景颜色*/
    background-image: url('./images/和谐号 2.jpg');  /*添加背景图像*/
}
```

添加背景图像后的网页效果如图 4-19 所示。

图 4-19 添加背景图像后的网页效果

通过图 4-19 很容易看出,在默认情况下,图像会自动沿着水平和垂直两个方向平铺,覆盖整个页面,并且覆盖<body>标签的背景颜色,但不会影响<h1>标题标签和第一个段落<p>标签的背景颜色。

注意:

(1)使用背景图像时,要使用不会干扰文本的图像。上述案例中选择的背景图像并不合适,因为影响了第二个段落中的文本的阅读。

（2）background-image 属性不仅可以设置网页的背景图像，还可以设置段落、标题、块元素等对象的背景图像。

2. background-repeat 属性

background-repeat 属性用于设置背景图像的平铺方式。默认情况下，背景图像会自动向水平和垂直两个方向平铺。如果不希望背景图像平铺，或者只沿着一个方向平铺，可以通过 background-repeat 属性来控制。其基本语法格式如下。

```
background-repeat: 图像平铺属性值;
```

图像平铺属性有多种取值方式，具体描述如表 4-20 所示。

表 4-20　图像平铺属性取值

属性值	描述	属性值	描述
repeat	沿水平和竖直两个方向平铺，默认值	repeat-x	只沿水平方向平铺
no-repeat	不平铺（图像位于元素的左上角，只显示一次）	repeat-y	只沿垂直方向平铺

修改代码清单 4-18 所示的案例，为网页添加水平方向平铺的背景图像，代码如下：

```
body{
    background-color: darkgrey;                       /*网页的背景颜色*/
    background-image: url('./images/和谐号 2.jpg');   /*添加背景图像*/
    background-repeat: repeat-x;                      /*背景图像水平平铺*/
}
```

添加了水平方向平铺的背景图像的网页效果如图 4-20 所示。

图 4-20　水平方向平铺背景图像的网页效果

由图 4-20 可以看出，图像沿水平方向平铺，覆盖页面。图像没有覆盖的部分，显示<body>标签的背景颜色。

如果希望背景图像不平铺，只出现一次，则代码如下。

```
body{
    background-color: darkgrey;                       /*网页的背景颜色*/
    background-image: url('./images/和谐号 2.jpg');
    background-repeat: no-repeat;                     /*背景图像不平铺*/
}
```

添加背景图像不平铺的网页效果如图 4-21 所示。

由图 4-21 可以看出，当背景图像不平铺只出现一次时，图像默认位置为网页的左上角。

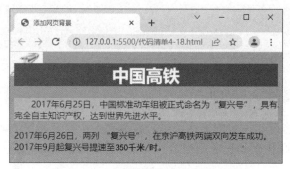

图 4-21 背景图像不平铺的网页效果

3. background-position 属性

background-position 属性用于设置背景图像位置,其基本语法格式如下。

background-position:图像位置属性值;

图像位置属性有多种取值方式,具体描述如表 4-21 所示。

表 4-21 背景图像位置属性取值列表

属 性 值	描 述	
单位数值	直接设置图像的具体位置。最常用的单位是 px	
预定义的关键字	指定背景图像的对齐方式	水平方向值:left、center、right
		垂直方向值:top、center、bottom
百分比	0% 0%:图像左上角与元素的左上角对齐	
	50% 50%:图像 50% 50% 中心点与元素 50% 50% 的中心点对齐	
	x% y%:图像 x% y% 的点与元素 x% y% 的点对齐	
	100% 100%:图像右下角与元素的右下角对齐,而不是图像充满元素	

4. background-attachment 属性

background-attachment 属性用于设置背景图像是滚动还是固定的(不会随页面的其余部分一起滚动),其基本语法格式如下。

background-attachment:图像固定属性值;

图像固定属性有两种取值方式,具体描述如表 4-22 所示。

表 4-22 图像固定属性取值列表

属 性 值	描 述
scroll	图像随页面元素一起滚动,默认值
fixed	图像固定在屏幕上,不随页面元素滚动

如果指定背景图像不平铺,在距离页面左边缘 50px、上边缘 100px 的位置固定,代码如下。

```
body{
    background-image: url('./images/和谐号 2.jpg');
```

```
            background-repeat: no-repeat;              /*背景图像不平铺*/
            background-position: 50px 100px;
            background-attachment: fixed;              /*背景图像位置固定*/
}
```

4.3.3 简写背景属性

通常情况下可以将背景相关的样式都综合定义在一个复合属性 background 中,称为简写属性。这样可以使 CSS 代码的长度明显减少,代码更加简洁清晰,加快网页的下载速度。其基本语法格式如下。

```
background: background-color background-image background-repeat
            background-attachment background-position;
```

注意:

(1) 在使用简写属性时,属性值顺序可以任意排列,以空格分隔。不需要的属性值可以省略。

(2) 在实际工作中通常按照"背景色 url("图像 URL")平铺定位固定"的顺序书写。

如果应用简写背景属性设置网页背景,代码如下。

```
body{
        background: grey url('./images/和谐号 2.jpg') no-repeat center fixed;
}
```

以上代码等价于下面的代码段。

```
body{
    background-color: grey;                            /*设置网页背景颜色*/
    background-image: url('./images/和谐号 2.jpg');     /*添加背景图像*/
    background-repeat: no-repeat;                      /*背景图像不平铺*/
    background-position: center;                       /*背景图像位置居中*/
    background-attachment: fixed;                      /*背景图像的位置固定*/
}
```

在 CSS 3 中允许显示多个背景图像。按照背景的显示顺序进行设置。背景图像最先设置的图像显示在最上面,最后设置的图像显示在最下面,多个图像之间用","隔开。

4.3.4 渐变属性

CSS 渐变可以显示两种或多种指定颜色之间的平滑过渡。在 CSS 3 之前,如果要实现渐变效果,通常通过设置背景图像的方式来实现。现在通过使用 CSS 3 渐变属性可以轻松实现渐变效果,减少下载的时间和宽带的使用。此外,渐变效果的元素在放大时看起来效果更好,因为渐变是由浏览器生成的。CSS 定义了两种渐变类型:①线性渐变,表示向下、向上、向左、向右、对角线;②径向渐变,表示由其中心定义。

1. 线性渐变

创建一个线性渐变,必须至少定义两种颜色,即想要呈现平稳过渡的颜色,也可以设置一个起点和一个方向(或一个角度)。在渐变过程中,起始颜色沿着一条直线按顺序过渡到结束颜色,其语法格式如下。

```
background-image: linear-gradient(渐变角度,颜色值 1,颜色值 2, ...,颜色值 n);
```

上面的语法中,linear-gradient 用于定义线性渐变方式,各参数的含义如下。

(1) 渐变角度:水平线和渐变线之间的夹角,可以是以 deg 为单位的角度数值或关键词,关键词为 to 加上 left、right、top 和 bottom 等。

(2) 颜色值:用于设置渐变颜色,其中"颜色值 1"表示起始颜色,"颜色值 n"表示结束颜色,起始颜色和结束颜色之间可以添加多个颜色值,各颜色值之间用","隔开。

下面举例说明线性渐变属性的用法。线性渐变属性网页的效果如图 4-22 所示。

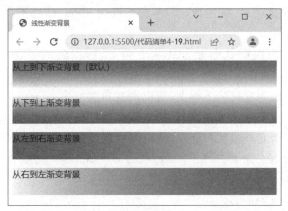

图 4-22　线性渐变属性网页的效果

上述网页的实现代码如代码清单 4-19 所示。

代码清单 4-19　线性渐变背景

```html
<!-- 代码清单 4-19-->
<!DOCTYPE html>
<html lang="en">
<head>
    <meta charset="UTF-8">
    <title>线性渐变背景</title>
    <style>
     p{
        height: 50px;
     }
     #grad1{
        background-image: linear-gradient(red, yellow);
     }
     #grad2{
        background-image: linear-gradient(to top, red, yellow);
     }
     #grad3{
        background-image: linear-gradient(to right, red, yellow);
     }
     #grad4{
        background-image: linear-gradient(to left, red, yellow);
     }
    </style>
</head>
<body>
```

```
        <p id="grad1">从上到下渐变背景(默认)</p>
        <p id="grad2">从下到上渐变背景</p>
        <p id="grad3">从左到右渐变背景</p>
        <p id="grad4">从右到左渐变背景</p>
    </body>
</html>
```

在代码清单 4-19 中定义了 4 个段落,使用 linear-gradient 属性设置不同的线性渐变背景效果。为了让背景效果更明显,统一指定段落的行高为 50px,颜色都是从红色到黄色的渐变,具体设置如下。

(1) 第一个段落:采用默认渐变方式从上到下,所以省略了渐变角度,只指定了渐变颜色。

(2) 第二个段落:渐变方式从下到上,所以渐变角度值为 to top。

(3) 第三个段落:渐变方式从左到右,所以渐变角度值为 to right。

(4) 第四个段落:渐变方式从右到左,所以渐变角度值为 to left。

注意:如果希望对渐变角度做更多的控制,可以定义一个角度,来取代预定义的方向(向下、向上、向右、向左、向右等)。

① 值 0deg 等于向上(to top)。

② 值 90deg 等于向右(to right)。

③ 值 180deg 等于向下(to bottom)。

④ 值 270deg 等于向左(to left)。

修改代码清单 4-19 所示的案例,使用具体的角度值实现相同的效果,代码如下。

```
#grad1{
    background-image:linear-gradient(red, yellow);
}
#grad2{
    background-image:linear-gradient(0deg, red, yellow);/*等价于 to top*/
}
#grad3{
background-image:linear-gradient(90deg, red, yellow);/*等价于 to right*/
}
#grad4{
background-image:linear-gradient(270deg, red, yellow);/*等价于 to left*/
}
```

下面举例说明多颜色线性渐变的效果。多颜色线性渐变网页的效果如图 4-23 所示。

图 4-23 多颜色线性渐变网页的效果

上述网页的实现代码如代码清单 4-20 所示。

代码清单 4-20　多颜色线性渐变背景效果

```html
<!-- 代码清单 4-20-->
<!DOCTYPE html>
<html lang="en">
<head>
    <meta charset="UTF-8">
    <title>多颜色渐变效果</title>
    <style>
    p{
        line-height: 100px;
        background-image: linear-gradient(to right, red,orange,yellow,green,
 blue,indigo,violet);
    }
    </style>
</head>
<body>
    <p>多颜色渐变效果</p>
</body>
</html>
```

在代码清单 4-20 中，为段落指定了从左到右的彩虹色线性渐变背景效果，所以渐变角度值为 to right，颜色值一共 7 个：red、orange、yellow、green、blue、indigo、violet。

修改代码清单 4-20 所示的案例，指定渐变角度为 45°，代码如下。

```css
p{
    line-height: 100px;
    background-image: linear-gradient(45deg, red,orange,yellow,green,blue,
        indigo,violet);
}
```

网页效果如图 4-24 所示。

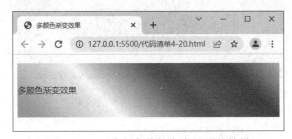

图 4-24　45°多颜色线性渐变网页的效果

说明：每一个颜色值后面还可以写一个百分比数值，用于标示颜色渐变的位置。

如果指定段落渐变角度为 45°，红色从 10％的位置开始到 40％位置结束，橙色从 40％位置开始到 80％位置结束，蓝色从 80％位置开始到 100％位置结束，代码如下。

```css
p{
    line-height: 100px;
    background-image: linear-gradient(45deg, red 10%,orange 40%,blue 80%);
}
```

网页效果如图 4-25 所示。

图 4-25　指定颜色渐变位置的多颜色线性渐变网页的效果

2. 径向渐变

创建一个径向渐变,也必须至少定义两种颜色。径向渐变由其中心点开始,按照椭圆或者圆形形状扩张渐变,其语法格式如下。

```
background-image: linear-gradient(渐变形状,中心位置,颜色值1,颜色值2,...,颜色值n);
```

上面语法中,radial-gradient 用于定义径向渐变方式,各参数含义如下。

(1) 渐变形状:渐变形状用来定义扩张渐变的形状,有两种取值——circle(圆形)或 ellipse(椭圆)值,默认值为 ellipse。

(2) 中心位置:中心位置用于确定元素渐变的中心位置,使用 at 加上关键词或参数值定义径向渐变的中心位置。关键词为 left、right、center、top 和 bottom。默认为 center。

(3) 颜色值:颜色值同线性渐变相同。"颜色值1"表示起始颜色,"颜色值 n"表示结束颜色,起始颜色和结束颜色之间可以添加多个颜色值,各颜色值之间用","隔开。

下面举例说明径向渐变属性的用法。径向渐变网页的效果如图 4-26 所示。

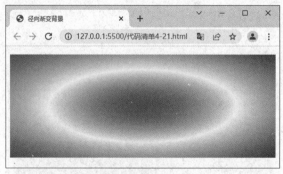

图 4-26　径向渐变网页的效果

上述网页的实现代码如代码清单 4-21 所示。

代码清单 4-21　径向渐变背景效果

```
<!-- 代码清单 4-21-->
<!DOCTYPE html>
<html lang="en">
<head>
    <meta charset="UTF-8">
    <title>径向渐变背景</title>
    <style>
    p{
        height: 200px;
```

```
            background-image: radial-gradient(red, yellow, green);
            /*默认椭圆形状径向渐变效果*/
        }
        </style>
    </head>
    <body>
        <p></p>
    </body>
</html>
```

在代码清单 4-21 中,为段落指定行高 100px,从红色开始过渡到黄色,最后绿色结束的椭圆形状径向渐变背景效果。椭圆形状是默认形状,所以可以省略。

修改代码清单 4-21 所示的案例,改为圆形径向渐变背景效果,代码如下。

```
p{
    line-height: 200px;
    background-image: radial-gradient(circle,red, yellow, green);
    /*circle 用于指定渐变形状为圆形*/
}
```

网页效果如图 4-27 所示。

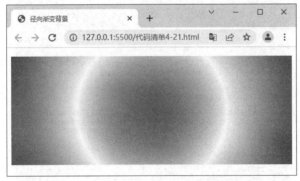

图 4-27　圆形径向渐变网页的效果

修改代码清单 4-21 所示的案例,在颜色值后面添加百分比数值,标示颜色渐变的位置,修改径向渐变背景效果,代码如下。

```
p{
    line-height: 200px;
    background-image: radial-gradient(red 10%, yellow 30%, green 60%);
}
```

网页效果如图 4-28 所示。

课堂实训 4-3　制作新中国铁路发展史网页

1. 任务内容

中国铁路始建于清朝末年,经过一百多年的建设和发展,截至 2020 年 12 月,中国铁路营业里程达 14.6 万千米,其中高铁 3.8 万千米,位居世界第一。《新时代交通强国铁路先行规划纲要》中明确:到 2035 年,全国铁路网运营里程达到 20 万千米左右,其中高铁 7 万千米左右。

图 4-28 指定颜色渐变位置的径向渐变网页的效果

制作新中国铁路发展史网页,彰显铁路精神:安全优质、兴路强国,从而培养学生严谨的工作态度和求真的工匠精神。网页效果如图 4-29 所示。

图 4-29 新中国铁路发展网页效果

2. 任务目的

通过制作一个"新中国铁路发展史"的图文混排效果网页,学会如何利用字体样式属性、文本外观属性和图像样式属性、背景属性,实现图文混排的效果。

3. 技能分析

(1) 一共 6 个段落,添加 6 个段落标签<p>,第一个段落放置铁路 Logo 图像,添加图像标签<img>。

(2) 整个页面添加背景图像。

(3) 标题行文字效果,与课堂实训 4-1 的实现方式相同。

(4) 铁路 Logo 图像,与文字的垂直对齐方式为居中。

4. 操作步骤

（1）利用 HTML 设置页面内容，添加文本与图像信息，如代码清单 4-22 所示。

代码清单 4-22　课堂实训内容设置

```html
<!-- 代码清单 4-22-->
<!DOCTYPE html>
<html lang="en">
<head>
    <meta charset="UTF-8">
<title>新中国铁路发展史</title>
</head>
<body>
    <p class="title"><img class="logo" src="./images/铁路 LOGO.jpg" >
        <span class="g1">新</span>
        <span class="g2">中</span>
        <span class="g3">国</span>
        <span class="g4">铁</span>
        <span class="g1">路</span>
        <span class="g2">发</span>
        <span class="g3">展</span>
        <span class="g4">史</span>
    </p>
    <p>1. 1949 年 10 月 1 日，新中国成立，这一年共抢修恢复了 8278 公里铁路；到 1949 年年底，全国铁路营业里程共达 2.1810 万千米，客货换算周转量 314.01 亿吨千米。</p>
    <p>2. 1952 年 6 月 18 日，满洲里至广州间开行了第一列直达列车，全程 4600 多千米畅通无阻。1952 年 7 月 1 日，新中国第一条铁路——成渝铁路成功通车。</p>
    <p>3. 到 1980 年铁路经过了 5 个"五年计划"的建设，取得了辉煌的成绩。到 1980 年年底，铁路营业里程达 4.9940 万千米，全国铁路网骨架基本形成，客货换算周转量达 7087 亿吨千米。</p>
    <p>4. 1982 年指出"铁路运输已成为制约国民经济发展的一个重要原因"，提出"北战大秦，南攻衡广，中取华东"的铁路大动脉建设战略。</p>
    <p>5. 2003 年，铁道部提出了"推动中国铁路跨越式发展"的总战略。开启了中国铁路跨越式发展的新时期。随着京津城际铁路、武广客运专线、京沪高铁等一大批专线和高铁的开通，大量时速 250、300、350km/h 的动车组已经上线运行，中国高速铁路已经达到世界先进水平。</p>
</body>
</html>
```

（2）整个页面添加背景图像，代码如下。

```css
<style>
body{
        background: url('./images/铁轨.jpg') no-repeat;    /*背景图像,不重复*/
        font-size: 17px;                                    /*页面中文字大小 17px*/
    }
</style>
```

（3）标题行文本效果设计方法与课堂实训 4-1 的方式相同，代码如下。

```css
.title {
        font-size:40px;
    font-family:"微软雅黑";
        font-weight: bold;
        text-align: center;
}
```

```css
.g1{ color:#184dc6;
    text-shadow: 2px 2px 5px #ef008b;
}
.g2{ color:#c61800;
    text-shadow: 2px 2px 5px #2c00ef;
}
.g3{ color:#efba00;
    text-shadow: 2px 2px 5px #d300ef;
}
.g4{ color:#42c34a;
    text-shadow: 2px 2px 5px #ef6c00;
}
```

（4）铁路 Logo 图像，与文字的垂直对齐方式为居中，代码如下。

```css
.logo{
    vertical-align:middle;
}
```

习 题

一、选择题

1. 下列选项中不属于 CSS 文本属性的是（　　）。
   A. font-size　　　　　　　　　　B. text-transform
   C. text-align　　　　　　　　　　D. line-height
2. CSS 的颜色值正确的表达形式是（　　）。
   A. rgb(360,0,0)　　　　　　　　　B. rgb(256,1,250)
   C. rgba(0,0,0)　　　　　　　　　　D. rgb(250,0,0)
3. 在 HTML 网页中，如果需要在 CSS 样式表中设置文本的字体是"隶书"，则需要设置文本的（　　）属性。
   A. font-size　　B. font-family　　C. font-style　　D. face
4. 每段文字都需要首行缩进两个字的距离，应设置（　　）属性。
   A. text-transform　　B. text-align　　C. text-indent　　D. text-decoration
5. 下列 CSS 属性中，用于指定背景图片的是（　　）。
   A. background-image　　　　　　B. background-color
   C. background-position　　　　　D. background-repeat
6. 下列选项中可以去掉文本超级链接的下画线的是（　　）。
   A. a{text-decoration:nounderline}　　B. a{underline:none}
   C. a{decoration:nounderline}　　　　D. a{text-decoration:none}
7. 下列选项中，用来改变背景颜色的样式属性是（　　）。
   A. background-color　　　　　　B. bgcolor
   C. color　　　　　　　　　　　　D. backgroundcolor
8. 能够设置文本加粗的样式属性是（　　）。
   A. font-weight:bold　　　　　　　B. style:bold

　　　　C. font：b　　　　　　　　　　D. font-style：bold
　9. text-transform 属性用于控制英文字符的大小写。下列选项中，不属于其属性值的是（　　）。
　　　　A. capitalize　　B. line-through　　C. lowercase　　　D. uppercase
　10. background-repeat，默认效果是（　　）。
　　　　A. 背景图不平铺　　　　　　　　B. 背景图水平向平铺
　　　　C. 背景图垂直方向平铺　　　　　D. 背景图水平方向和垂直方向都平铺
　11. 在 CSS 中，用于设置文本行高的属性是（　　）。
　　　　A. text-indent　　B. letter-spacing　　C. text-align　　D. line-height
　12. 在 CSS 中，段落中文字居中使用的属性是（　　）。
　　　　A. color　　　　　B. text-indent　　　C. align　　　　　D. text-align

二、简答题

1. 在 CSS 中，颜色取值的常用方式有哪些？
2. 使用 font 属性对字体样式进行综合设置时有什么需要注意的事项？
3. 如何设置图像的水平对齐方式？

第 5 章

盒子模型和网页布局

网页布局是指将网页中的元素进行定位,而盒子模型就是网页布局的基础。盒子模型在 CSS 3 中是重要的核心内容之一,利用盒子模型、浮动和定位相结合可以更好地控制网页中的元素。

本章将从单个盒子模型的构成和应用两方面来讲述如何利用盒子模型完成网页的布局。

 知识目标

- 盒子模型的结构。
- 语义化标签。
- 元素类型的转换。
- 元素的浮动。
- 元素的定位方式。
- 多列布局和弹性布局。

 技能目标

- 能够正确定义和使用盒子模型。
- 能够正确使用语义化标签对网页结构进行定义和划分。
- 能够根据页面效果需求,综合运用盒子模型、布局和定位技术实现网页布局。

 思政目标

以北斗卫星导航为引导,在学习盒子模型、浮动和定位过程中,激发学生的民族自豪感,培养学生科技报国、善于思考、细节制胜、勇于创新的工匠精神。

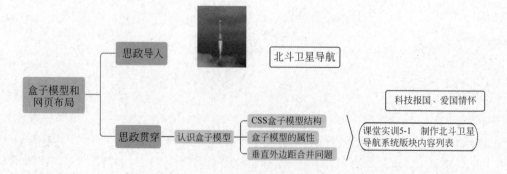

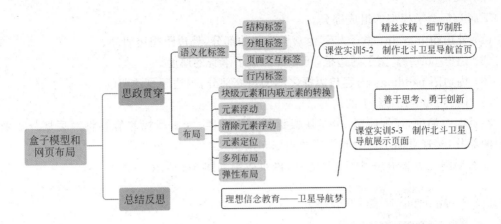

5.1 认识盒子模型

随着信息时代的来临,人们平时看到的网页承载了越来越多的信息和资源,尽管这些信息多样繁杂,但通过分类整理后,网页依然可以条理清晰,结构分明,如图 5-1 所示。

图 5-1 电科院首页网页效果

如图 5-1 所示,网页内容虽然复杂但布局合理,各个版块分门别类,看上去丝毫没有杂乱感。将网页划分成不同版块的容器就是盒子模型。

5.1.1 CSS 盒子模型结构

1. 认识盒子模型

盒子模型(box model)是 CSS 中的重要概念,网页的排版布局从根本上说就是盒子的排列和嵌套。

CSS 盒子模型从本质上是一个封装周围 HTML 元素的容器,每个盒子模型包括:外边距、边框、内边距和内容四部分,盒子模型的结构如图 5-2 所示。

下面介绍盒子模型的组成部分。

(1) 外边距 margin：盒子与其他盒子之间的部分，外边距是透明的。

(2) 边框 border：盒子的边框，可理解为盒子本身的厚度。

(3) 内边距 padding：内容与边框之间的填充部分，内边距是透明的。

(4) 内容 content：盒子的内容。

在页面布局中，通常使用<div>块级标签作为容器。<div>标签能够将网页划分成独立、不同的部分，实现页面不同功能模块的规划布局。

下面举例说明盒子模型的定义方法，网页效果如图 5-3 所示。

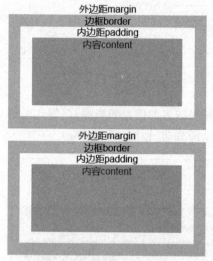

图 5-2　盒子模型结构示意图

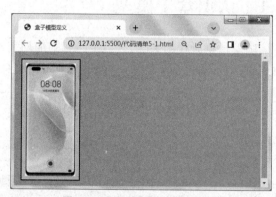

图 5-3　盒子模型定义网页效果

上述网页的实现代码如代码清单 5-1 所示。

代码清单 5-1　盒子模型定义

```
<!-- 代码清单 5-1 -->
<!DOCTYPE html>
<html lang="en">
<head>
    <meta charset="UTF-8">
    <title>盒子模型定义</title>
    <style>
        * {
            margin: 0px;
            margin: 0px;
        }
        body {
            background-color: #a0c3f7;
        }
        div {
            width: 150px;
            height: 330px;
            padding: 10px;
```

```
            border: solid 3px black;
            margin: 20px;
            background-color: #f3db8a;
        }
    </style>
</head>
</body>
    <div><img src="/images/huawei.png" width="150" height="330"></div>
</body>
</html>
```

在代码清单 5-1 中,定义了一个<div>标签,其中包含一个<img>标签。代码中的<div>标签就是一个盒子模型,盒子中的内容是华为手机的图像。盒子模型的宽度为 150px,高度为 330px,内边距为 10px,边框为黑色 1px 实线,外边距为 20px。

2. 盒子的宽度和高度

为了正确设置元素在所有浏览器中的宽度和高度,用户需要知道盒子模型的工作方式,以图 5-4 为例进行说明。

图 5-4　盒子模型的宽度和高度网页效果

图 5-4 所示网页中的两个图像,上图定义盒子模型宽度 width 为 100 像素,下图定义独立图片宽度 width 为 100 像素,宽度相同显示效果却有差别,其原因在于盒子模型对宽度和高度的定义方式。

上述网页的实现代码如代码清单 5-2 所示。

代码清单 5-2　盒子模型的宽度和高度网页代码

```
<!-- 代码清单 5-2 -->
<!DOCTYPE html>
<html lang="en">
<head>
```

```
        <meta charset="UTF-8">
        <title>盒子模型的宽度和高度</title>
        <style>
            div {
                width: 100px;
                padding: 10px;
                border: solid 1px black;
            }
        </style>
    </head>
    <body>
        <p>盒子中的图片,width=100</p>
        <div>
            <img src="/images/huawei.png" alt="华为手机" width="100">
        </div>
        <p>普通图片,width=100</p>
        <img src="/images/huawei.png" alt="华为手机" width="100">
    </body>
</html>
```

在代码清单5-2中,定义了两个大小相同的图片,分别放置在盒子模型内外。盒子模型的宽度与图片宽度一致,再对盒子设置内边距。运行代码后,网页中的两张图片的大小一致,盒子的内边距正常显示,很显然盒子被撑大了。由此,可以得到盒子模型定义的宽度是内容的宽度,而不是盒子的宽度。

由以上案例可知,盒子模型的宽度和高度的计算公式。

盒子模型总宽度＝宽度＋左内边距＋右内边距＋左边框＋右边框＋左外边距＋右外边距

盒子模型总高度＝高度＋顶部内边距＋底部内边距＋上边框＋下边框＋上外边距＋
　　　　　　　下外边距

下面举例说明盒子模型宽度和高度的计算方法,如图5-5所示。

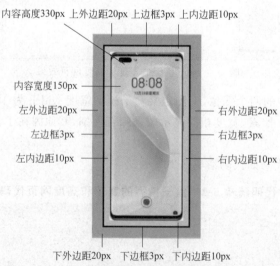

图5-5　盒子模型宽度和高度的计算

如图 5-5 所示,盒子模型的宽度为 150＋20×2＋3×2＋10×2＝216(像素),高度的为 330＋20×2＋3×2＋10×2＝396(像素)。

5.1.2 盒子模型的属性

1. CSS 边框属性

CSS 边框属性用于指定元素边框的样式和颜色。

1) border-style 属性

border-style 属性用于定义边框的样式,简单地说就是为盒子模型指定要显示什么样的边框,其语法格式如下。

```
选择器{border-style:属性值;}
```

border-style 属性的取值方式主要有以下 9 种。

(1) none：默认无边框。
(2) solid：定义实线边框。
(3) dotted：定义一个点线边框。
(4) dashed：定义一个虚线边框。
(5) double：定义双线边框,两个边框的宽度和为 border-width 值。
(6) groove：定义 3D 沟槽边框,效果取决于边框的颜色值。
(7) ridge：定义 3D 脊边框,效果取决于边框的颜色值。
(8) inset：定义一个 3D 的嵌入边框,效果取决于边框的颜色值。
(9) uutset：定义一个 3D 突出边框,效果取决于边框的颜色值。

下面举例说明 border-style 属性的用法,网页效果如图 5-6 所示。

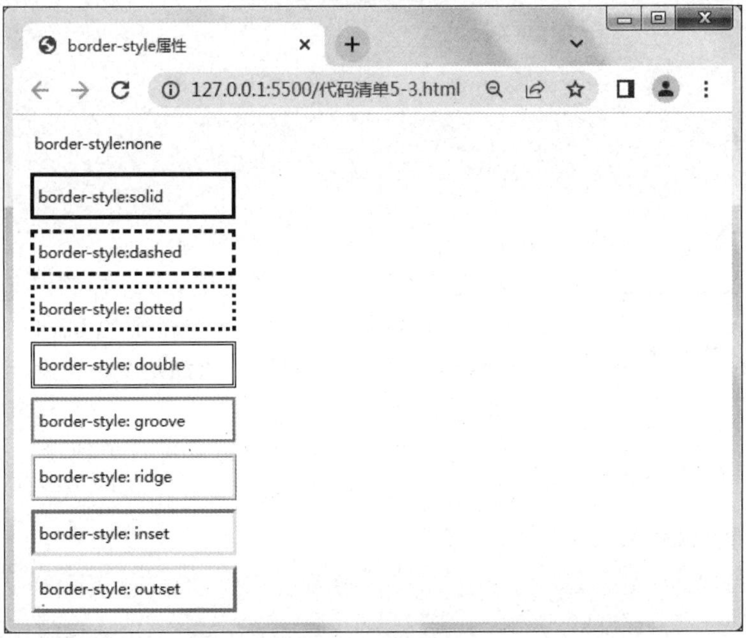

图 5-6　border-style 属性值网页效果

上述网页的实现代码如代码清单 5-3 所示。

代码清单 5-3　border-style 属性值

```html
<!-- 代码清单 5-3 -->
<!DOCTYPE html>
<html lang="en">
<head>
    <meta charset="UTF-8">
    <title>border-style 属性</title>
    <style>
      div {
          width: 200px;
          height: 30px;
          line-height: 30px;
          margin: 10px;
          padding: 5px;
       }
      .none {border-style: none;}
      .one {border-style: solid;}
      .two {border-style: dashed;}
      .three {border-style: dotted;}
      .four {border-style: double;}
      .five {border-style: groove;}
      .six {border-style: ridge;}
      .seven {border-style: inset;}
      .eight {border-style: outset;}
    </style>
</head>
<body>
    <div class="none">border-style:none</div>
    <div class="one">border-style:solid</div>
    <div class="two">border-style:dashed</div>
    <div class="three">border-style: dotted</div>
    <div class="four">border-style: double</div>
    <div class="five">border-style: groove</div>
    <div class="six">border-style: ridge</div>
    <div class="seven">border-style: inset</div>
    <div class="eight">border-style: outset</div>
</body>
</html>
```

```
border-top-style: solid
border-right-style: dotted
border-bottom-style: dashed
border-left-style: double
```

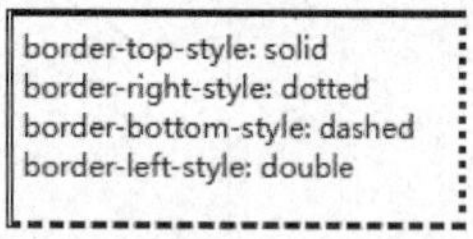

图 5-7　border-style 单独设置某边的边框样式效果

在代码清单 5-3 中，先使用 <div> 标签定义了 8 个盒子模型，再使用 CSS 样式表对这 8 个盒子的 border-style 边框属性分别设置成 8 个不同属性值，以满足个性化设计需要，网页显示效果如图 5-6 所示。

在 CSS 中，可以对每个边框进行单独设置边框样式，网页效果如图 5-7 所示。

上述网页的实现代码具体如下。

```
border-top-style: solid;
border-right-style: dotted;
border-bottom-style: dashed;
border-left-style: double;
```

此外，还可以通过 border-style 属性的取值个数实现，网页效果如图 5-8 所示。

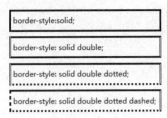

图 5-8　border-style 属性 1～4 个值的功能效果

上述网页的实现代码具体如下。

```
border-style:solid;
<!-- 四面边框是 solid -->
border-style:solid double ;
<!--上、底边框是：solid,右、左边框是：double -->
border-style: solid double dotted;
<!--上边框是：solid,左、右边框是：double 底边框是：dotted -->
border-style:solid double dotted dashed;
<!--上边框是：solid,右边框是：double、底边框是：dotted、左边框是：dashed -->
```

注意：除 border-style 外，border-width 和 border-color 也有同样的设置方法。

2）border-width 属性

border-width 属性用于指定边框宽度。其语法格式如下。

```
选择器{border-width:属性值;}
```

border-width 属性的取值方式有以下两种。

（1）长度值：单位为 px、pt、cm、em 等，如 2px 或 0.1em。

（2）关键字：thick、medium（默认值）和 thin。

下面举例说明 border-width 属性的用法，网页效果如图 5-9 所示。

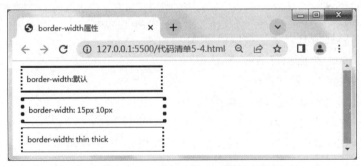

图 5-9　border-width 属性值网页效果

上述网页的实现代码如代码清单 5-4 所示。

代码清单 5-4　border-width 属性值

```
<!-- 代码清单 5-4 -->
<!DOCTYPE html>
<html lang="en">
<head>
    <meta charset="UTF-8">
```

```
        <title>border-width 属性</title>
        <style>
            div {
                border-style: solid dotted;
                margin: 10px;
                width: 300px;
                height: 50px;
                line-height: 50px;
                padding-left: 10px;
            }
            .bwpx {border-width: 10px 15px;}
            .bwkw {border-width: thin thick;}
        </style>
    </head>
    <body>
        <div>border-width:默认</div>
        <div class="bwpx">border-width: 15px 10px </div>
        <div class="bwkw">border-width: thin thick </div>
    </body>
</html>
```

在代码清单 5-4 中，定义了 3 个盒子模型，使用边框宽度 border-width 属性分别对其进行了定义。第一个盒子使用默认边框；第二个盒子使用两个数值 15px 和 10px 定义边框宽度，按照语法规则解释其边框的上、下边框宽度为 15px，左、右边框宽度为 10px；第三个盒子采用两个关键字定义边框宽度，上、下边框宽度为 thin，左、右边框宽度为 thick。

注意：border-width 不能单独使用，必须与 border-style 边框样式结合才能出现效果。

3) border-color 属性

border-color 属性用于设置边框的颜色。其语法格式如下。

选择器{border-color:属性值;}

border-color 属性值有以下 4 种取值方式。

（1）transparent：边框颜色透明，默认值。
（2）name：颜色的名称，如"red"。
（3）RGB：RGB 值，如"rgb(255,0,0)"。
（4）hex：16 进制值，如"#ff0000"。

下面举例说明 border-color 属性的用法，网页效果如图 5-10 所示。

图 5-10　border-color 属性值网页效果

上述网页的实现代码如代码清单 5-5 所示。

代码清单 5-5　border-color 属性值

```html
<!-- 代码清单 5-5 -->
<!DOCTYPE html>
<html lang="en">
<head>
    <meta charset="UTF-8">
    <title>border-color 属性</title>
    <style>
        div {
            width: 150px;
            height: 100px;
            border-style: solid;
            border-top-color: blue;
            border-bottom-color: red;
        }
    </style>
</head>
<body>
    <div>border-color 属性</div>
</body>
</html>
```

在代码清单 5-5 中，定义了一个盒子模型，使用 CSS 样式定义其边框样式为实线，单独设置其顶部边框颜色 border-top-color 为蓝色，底部边框颜色 border-bottom-color 为红色，左、右两边颜色使用默认值黑色。

注意：border-color 同 border-width 一样，也不能单独使用，必须与 border-style 边框样式结合才能出现效果。

4) border 属性

上述 3 个边框属性也可以集中在一个 border 属性中进行综合设置，语法格式如下。

选择器{border:border-width border-style border-color;}

下面举例说明 border 属性的用法，网页效果如图 5-11 所示。

图 5-11　border-color 属性值网页效果

上述网页的实现代码如代码清单 5-6 所示。

代码清单 5-6　border-color 属性值

```html
<!-- 代码清单 5-6 -->
<!DOCTYPE html>
<html lang="en">
<head>
```

```
        <meta charset="UTF-8">
        <title>border综合属性</title>
        <style>
            div {
                width: 200px;
                height: 100px;
                border: 3px dotted red;
            }
        </style>
    </head>
    <body>
        <div>border综合属性</div>
    </body>
</html>
```

在代码清单5-6中,使用CSS对网页中的盒子模型使用border属性设置其四面边框为3像素红色点线。

2. CSS外边距属性

margin属性用于设置盒子模型和外部其他元素之间的外边距属性,范围包括上、下、左、右的外边距,如图5-12所示。

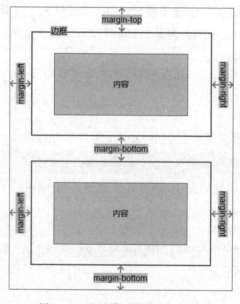

图 5-12　盒子模型外边距示意图

margin属性是简化属性,其语法格式如下。

选择器{margin:属性值;}

margin属性有以下4种取值方式。

(1) auto:浏览器默认外边距。
(2) length:以具体单位计的外边距值,单位为px、pt、em等。
(3) %:以父元素宽度的百分比为外边距。
(4) inherit:规定应该从父元素继承外边距。

注意:margin属性值可为负值,内容会出现重叠。

与 border 属性类似，margin 属性也可以通过取值个数对盒子模型的外边距进行单独设置，还可以使用以下方式进行设置。

(1) margin-top：设置上外边距。
(2) margin-right：设置右外边距。
(3) margin-bottom：设置下外边距。
(4) margin-left：设置左外边距。

下面举例说明 margin 属性的用法，网页效果如图 5-13 所示。

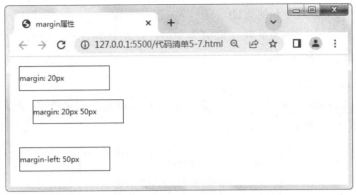

图 5-13　margin 属性网页效果

上述网页的实现代码如代码清单 5-7 所示。

代码清单 5-7　margin 属性用法

```html
<!-- 代码清单 5-7 -->
<!DOCTYPE html>
<html lang="en">
<head>
    <meta charset="UTF-8">
    <title>margin 属性</title>
    <style>
        * {
            margin: 0px;
            padding: 0px;
        }
        div {
            width: 200px;
            height: 50px;
            border: 1px solid black;
            line-height: 50px;
        }
        .one {margin: 20px;}
        .two {margin: 20px 50px;}
        .three {
            margin-left: 20px;
            margin-top: 50px;
        }
    </style>
</head>
```

```
<body>
    <div class="one">margin: 20px</div>
    <div class="two">margin: 20px 50px</div>
    <div class="three">margin-left: 50px</div>
</body>
</html>
```

在代码清单 5-7 中,定义了 3 个盒子模型,使用 3 种方式对其定义了外边距。第一个盒子模型 margin 属性取 1 个值,效果为上、下、左、右四个外边距均为 20px;第二个盒子模型 margin 取 2 个值,效果为上、下外边距 20px,左、右外边距 50px;第三个盒子模型将 margin-left 属性取值为 20px,margin-top 属性取值为 50px,其效果是上外边距 50px,左外边距 20px,其余两边的外边距使用默认值。

3. CSS padding(内边距)

CSS padding 内边距属性用于定义元素边框与元素内容之间的距离,范围包括上、下、左、右的内边距,如图 5-14 所示。

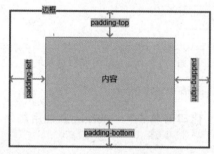

图 5-14　盒子模型内边距示意图

使用 padding 属性的语法格式如下。

```
选择器{padding:属性值;}
```

padding 属性可以通过取值个数实现 4 个方向的内边距设置,也可以使用 padding-top、padding-bottom、padding-left 和 padding-right 属性单独对 4 个方向的内边距进行设置。

下面举例说明 padding 属性的用法,网页效果如图 5-15 所示。

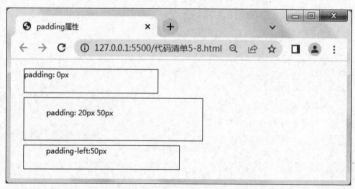

图 5-15　padding 属性网页效果

上述网页的实现代码如代码清单 5-8 所示。

代码清单 5-8　padding 属性用法

```html
<!-- 代码清单 5-8 -->
<!DOCTYPE html>
<html lang="en">
<head>
    <meta charset="UTF-8">
    <title>padding 属性</title>
    <style>
        * {
            margin: 10px;
            padding: 0px;
        }
        div {
            width: 300px;
            height: 50px;
            border: 1px solid black;
        }
        .one {padding: 20px 50px;}
        .two {padding-left: 50px;}
    </style>
</head>
<body>
    <div>padding:0px</div>
    <div class="one">padding:20px 50px</div>
    <div class="two">padding-left:50px</div>
</body>
</html>
```

在代码清单 5-8 中，网页中定义了 3 个盒子模型，分别使用 3 种方式对其定义了内边距。第一个盒子使用通配符 * 选择器中设置的内边距 0px，效果为上、下、左、右四个内边距均为 0px；第二个盒子模型的 padding 属性取 2 个属性值，效果为上、下内边距 20px，左、右内边距 50px；第三个盒子模型设置 padding-left 取值为 50px，效果为左内边距 50px，其余三边的内边距使用通配符选择器中定义的内边距 0px。

4. box-sizing 属性

前面介绍了盒子模型的大小是由内容、内边距、边框和外边距决定的。当设置完盒子宽高后，再进行 padding 内边距和 border 边框设置时，盒子的宽度和高度都会增加。

除了以上介绍的盒子模型外，在 CSS 中可以使用 box-sizing 定义一种尺寸不会被 padding 和 border 撑开的盒子 border-box，其语法格式如下：

选择器{box-sizing: 属性值;}

box-sizing 的属性值可以设置为 content-box（默认）或 border-box，两者的区别是盒子的宽度是否包含边框和内边距。

border-box 的总高度和宽度包含内边距 padding 和边框 border，即盒子设置宽高后，再去设置 padding、border 时，盒子尺寸不变，内容区缩小，语法格式如下：

选择器{box-sizing:border-box;}

下面举例说明 box-sizing 属性的用法，网页效果如图 5-16 所示。
上述网页的实现代码如代码清单 5-9 所示。

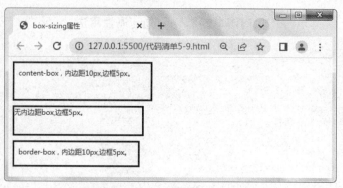

图 5-16　box-sizing 属性网页效果

代码清单 5-9　box-sizing 属性用法

```html
<!-- 代码清单 5-9 -->
<!DOCTYPE html>
<html lang="en">
<head>
    <meta charset="UTF-8">
    <title>box-sizing 属性</title>
    <style>
        * {
            margin: 0px;
            padding: 0px;
        }
        div {
            width: 300px;
            height: 60px;
            border: 5px solid;
            margin: 10px;
        }
        .content-box {
            box-sizing: content-box;
            padding: 10px;
        }
        .border-box {
            box-sizing: border-box;
            padding: 10px;
        }
    </style>
</head>
<body>
    <div class="content-box">content-box,内边距 10px,边框 5px。</div>
    <div>无内边距 box,边框 5px。</div>
    <div class="border-box">border-box,内边距 10px,边框 5px。</div>
</body>
</html>
```

在代码清单 5-9 中,定义了 3 个盒子模型,3 个盒子宽度均定义为 300px,高度均为 60px,边框为 5px。第二个盒子作为其他盒子的参照物,无内边距,该盒子的宽度应为 300＋5×2＋10×2＝330(px),高度为 60＋5×2＋10×2＝90(px);第一个盒子在第二个盒子基础上中添加了 10px 的内边距,因此其宽度变为 330＋10×2＝350(px),高度变为 90＋10×2＝

110(px)；第三个盒子是将 box-sizing 设置为 border-box 的特殊盒子，定义的宽度 300px 和高度 60px 均包含了内边距 padding 和边框 border，因此其实际宽度和高度就是定义的 300px 和 60px，网页效果如图 5-16 所示。

5.1.3　垂直外边距合并问题

垂直外边距合并是指当两个垂直外边距 margin 相邻时，它们将形成一个外边距 margin。在对网页进行布局时，垂直外边距合并问题会造成布局混乱。

1. 兄弟元素

当两个块级元素上下相邻排列时，上元素的下外边距与下元素的上外边距会发生合并，新的外边距取两个外边距中的较大值，如图 5-17 所示。

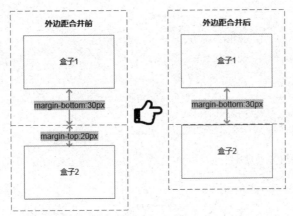

图 5-17　兄弟元素外边距合并示意图

为了避免这种情况对网页布局造成困扰，可以使用以下方法进行设置。

（1）推荐只给一个盒子添加 margin 值。

（2）给其中一个<div>外层套一个<div>。简单地说就是为元素包裹一个盒子，形成一个完全独立的空间，做到让里面元素不受外面布局影响。

下面举例说明兄弟元素外边距合并及其解决方法，网页效果如图 5-18 所示。

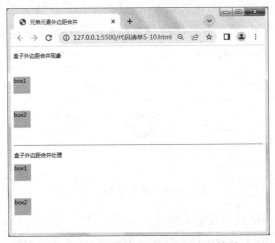

图 5-18　盒子模型外边距合并网页效果

上述网页的实现代码如代码清单 5-10 所示。

代码清单 5-10　兄弟元素外边距合并解决办法

```html
<!-- 代码清单 5-10 -->
<!DOCTYPE html>
<html lang="en">
<head>
    <meta charset="UTF-8">
    <title>兄弟元素外边距合并</title>
    <style>
        .box,.boxs {
            width: 50px;
            height: 50px;
            background-color: pink;
        }
        .boxs {margin: 50px 0px;}
        .box {margin-bottom: 50px;}
    </style>
</head>
<body>
    <p>盒子外边距合并现象</p>
    <div class="boxs">box1</div>
    <div class="boxs">box2</div>
    <hr/>
    <p>盒子外边距合并处理</p>
    <div class="box">box1</div>
    <div class="box">box2</div>
</body>
</html>
```

在代码清单 5-10 中,页面中定义了两组盒子模型。第一组的两个盒子模型正常上、下排列,两个盒子的上、下外边距都使用 .boxs 样式定义的 50px,两盒子之间应出现 50+50=100 (px)的间距,但由于兄弟元素外边距合并,两盒子间仅保留了其中一个 50px。第二组的两个盒子使用只给盒子设置下外边距为 50px 的方法,避免了外边距合并。

2. 父子元素

当一个块级元素嵌套在另一个块级元素中,这两个元素称为父子元素。它们的上外边距(或下外边距)也会发生合并,新的外边距取两个外边距中的较大值,如图 5-19 所示。

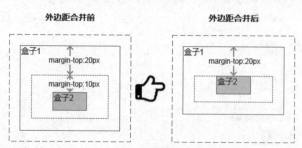

图 5-19　父子元素外边距合并示意图

为了避免这种情况对网页布局造成困扰,可以使用以下方法进行设置。

(1)给父元素添加边框(border-top/border-bottom),避免 margin 直接接触。

(2)给父元素添加内边距(padding-top/padding-bottom),避免 margin 直接接触。

(3)给父元素或者子元素添加浮动定位 float 或者绝对定位 absolute。
(4)父元素或者子元素设置 display:inline-block。
下面举例说明父子元素外边距合并及其解决方法,网页效果如图 5-20 所示。

图 5-20 盒子模型外边距合并网页效果

上述网页的实现代码如代码清单 5-11 所示。

代码清单 5-11 父子元素外边距合并解决办法

```html
<!-- 代码清单 5-11 -->
<!DOCTYPE html>
<html lang="en">
<head>
    <meta charset="UTF-8">
    <title>父子元素外边距合并</title>
    <style>
        * {
            margin: 0px;
            padding: 0px;
        }
        .fatherbox {
            width: 200px;
            height: 200px;
            background-color: pink;
            margin-top: 50px;
        }
        .sonbox,.sonbox1 {
            margin-top: 50px;
            width: 100px;
            height: 100px;
            background-color: cyan;
        }
        .sonbox1 {
            display: inline-block;
        }
    </style>
</head>
```

```
<body>
    <p>父子元素外边距合并处理前</p>
    <div class="fatherbox">
        <div class="sonbox"></div>
    </div>
    <p>父子元素外边距合并处理后</p>
    <div class="fatherbox">
        <div class="sonbox1"></div>
    </div>
</body>
</html>
```

在代码清单 5-11 中，定义了两组大小一样，内、外边距相等，没有内边距的嵌套盒子模型。两组盒子外部父盒子宽度和高度均为 200px，内部子盒子宽度和高度均为 100px；父子盒子的上外边距均为 50px。按照设置两个内部小盒子均应出现 50+50=100（px）的上外边距。实际运行效果如图 5-20 所示，第一组的盒子由于父子元素外边距合并问题，父子盒子外边距仅保留两个外边距中较大值。由于两个值相等，因此仅保留其中一个 50px。第二组的盒子将内部小盒子的 display 属性设置为 inline-block，避免了外边距合并。

3. 空元素

当空元素有外边距但没有边框或填充时，空元素的上、下外边距会发生合并，新的外边距取两个外边距中的较大值，如图 5-21 所示。

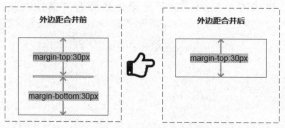

图 5-21　空元素外边距合并示意图

注意：只有普通文档流中块元素的垂直外边距才会发生外边距合并。行内块、浮动块或绝对定位之间的外边距不会合并。

为了避免这种情况对网页布局造成困扰，可以使用以下案例的方法进行设置，网页效果如图 5-22 所示。

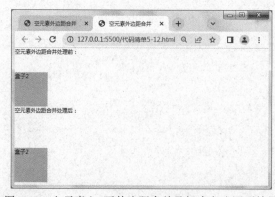

图 5-22　空元素上、下外边距合并及解决办法网页效果

上述网页的实现代码如代码清单 5-12 所示。

代码清单 5-12　空元素上下外边距合并及解决办法

```html
<!-- 代码清单 5-12 -->
<!DOCTYPE html>
<html lang="en">
<head>
    <meta charset="UTF-8">
    <title>空元素外边距合并</title>
    <style>
        * {
            margin: 0px;
            padding: 0px;
        }
        .color {
            width: 100px;
            height: 100px;
            background-color: #f5c238;
        }
        .empty {
            margin-top: 50px;
            margin-bottom: 50px;
        }
        .empty1 {
            overflow: hidden;
        }
    </style>
</head>
<body>
    <p>空元素外边距合并处理前：</p>
    <div class="empty"></div>
    <div class="color">盒子 2</div>
    <p>空元素外边距合并处理后：</p>
    <div class="empty empty1"></div>
    <div class="color">盒子 2</div>
</body>
</html>
```

在代码清单 5-12 中,页面中定义了两组基本属性相同的上下排列的盒子模型。上面是无内边距、无边框、无内容,上、下外边距为 50px 的空盒子,下面是宽高均为 100px,无内外边距,背景色为♯f5c238 的盒子。按以上设置方法,由于上面的盒子无内容,因此仅计算上、下外边距之和为 50+50=100(px);下面的盒子无外边距,应出现在文字下方 100px 的位置。

实际运行效果如图 5-22 所示,第一组盒子由于空元素上、下外边距合并,下方的盒子上方与文字的间距只有 50px。第二组盒子给空盒子添加 overflow 属性并设置属性值为 hidden,避免了外边距合并,下方的盒子如预期显示在文字下 100px 处。

课堂实训 5-1　制作北斗卫星导航系统版块内容列表

1. 任务内容

北斗卫星导航系统(以下简称北斗系统)是中国着眼于国家安全和经济社会发展需要,自主建设运行的全球卫星导航系统,是为全球用户提供全天候、全天时、高精度的定位、导航和授时服务的国家重要时空基础设施。

本课堂实训的任务是使用盒子模型制作一个展示"北斗卫星导航系统版块内容列表"的简单网页,效果如图 5-23 所示。

图 5-23　北斗卫星导航系统版块内容列表网页效果

2. 任务目的

通过制作一个简单的"北斗卫星导航系统版块内容列表"的网页,学会定义盒子模型、使用宽度、高度和边框等属性设置盒子模型的外观、使用内外边距控制盒子内元素的显示位置,使用字体样式属性和文本外观属性,实现文字的字体、字号大小、颜色、阴影等样式的设置方法。

3. 技能分析

（1）运用盒子模型定义版块整体和栏目框架。

（2）通过内、外边距控制栏目文字和图片的显示位置。

（3）通过盒子模型的边框属性实现栏目间的虚线分隔效果。

（4）使用 CSS 样式为标题和栏目名称文字设置显示效果。

4. 操作步骤

（1）利用 HTML 设置页面内容,添加文本和图片信息,如代码清单 5-13 所示。

代码清单 5-13　北斗卫星导航系统版块内容列表页面内容

```
<!-- 代码清单 5-13 -->
<!DOCTYPE html>
<html lang="en">
<head>
    <meta charset="UTF-8">
    <title>北斗卫星导航系统版块内容列表</title>
</head>
<body>
    <div class="all">
        <p>北斗卫星导航系统</p>
        <div class="img"><img src="/images/beidoulogo.jpg" alt="北斗标志"
            width="130px"></div>
        <div class="itemlist">
            <div>系统介绍</div>
```

```
                <div>星历星座</div>
                <div>监控评估</div>
                <div>官方下载</div>
                <div>增强系统</div>
                <div id="last">发射列表</div>
            </div>
        </div>
    </body>
</html>
```

（2）在 CSS 样式表中对浏览器进行初始化设置，内、外边距设置为 0px，页面元素无边框，文本对齐方式为居中，代码如下。

```
* {
    margin: 0px;
    padding: 0px;
    border: 0px;
    text-align: center;
}
```

（3）在 CSS 样式表中通过类选择器 all 为版块整体设置宽度、高度、字号、边框样式，再通过外边距 margin 属性设置上、下边距为 10px，左右为 auto，使版块在距浏览器顶部 50px，左右居中显示，代码如下。

```
.all {
    width: 150px;
    height: 400px;
    margin: 10px auto;
    font-size: 16px;
    border: 2px solid #032852;
}
```

（4）在 CSS 样式表中通过类选择器 p 为文字版块整体设置宽度、高度、行高、文字居中对齐，代码如下。

```
p {
    width: 140px;
    height: 35px;
    line-height: 35px;
    text-align: center;
    font-weight: bolder;
}
```

（5）在 CSS 样式表中设置北斗 Logo 的左侧内边距为 10px，使其显示在版块中间位置，代码如下。

```
.img {padding-left: 10px;}
```

（6）在 CSS 样式表中设置内容块级元素的宽度、高度、行高（行高等于高度，内容垂直居中显示）、下边框和左外边距（控制文字显示位置）属性，代码如下。

```
.itemlist div {
    width: 130px;
    height: 35px;
```

```
            line-height: 35px;
            border-bottom: 2px dotted #2b83e7;
            margin-left: 10px;
}
```

(7) 最后一行内容无底部点线边框,需要单独设置,代码如下。

```
#last {border: none;}
```

5.2 语义化标签

传统的网页布局采用 DIV+CSS 方式,通过定义 id 和 class 样式名称来定义并区分网页的结构,如<div id="header">定义头部、<div id="nav">定义导航链接等。采用这种布局定义方式,网页的结构和内容不容易区分,而且 id 和 class 名称定义不规范,搜索引擎搜索时容易造成混乱。

HTML 5 中增加了容易理解和辨识的语义化标签,如<header>、<nav>、<footer>等,使用这些语义化标签定义网页结构更加清晰,功能辨识度更高。

5.2.1 结构标签

HTML 5 中与结构有关的语义化标签主要有<header>、<nav>、<section>、<article>、<aside>和<footer>等。

语义化结构标签及其功能如表 5-1 所示。

表 5-1 语义化结构标签及其功能

标 签	功 能
<header>	定义具有引导和导航作用的结构标签,通常表示整个页面或页面上的一个内容块的头部。header 中可以包含标题标签、导航、Logo、搜索表单等
<nav>	定义页面的导航区域,通常包含一组比较重要的导航链接,这些链接可以指向当前页面的其他部分,也可以指向其他页面或资源。一个页面中可以存在多个<nav>标签,作为页面整体或者不同部分的导航
<article>	定义文档、页面、应用程序或网站中可以被外部引用的内容。通常<article>标签里面可以包含独立的<header>、<footer>等结构标签。 一个页面可以没有或包含多个<article>标签。 <article>标签也可以嵌套在其他<article>标签中
<section>	定义文档或应用的一般区块。<section>标签可以嵌套在<article>中显示文章的不同部分或章节
<aside>	定义跟文档的主内容区相关又独立于主内容区的区域。<aside>标签常用作侧边栏、说明、提示、引用、附加注释、广告等
<footer>	定义页脚。<footer>标签通常位于页面或内容块的结尾,用于显示作者、版权、相关文档的链接、联系信息等。页面里可以包含多个<footer>标签

下面举例说明结构标签的用法,网页效果如图 5-24 所示。

上述网页的实现代码如代码清单 5-14 所示。

图 5-24 语义化结构标签网页效果

代码清单 5-14　语义化结构标签用法

```html
<!-- 代码清单 5-14 -->
<!DOCTYPE html>
<html>
<head>
    <meta charset="utf-8">
    <title>语义化结构标签</title>
    <style>
        * {
            margin: 0px;
            padding: 0px;
        }
        header,nav,article,section,aside,footer {
            border: 2px solid #524c4cbe;
            padding: 10px;
            margin: 5px;
        }
        header {width: 700px;}
        nav {width: 700px;}
        article {
            width: 500px;
            height: 100px;
            float: left;
        }
        section {height: 50px;}
        aside {
            width: 166px;
            height: 100px;
            float: left;
        }
        footer {
            width: 700px;
            clear: both;
        }
    </style>
</head>
<body>
    <header>页眉</header>
    <nav>导航栏</nav>
    <article>文章
```

```
            <section>文章内容</section>
        </article>
        <aside>侧边栏</aside>
        <footer>页脚</footer>
    </body>
</html>
```

在代码清单 5-14 中,使用语义化结构标签定义了网页的各个组成部分:使用<header>标签定义了网页的页眉,<nav>标签定义了导航栏,<article>标签定义了网页主体内容,<section>标签定义了主题内容中的版块,<aside>定义了侧边栏,<footer>定义了页脚。

5.2.2 分组标签

分组标签用于划分 Web 页面的区域,保证内容进行有效分组,主要包括<figure>、<figcaption>、<hgroup>和<dialog>等。

分组标签及其功能如表 5-2 所示。

表 5-2 分组标签及其功能

标 签	功 能
<figure>	定义独立的流内容,如图像、图表、照片、代码等。 <figure>标签用来表示网站制作页面上一块独立的内容,将其从网页上移除后不会对网页上的其他内容产生影响
<figcaption>	定义<figure>元素的标题。每个<figure>标签内最多只允许放置一个<figcaption>标签,其他元素无放置限制。 <figcaption>元素通常置于<figure>标签的第一个或最后一个子元素的位置
<hgroup>	定义标题元素分组。当标题有多个层级(副标题)时,<hgroup>元素用来对一系列<h1>-<h6>标题标签进行分组
<dialog>	定义对话框、确认框或窗口。 默认<dialog>标签对用户隐藏,需要设置 open 属性后,<dialog>标签才处于激活状态,可以与用户进行交互

下面举例说明分组标签的用法,网页效果如图 5-25 所示。

图 5-25 分组标签网页效果

上述网页的实现代码如代码清单 5-15 所示。

代码清单 5-15　分组标签的用法

```html
<!-- 代码清单 5-15 -->
<!DOCTYPE html>
<html lang="en">
<head>
    <meta charset="UTF-8">
    <title>分组语义标签</title>
</head>
<body>
    <hgroup>
        <h2>北斗导航系统建设</h2>
        <h3>系统发展历程</h3>
    </hgroup>
    <p>中国高度...向全球提供服务。</p>
    <figure>
        <img src="/images/bd.png" alt="北斗三号星座" width="300">
        <figcaption>北斗三号星座</figcaption>
    </figure>
    <dialog open="open">北斗系统的...发展模式。</dialog>
</body>
</html>
```

在代码清单 5-14 中，使用<hgroup>标签定义了网页的正、副标题组，<figure>标签定义了页面中的独立内容，内容中包含<img>标签定义的图片和<figcaption>标签定义的内容标题，<dialog>标签定义了对话框，默认对话框内容不显示。为了激活显示对话框内容还需将<dialog>标签的 open 属性值设置为"open"。

5.2.3　页面交互标签

交互标签主要用于定义功能性内容，有一定的内容和数据的关联，是事件的基础，主要有<details>、<summary>、<menu>和<command>标签。

交互标签及其功能如表 5-3 所示。

表 5-3　交互标签及其功能

标　　签	功　　能
<details>	定义用户可见的或者隐藏的需求的补充细节，用来供用户开启和关闭交互式控件。 任何形式的内容都能被放在<details>标签里边。 <details>也常与<summary>标签配合使用，为<details>定义标题。<details>元素内容对用户不可见，标题可见。用户点击标题时，会显示出<details>内容
<summary>	为<details>元素定义一个可见的标题，当用户点击标题时会显示出详细信息。 <summary>元素应该是<details>元素的第一个子元素
<menu>	定义命令列表或菜单，通常用于文本菜单、工具栏和命令列表选项
<command>	定义用户可能调用的命令（如单选按钮、复选框或按钮）。 使用<menu>标签时，command 元素作为菜单或者工具栏的一部分显示出来。若用<command>规定了键盘快捷键，则 command 元素能被放置在页面的任何位置，但不可见

下面举例说明交互标签的用法,网页效果如图 5-26 和图 5-27 所示。

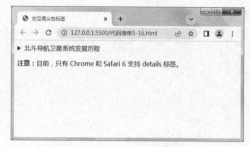
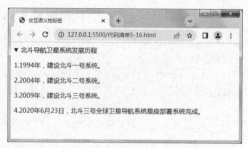

图 5-26 <details>标签折叠网页效果　　　　图 5-27 <details>标签展开网页效果

上述网页的实现代码如代码清单 5-16 所示。

代码清单 5-16　　<details>标签用法

```
<!-- 代码清单 5-16 -->
<!DOCTYPE html>
<html lang="en">
<head>
    <meta charset="UTF-8">
    <title>交互语义性标签</title>
</head>
<body>
    <details>
        <summary>北斗导航卫星系统发展历程</summary>
        <p>1.1994年,建设北斗一号系统。</p>
        <p>2.2004年,建设北斗二号系统。</p>
        <p>3.2009年,建设北斗三号系统。</p>
        <p>4.2020年6月23日,北斗三号全球卫星导航系统星座部署系统完成。</p>
    </details>
</body>
</html>
```

在代码清单 5-16 中,使用<details>标签定义了网页中可进行折叠和展开的列表内容,列表的标题"北斗导航卫星系统发展历程"使用<summary>标签定义。图 5-26 和图 5-27 展示了列表折叠和展开的效果。

5.2.4　行内标签

除了以上这些语义化标签外,还有一些用于定义具有特殊意义的行内标签,主要包括<progress>、<meter>、<time>和<date>等。

行内标签及其功能如表 5-4 所示。

表 5-4　行内标签及其功能

标　　签	功　　能
<progress>	定义进度条,用以表示任务的进度或进程。<progress>的常用属性有 max(任务总工作量)、value(当前进度值),两个属性值均为正数,且 max 属性值不小于 value 属性值。 语法:<progress max="属性值" value="属性值"></progress>

续表

标 签	功 能
<meter>	定义度量衡(尺度),仅用于已知最大和最小值的度量,如磁盘使用情况,查询结果的相关性等。 <meter>不能作为一个进度条来使用
<time>	定义时间值,增加机器搜索和识别准确性

下面举例说明行内标签的用法,网页效果如图 5-28 所示。

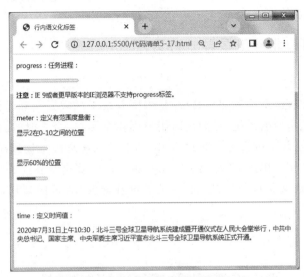

图 5-28 行内标签网页效果

上述网页的实现代码如代码清单 5-17 所示。

代码清单 5-17 行内标签的用法

```
<!-- 代码清单 5-17 -->
<!DOCTYPE html>
<html lang="en">
<head>
    <meta charset="UTF-8">
    <title>行内语义化标签</title>
</head>
<body>
    <p>progress:任务进程：</p>
    <progress value="22" max="100">
    </progress>
    </p>
    <hr/>
    <p>meter:定义有范围度量衡：</p>
    <p>显示 2 在 0~10 之间的位置</p>
    <meter value="2" min="0" max="10"></meter><br>
    <p>显示 60%的位置</p>
    <meter value="0.6">60%</meter>
    <hr/>
```

```
<p>time:定义时间值：</p>
<p><time datetime="2020-07-31">2020 年 7 月 31 日</time>上午<time>10:30
    </time>,北斗三号全球卫星导航...正式开通。</p>
</body>
</html>
```

在代码清单 5-17 中,使用<progress>标签定义了任务进程条,显示了当前值 22,最大值 100 的状态下,当前 22％的工作进度。<meter> 标签定义了 2 在 0～10 范围内的情况以及显示 "60％"的位置。<time> 标签定义了两个时间值。虽然时间标签在浏览器中无法看到效果,但增加了机器搜索和识别的准确性。

课堂实训 5-2　制作北斗卫星导航首页

1. 任务内容

北斗卫星导航系统(以下简称北斗系统)是中国着眼于国家安全和经济社会发展需要,自主建设、独立运行的卫星导航系统,是为全球用户提供全天候、全天时、高精度的定位、导航和授时服务的国家重要空间基础设施。2020 年年初,北斗系统火线驰援武汉。通过利用北斗高精度技术,多数测量工作一次性完成,为火神山和雷神山医院建设节省了大量时间。

本课堂实训使用语义化标签完成"北斗卫星导航首页"的页面布局,网页效果如图 5-29 所示。

图 5-29　北斗卫星导航首页网页效果

2. 任务目的

通过实现"北斗卫星导航首页"的网页布局,学会使用规范的语义化标签与 CSS 样式搭建网页结构,实现网页内元素的排版布局。

3. 技能分析

(1) 页面所有版块使用语义化标签定义。
(2) 每个版块宽度相同,高度不同。
(3) banner 区域和内容主体区域都分左、右两部分显示,但各自的宽度不同。
(4) 分别设置每个区域的显示效果。

4. 操作步骤

（1）分析页面结构，绘制页面布局示意图，如图 5-30 所示。

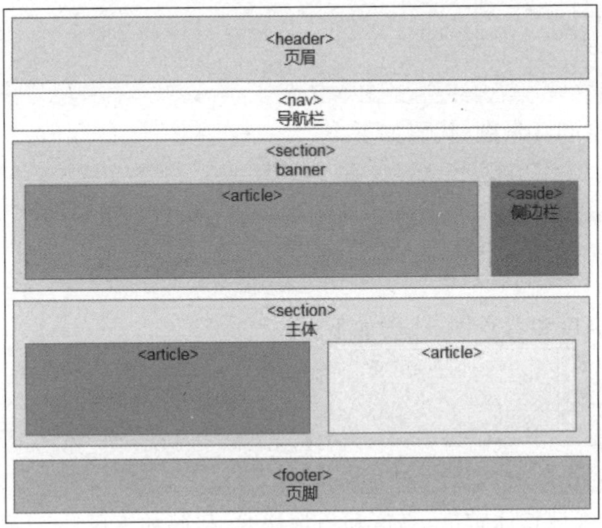

图 5-30　北斗卫星导航首页结构示意图

（2）利用 HTML 语言设置页面内容，使用语义化标签设置页面版块，如代码清单 5-18 所示。

代码清单 5-18　课堂实训内容设置

```html
<!-- 代码清单 5-18 -->
<!DOCTYPE html>
<html lang="en">
<head>
    <meta charset="UTF-8">
    <title>北斗卫星导航首页</title>
</head>
<body>
    <header></header>
    <nav></nav>
    <section class="banner">
        <article class="bannerleft">
        </article>
        <aside></aside>
    </section>
    <section class="content">
        <article class="aleft">
        </article>
        <article class="aright">
        </article>
    </section>
    <footer></footer>
</body>
</html>
```

（3）初始化浏览器，设置页面元素默认宽度为 980px，代码如下。

```css
* {
    margin: 0px auto;
    padding: 0px;
    width: 980px;
}
```

（4）设置页眉高度和背景图，代码如下。

```css
header {
    height: 140px;
    background: url("/images/header1.jpg"), no-repeat;
}
```

（5）设置导航栏高度和背景图，代码如下。

```css
nav {
    height: 50px;
    background: url("/images/nav1.jpg"), no-repeat;
}
```

（6）设置 banner 区域总体宽度、高度和边框样式，代码如下。

```css
.banner {
    width: 960px;
    height: 332px;
    border: 10px solid rgb(214, 234, 248);
}
```

设置 banner 左边主体图像区域宽度、高度和背景图，设置浮动属性 float 值为 left，代码如下。

```css
.bannerleft {
    width: 830px;
    height: 332px;
    background: url("/images/bannerleft.jpg"), no-repeat;
    float: left;
}
```

设置 banner 右侧侧边栏宽度、高度和背景图，设置浮动属性 float 值为 left，使其和左侧内容并排显示，代码如下。

```css
aside {
    width: 130px;
    height: 332px;
    background: url("/images/banneraside.jpg"), no-repeat;
    float: left;
}
```

（7）设置主体内容 content 区域的整体宽度、高度，代码如下。

```css
.content {
    width: 980px;
    height: 470px;
}
```

设置左侧 article 内容区域的宽度、高度、外边距和背景图，再设置浮动 float 属性值为

left，代码如下。

```
.aleft {
    width: 550px;
    height: 470px;
    margin: 5px;
    background: url("/images/aleft.jpg"), no-repeat;
    float: left;
}
```

设置右侧 article 内容区域的宽度、高度和背景图后，再设置浮动 float 属性值为 left，使其和左侧内容并排显示，代码如下。

```
.aright {
    width: 400px;
    height: 470px;
    margin: 5px;
    background: url("/images/aright.jpg"), no-repeat;
    float: left;
}
```

（8）先清除页脚区域的左浮动，使其另起一行显示，再设置页脚区域的高度和背景图，代码如下。

```
footer {
    clear: left;
    height: 310px;
    background: url("/images/footer1.jpg"), no-repeat;
}
```

5.3 布局

布局是网页设计中必不可少的过程，通过布局可以改变网页中内容的排列方式，让网页看起来更加有条理，更加美观。

网页布局有很多种方式。网页的结构一般分为以下几个部分：头部区域、菜单导航区域、内容区域、底部区域，如图 5-31 所示。

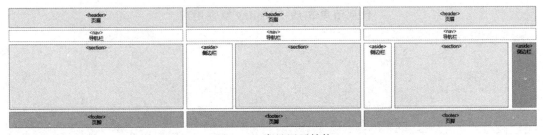

图 5-31　常见网页结构

（1）头部区域：位于整个网页的顶部，一般用于设置网页的标题或者 Logo。
（2）菜单导航条：包含了一些链接，可以引导用户浏览其他页面。
（3）内容区域：一般有 3 种形式。
① 1 列：一般用于移动端。

② 2 列：一般用于平板设备。
③ 3 列：一般用于 PC 等桌面设备。
（4）底部区域：在网页的最下方，一般包含版权信息和联系方式等。

5.3.1 块级元素和内联元素的转换

HTML 文档中用于布局的元素主要分为内联元素、块级元素和行内块元素。
（1）内联（行内）元素：元素的宽度和高度由内容决定，不能设置宽度、高度、对齐等属性。常见的行内元素有 span、strong、i、a、u、S 等。
（2）块级元素：每个元素独占一行或多行，可以设置宽度、高度、对齐等属性。常见的块级元素有 div、p、h1-h6、ul、ol 等，常用于网页布局。
（3）行内块元素：同时具备内联元素和块级元素的特点，不独占一行却可以设置宽度、高度和对齐等。常见的行内块元素有 img、input 等。

盒子模型是典型的块级元素，在使用盒子模型进行网页布局时可以通过 display 属性对元素的类型进行转换，语法格式如下。

选择器{display: 属性值; }

display 属性的常用取值方式有以下 4 种。
（1）none：元素不会被显示。
（2）block：元素显示为块级元素，元素前后带有换行符。
（3）inline：元素显示为内联元素，元素前后没有换行符。
（4）inline-block：元素显示为行内块元素。
下面举例说明 display 属性的用法，网页效果如图 5-32 所示。

图 5-32　display 属性网页效果

上述网页的实现代码如代码清单 5-19 所示。

代码清单 5-19　display 属性用法

```
<!-- 代码清单 5-19 -->
<!DOCTYPE html>
<html>
<head>
    <meta charset="utf-8">
    <title>display 属性</title>
    <style>
        p {display: inline}
    </style>
</head>
<body>
    <p>第一个段落</p>
```

```
        <p>第二个段落</p>
    </body>
</html>
```

在代码清单 5-19 中,使用<p>标签在页面中添加了两段文本。p 元素是块级元素,两段文字应各自为一段,独占一行。在 CSS 样式表中,由于使用标签选择器将<p>标签的 display 属性设置为 inline,因此两段文字的显示方式都改为了行内元素,因此显示在同一行。

5.3.2 元素浮动

在网页设计实践中,仅仅使用默认的文档流布局设计出的网页单调且不能满足多样化的设计需要。为了使网页的结构和布局多样化,人们常常在 CSS 中通过对元素设置浮动 float 属性的方式达到灵活布局的效果。

浮动是指元素脱离文档流控制,改变原有的排列方式,移动到父标签指定位置的过程。

在 CSS 中,通过 float 属性对元素设置浮动,语法格式如下。

```
选择器{float:属性值;}
```

float 属性的常用取值方式有以下 4 种。

(1) none:默认值,元素不浮动,按照文档流规则显示。
(2) left:元素向左浮动。
(3) right:元素向右浮动。
(4) inherit:规定应该从父元素继承 float 属性的值。

下面举例说明 float 属性的用法,网页效果如图 5-33 所示。

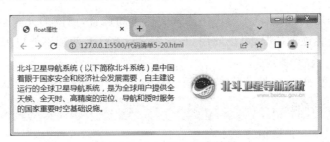

图 5-33 float 属性网页效果

上述网页的实现代码如代码清单 5-20 所示。

代码清单 5-20 float 属性用法

```
<!-- 代码清单 5-20 -->
<!DOCTYPE html>
<html lang="en">
<head>
    <meta charset="UTF-8">
    <title>float 属性</title>
    <style>
        img {
            float: right;
            margin: 20px;
        }
```

```
        </style>
    </head>
<body>
    <p><img src="/images/logo.png" alt="北斗" width="250"></p>
    <p>北斗卫星导航系统...重要时空基础设施。</p>
</body>
</html>
```

在代码清单 5-20 中,在页面中添加了两个段落标签<p>,一个段落中显示北斗导航的 Logo 图片,另一段显示文字。

注意:

(1)当元素通过 float 属性设置浮动后,无论该元素原本为行内元素还是块级元素,都会被当作块级元素处理。

(2)元素浮动只能是左右移动而不能上下移动。

(3)元素设置浮动后会尽量向左或向右移动,直到它的外边缘碰到包含框或另一个浮动框的边框。

(4)浮动元素之后的元素将围绕该元素进行排列:如果图像是左浮动,下面的文本流将环绕在它右边;如果图像是右浮动,下面的文本流将环绕在它左边(见图 5-33)。

(5)浮动元素之前的元素将不会受到浮动元素影响。

(6)如几个浮动的元素放到一起,如果有空间的话,它们将彼此相邻直到换行为止。

5.3.3 清除元素浮动

元素设置浮动之后,该元素不再占用原来文档流的位置,周围的元素会重新排列,对排版造成影响。为了避免这种情况,可以使用 clear 元素设置元素两侧不能出现元素来清除浮动带来的影响。

在 CSS 中,使用 clear 属性清除浮动,语法格式如下。

```
选择器{clear: 属性值}
```

clear 属性有以下 5 种取值方式。

(1) none:默认值,允许两侧出现浮动元素。

(2) left:在左侧不允许出现浮动元素。

(3) right:在右侧不允许出现浮动元素。

(4) both:在左右两侧均不允许出现浮动元素。

(5) inherit:规定应该从父元素继承 clear 属性的值。

下面举例说明 clear 属性的用法,网页效果如图 5-34 所示。

上述网页的实现代码如代码清单 5-21 所示。

代码清单 5-21 clear 属性用法

```
<!-- 代码清单 5-21 -->
<!DOCTYPE html>
<html lang="en">
<head>
```

```html
        <meta charset="UTF-8">
        <title>clear 属性</title>
        <style>
            h2 {
                text-align: center;
            }
            .imgcss {
                float: left;
                width: 160px;
                height: 130px;
                border: 1px solid;
                text-align: center;
                padding-top: 5px;
                margin: 10px;
            }
            .textcss {
                clear: left;
            }
        </style>
    </head>
    <body>
        <h2>北斗卫星发展历程</h2>
        <div class="imgcss"><img src="/images/bd1.png" alt="北斗一号"> </div>
        <div class="imgcss"><img src="/images/bd2.png" alt="北斗二号"></div>
        <div class="imgcss"><img src="/images/bd3.png" alt="北斗三号"></div>
        <div class="textcss">中国高度重视...形成了"三步走"发展战略：</div>
        <div>2000年年底,建成北斗一号系统,向中国提供服务。</div>
        <div>2012年年底,建成北斗二号系统,向亚太地区提供服务。</div>
        <div>2020年,建成北斗三号系统,向全球提供服务。</div>
    </body>
</html>
```

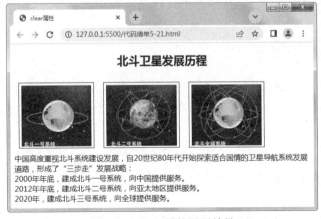

图 5-34 clear 属性网页效果

在代码清单 5-21 中,使用<h2>标签定义了页面标题"北斗卫星发展历程",7 个<div>标签定义了三张图片和四段文字。h2 和 div 都是块级元素,按照块级元素的特征,8 个元素内容应按照从上到下的顺序进行排列,如图 5-35 所示。

在 CSS 样式表中,图片所在的<div>标签应用了类选择器 imgcss 定义的样式,该样式将 div 元素的浮动 float 属性值设置为 left,使三张图片并排显示,如图 5-36 所示。

图 5-35　未添加 float 属性前网页效果

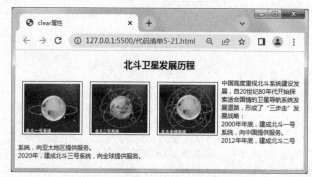

图 5-36　添加 float 属性后网页效果

受浮动元素影响,后面的文字会上移至图片右侧,出现图片和文字环绕排列效果。为了实现图片和文字上下排列的效果,还需设置第一段文字的去除浮动 clear 属性值为 left,效果如图 5-34 所示。

5.3.4　元素定位

使用浮动布局可以使元素脱离文档流,将其移动到指定位置,但是却无法精确定位到某一位置。使用元素定位可以将元素从页面流中偏移或分离出来,然后设定其具体位置,从而解决精确定位的问题。

1. 定位属性

元素的定位属性主要包括定位模式和边偏移两方面。

1) 定位模式

在 CSS 中,元素的定位模式使用 position 属性定义,语法格式如下。

选择器{position:属性值;}

position 属性有以下 4 种取值方式。

(1) static:默认值,无定位,元素出现在正常的文档流中。

(2) relative:相对定位,相对于其正常位置进行定位。

(3) absolute:绝对定位,相对于上一个已定位(非 static)的父级元素进行定位。

（4）fixed：固定定位，相对于浏览器窗口进行定位。

2）边偏移

通过定位模式可以定义元素的定位参照物，却不能指定元素的具体位置。在 CSS 中，通过边偏移属性定义元素的精确位置，边偏移属性及其功能如表 5-5 所示。

表 5-5　边偏移属性及其功能

属　性	功　能　描　述
top	顶端偏移量，定义元素相对于其父元素上边线的距离，正数向下偏移，负数向上偏移
bottom	底部偏移量，定义元素相对于其父元素下边线的距离，正数向上偏移，负数向下偏移
left	左侧偏移量，定义元素相对于其父元素左边线的距离，正数向右偏移，负数向左偏移
right	右侧偏移量，定义元素相对于其父元素右边线的距离，正数向左偏移，负数向右偏移

注意：如果元素在水平方向上同时设置了 left 和 right，则以 left 为准。同样，如果元素在垂直方向上同时设置了 top 和 bottom，则以 top 为准。

下面举例说明 position 属性的用法，网页效果如图 5-37 所示。

图 5-37　position 属性网页效果

上述网页的实现代码如代码清单 5-22 所示。

代码清单 5-22　position 属性用法

```html
<!-- 代码清单 5-22 -->
<!DOCTYPE html>
<html lang="en">
<head>
    <meta charset="UTF-8">
    <title>position 属性</title>
    <style>
        * {
            padding: 0px;
            margin: 0px;
        }
        div {
            width: 100px;
            height: 100px;
            border: solid 3px;
        }
        .cssposition {
            border-color: red;
            position: absolute;
```

```
            top: 50px;
            left: 50px;
        }
    </style>
</head>
<body>
    <div>盒子1：正常</div>
    <div class="cssposition">盒子2：定位</div>
    <div>盒子3：正常</div>
</body>
</html>
```

在代码清单5-22中，使用<div>标签在页面中定义了3个盒子模型，对盒子2设置绝对定位样式。采用绝对定位后的盒子2脱离标准文本流，位置不保留，后续盒子3上移。盒子2以其父元素浏览器窗口为基准进行定位，边偏移分别为距离浏览器窗口顶端50px，左端50px。

2. 定位类型

元素的定位类型主要包括静态定位、相对定位、绝对定位和固定定位，具体功能如下。

1) 静态定位

静态定位是元素默认的定位方式，此种定位方式的元素遵循HTML文档流的默认位置，一般不写在代码中。

注意：静态定位模式下，元素无法使用边偏移属性(top、bottom、left、right)改变位置。

下面举例说明静态定位属性static的作用，网页效果如图5-38所示。

图5-38 静态定位属性static网页效果

上述网页的实现代码如代码清单5-23所示。

代码清单5-23   静态定位属性static用法

```
<!-- 代码清单5-23 -->
<!DOCTYPE html>
<html lang="en">
<head>
    <meta charset="UTF-8">
    <title>static定位</title>
    <style>
        * {
            padding: 0px;
```

```
            margin: 0px;
        }
        div {
            width: 150px;
            height: 50px;
            border: solid 3px;
        }
        .all {
            width: 300px;
            height: 250px;
            background-color: rgba(243, 204, 96, 0.644);
        }
        .box2 {
            border-color: red;
            position: static;
            top: 30px;
            left: 30px;
        }
    </style>
</head>
<body>
    <div class="all">
        <div>盒子 1:默认定位</div>
        <div class="box2">盒子 2:static 定位</div>
        <div>盒子 3:默认定位</div>
    </div>
</body>
</html>
```

在代码清单 5-23 中,使用<div>标签在页面中定义了 3 个盒子模型。其中盒子 1 和盒子 3 没有定义定位模式,盒子 2 定义了 static 定位模式且将边偏移 top 和 left 定义为 30px。由于 static 为默认定位模式,虽然 top 和 left 定义了偏移量,但在 static 模式下没有作用。因此浏览效果如图 5-38 所示。

2) 相对定位

相对定位是指元素相对于本身在标准文档流中的位置(即 static 模式下该元素的默认位置),通过定义边偏移(top、bottom、left、right)来改变位置。

下面举例说明相对定位属性 relative 的作用。将代码清单 5-23 中第二个盒子的内容修改为"盒子 2:relative 定位"、定位模式修改为 relative,代码如下。

```
<div class="box2">盒子 2:relative 定位</div>
```

CSS 样式中.box2 代码修改如下。

```
position: relative;
```

将修改后的代码另存为代码清单 5-23(1).html,网页效果如图 5-39 所示。

如图 5-39 所示,由于盒子 2 的定位模式为 relative,因此盒子 2 在其原始位置基础上向下、向右各偏离了 30px,且盒子 2 原本默认的文档流位置被保留。

3) 绝对定位

绝对定位是指将元素参照最近的已定位的非 static 父元素进行定位。若所有父元素均未

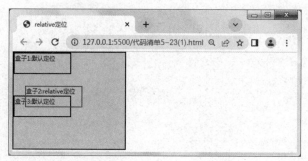

图 5-39 相对定位 relative 网页效果

定位,将根据浏览器窗口页面进行定位。

下面举例说明绝对定位属性 absolute 的作用,根据绝对定位的特点将代码清单 5-23 <body>标签中盒子 2 的内容修改为"盒子 2:absolute 定位",再将盒子 2 及其父元素的定位模式分别修改为 absolute、relative,代码如下。

```
<div class="box2">盒子 2:absolute 定位</div>
```

在 CSS 样式中,.box2 代码修改如下。

```
position:absolute;
```

在 CSS 样式中,盒子 2 的父元素样式".all"中添加如下代码。

```
position: relative;
top: 30px;
left: 30px;
```

将修改后的代码另存为代码清单 5-23(2).html,网页效果如图 5-40 所示。

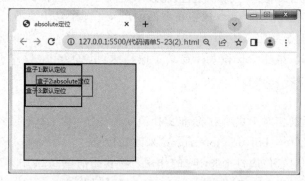

图 5-40 绝对定位 absolute 网页效果

如图 5-40 所示,由于盒子 2 的定位模式为 absolute,因此盒子 2 在相对其已进行 relative 定位的父元素的原始位置基础上向下、向右各偏离了 30px,且盒子 2 原本默认的文档流位置未被保留。

注意:与 relative 相比,使用 absolute 定位的元素发生偏移后,该元素的原始位置不保留而被文档流中的其他元素替代。相对定位一般配合绝对定位使用(将父元素设置相对定位,使其相对于父元素偏移)。

4) 固定定位

固定定位是指元素以浏览器为参照进行定位,是绝对定位的一种特殊形式。被绝对定位的元素无论浏览器是否使用滚动条都将始终显示在浏览器窗口的固定位置。

下面举例说明固定定位属性fixed的作用。根据固定定位的特点将代码清单5-23<body>标签中盒子2的内容修改为"盒子2:fixed定位",再修改盒子2定位模式和边偏移,代码如下。

```
<div class="box2">盒子2:fixed定位</div>
```

CSS样式中.box2代码修改如下。

```
position: fixed;
top: 30px;
right: 30px;
```

将修改后的代码另存为代码清单5-23(3).html,网页效果如图5-41和图5-42所示。

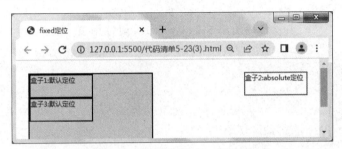

图 5-41　固定定位属性fixed网页效果

由于页面过长,拖动滚动条后盒子2效果如图5-42所示。

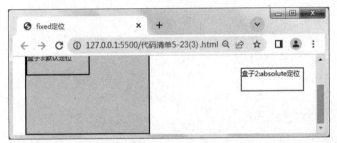

图 5-42　网页向下滚动后固定定位属性fixed网页效果

如图5-41所示,由于盒子2的定位模式为fixed,因此盒子2脱离文档流,以其父元素浏览器为基准进行定位,分别向下、向左各偏离了30px,原默认的文档流位置不保留。如图5-41和图5-42所示。当页面过长使用浏览器滚动条向下浏览内容时,盒子2始终固定显示在浏览器原位置,位置未跟随页面同其他元素一样上移。

注意:因为兼容性问题,在一些浏览器中固定定位属性fixed值无法实现。

3. z-index

z-index属性用于指定元素的层叠顺序,它用一个整数来定义堆叠的层次,同级元素间数值越大的被层叠在越上面。如果两个元素的z-index属性值相同,将依据它们在HTML文档流中的顺序进行层叠,后面的元素将覆盖前面的元素。

下面举例说明z-index属性的作用,网页效果如图5-43所示。

上述网页的实现代码如代码清单5-24所示。

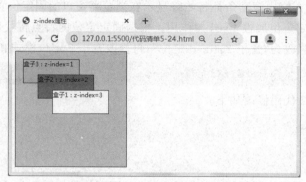

图 5-43　z-index 属性网页效果

代码清单 5-24　z-index 属性用法

```html
<!-- 代码清单5-24 -->
<!DOCTYPE html>
<html lang="en">

<head>
    <meta charset="UTF-8">
    <title>z-index 属性</title>
    <style>
        div {
            width: 150px;
            height: 60px;
            border: 1px solid rgb(0, 0, 0);
        }
        .all {
            width: 300px;
            height: 300px;
            background-color: rgba(226, 193, 121, 0.726);
            position: relative;
        }
        .box1 {
            position: absolute;
            top: 100px;
            left: 100px;
            z-index: 3;
            background-color: #fff;
        }
        .box2 {
            position: absolute;
            top: 60px;
            left: 60px;
            z-index: 2;
            background-color: rgb(197, 114, 114);
        }
        .box3 {
            position: absolute;
            top: 20px;
            left: 20px;
            z-index: 1;
```

```
            background-color: rgb(170, 221, 75);
        }
    </style>
</head>
<body>
    <div class="all">
        <div class="box1">盒子 1: z-index=3</div>
        <div class="box2">盒子 2: z-index=2</div>
        <div class="box3">盒子 3: z-index=1</div>
    </div>
</body>
</html>
```

在代码清单 5-24 中,使用<div>标签在页面中定义了 3 个盒子模型。受定位属性的影响,3 个盒子出现重叠现象。按照代码顺序,盒子 1 应处于最底层,盒子 2 应处于中间层;盒子 3 应处于最顶层。对 3 个盒子设置 z-index 属性值调整它们的层叠顺序,按照数值越大层级越高的原则,盒子 1 将调整到最上层,覆盖其他 2 个盒子;盒子 2 仍处于中间层;盒子 3 的 z-index 属性值最小,将从顶层调整至底层,被其他 2 个盒子所覆盖。

注意:
(1) 父子关系的元素无法用 z-index 来设定上下关系,一定是子级在上父级在下。
(2) 对使用 static 定位且无 position 定位的元素,z-index 属性无效。

5.3.5 多列布局

多列布局在网页设计中非常实用,它让人们可以像在 Word 文档中使用分栏一样轻松处理文本的页面布局问题。对比之前的浮动布局方式,多列布局能够避开浮动元素不易控制的问题,还能够实现多列显示时内容相互连通,这为人们处理大量文本带来了便利。

1. 创建多列布局

CSS 3 中使用 columns 属性定义多列布局,基本语法如下。

> 选择器{columns: column-width column-count}

其中,column-width 用于定义每列的宽度;column-count 用于设置对象的列数。
下面举例说明 columns 属性的用法,如图 5-44 所示。

图 5-44　columns 属性网页效果

上述网页的实现代码如代码清单 5-25 所示。

代码清单 5-25　columns 属性用法

```
<!-- 代码清单 5-25 -->
<!DOCTYPE html>
<html lang="en">
```

```html
<head>
    <meta charset="UTF-8">
    <title>columns 属性</title>
    <style>
        * {
            padding: 0px;
            margin: 0px;
        }
        .cols {
            columns: 200px 3;
        }
    </style>
</head>
<body>
    <div class="cols">
        <h2>北斗卫星导航系统标志说明</h2>
        <p>北斗卫星导航系统标志由...等要素组成。</p>
        <p>圆形构型象征中国传统文化中的"圆满"...服务全球。</p>
    </div>
</body>
</html>
```

在代码清单 5-25 中，使用<div>标签在页面定义了一个盒子模型作为容器。在此容器中使用<h2>标签定义了内容标题，又使用<p>标签定义了两个段落。为了实现多列布局，在 CSS 样式中将 columns 属性的列宽设置为 200px，列数为 3 列，网页效果如图 5-44 所示。

2. 多列布局的其他属性

（1）column-count 属性用于定义指定想要的列数，有两种取值方式。

① integer：正整数，负数无效。

② auto：默认值，只有一列。

（2）column-width 属性用于定义每列的宽度，功能优先于 column-count，有两种取值方式。

① auto：根据列数定义列宽。

② length：使用固定长度值定义列宽。

（3）column-fill 属性用于定义所有列的高度是否统一，有两种取值方式。

① auto：列高度自适应内容。

② balance：所有列高度以其中最高的一列统一。

（4）column-gap 属性用于定义列之间的间隙，有两种取值方式。

① length：使用固定长度值定义间隙。

② normal：与字体大小相同。

（5）column-rule 属性类似 border 属性，用于设置列与列之间边框的复合属性，取值包括 width、style、color 三个。

① column-rule-color 属性用于定义列之间的边框颜色，取值方式为颜色值。

② column-rule-style 属性用于定义列之间的边框样式，取值方式同普通边框。

③ column-rule-width 属性用于定义列之间的边框宽度，取值方式同普通边框宽度。

（6）column-span 属性用于定义元素是否横跨所有列，有两种取值方式。

① none：不跨列。

② all：横跨所有列。

注：columns 属性是 column-width 和 column-count 的复合，取值方式同 column-width 和 column-count。

（7）column-break-before 属性用于定义对象之前是否断行，主要有 3 种取值方式。

① auto：默认方式，既不强迫也不禁止在元素之前断行并产生新列。

② always：总是在元素之前断行并产生新列。

③ avoid：避免在元素之前断行并产生新列。

（8）column-break-after 属性用于对象之后是否断行，主要有 3 种取值方式。

① auto：默认方式，既不强迫也不禁止在元素之后断行并产生新列。

② always：总是在元素之后断行并产生新列。

③ avoid：避免在元素之后断行并产生新列。

（9）column-break-inside 属性用于对象内部是否断行，有两种取值方式。

① auto：默认方式，既不强迫也不禁止在元素内部断行并产生新列。

② avoid：避免在元素内部断行并产生新列。

下面在代码清单 5-25 的基础上修改部分代码展示这些属性。

在 `<body>` 标签中为标题 `<h2>` 添加样式，代码如下。

```
<h2 class="csscolumn-span">北斗卫星导航系统标志说明</h2>
```

在 `<style>` 标签中，修改 .cols 样式，并添加 .csscolumn-span 样式，代码如下。

```
.cols {
    columns: 200px 3;
    column-rule: 3px dotted blue;
    /* 设置列与列间的边框样式为 3px 蓝色点线   */
}
.csscolumn-span {
    column-span: all;
    /* 设置标题横所有列 */
    text-align: center;
    /* 设置标题居中对齐 */
}
```

将修改后的代码另存为代码清单 5-25(1).html，网页效果如图 5-45 所示。

图 5-45　多列布局的其他属性网页效果

5.3.6 弹性布局

网页布局是 CSS 的一个重点应用。传统布局基于盒状模型,依赖 display 属性、position 属性和 float 属性,这对于一些特殊布局非常不方便,比如垂直居中。2009 年,W3C 提出了弹性布局(Flex)方案,此方案可以简便、完整、响应式地实现各种页面布局。

CSS 3 的弹性布局是指将某元素的父元素定义为弹性模式,设置后此元素的子元素均能够利用弹性布局的特点实现灵活布局的一种模式。

1. 创建弹性布局

任何一个容器都可以指定为弹性布局,语法格式如下。

```
选择器{display: flex; }
```

行内元素也可以使用弹性布局,语法格式如下。

```
选择器{display: inline-flex;}
```

注意:将容器设为弹性布局以后,子元素的 float、clear 和 vertical-align 属性将失效。

2. 相关概念

采用弹性布局的元素,称为弹性容器(flex container),简称"容器"。它的所有子元素自动成为容器成员,称为弹性项目(flex item),简称"项目"。

弹性容器默认包含水平的主轴(main axis)和垂直的交叉轴(cross axis)。主轴的开始位置(与边框的交叉点)叫作 main start,结束位置叫作 main end;交叉轴的开始位置叫作 cross start,结束位置叫作 cross end。弹性布局结构示意图如图 5-46 所示。

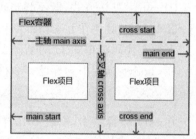

图 5-46 弹性布局结构示意图

3. 容器属性

除了定义弹性模式外,还需要对容器的其他属性进行定义,具体属性及其功能如表 5-6 所示。

表 5-6 弹性布局相关属性及其功能

属 性	功 能
flex-direction	定义容器从哪个方向堆放子项目
flex-wrap	规定子项目是否换行
flex-flow	同时设置 flex-direction 和 flex-wrap 属性的简写属性
justify-content	水平对齐项目
align-items	垂直对齐项目
align-content	对齐弹性线

注意:弹性容器外及弹性项目是正常渲染的。弹性盒子只定义了弹性项目如何在弹性容器内布局。

(1) flex-direction 属性

flex-direction 属性决定主轴的方向,即项目的排列方向。其语法格式如下。

选择器{flex-direction:属性值;}

flex-direction 属性有以下 4 种取值方式。

① row(默认值)：主轴为水平方向，自左向右排列。
② row-reverse：主轴为水平方向，自右向左排列。
③ column：主轴为垂直方向，自上向下排列。
④ column-reverse：主轴为垂直方向，自下向上排列。

下面举例说明 flex-direction 属性的作用，如图 5-47 所示。

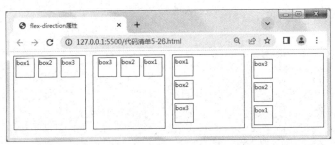

图 5-47　flex-direction 属性网页效果

上述网页的实现代码如代码清单 5-26 所示。

代码清单 5-26　flex-direction 属性用法

```
<!-- 代码清单 5-26 -->
<!DOCTYPE html>
<html lang="en">
<head>
    <meta charset="UTF-8">
    <title>flex 属性</title>
    <style>
        * {
            padding: 0px;
            margin: 0px;
        }
        .all1,
        .all2,
        .all3,
        .all4 {
            float: left;
            margin: 10px;
            width: 200px;
            height: 200px;
            display: flex;
            border: 2px solid;
        }
        .all1 {
            flex-direction: row;
        }
        .all2 {
            flex-direction: row-reverse;
        }
        .all3 {
            flex-direction: column;
        }
```

```
            .all4 {
                flex-direction: column-reverse;
            }
            .box {
                margin: 5px;
                border: 2px solid;
                width: 50px;
                height: 50px;
            }
        </style>
    </head>
    <body>
        <div class="all1">
            <div class="box">box1</div>
            <div class="box">box2</div>
            <div class="box">box3</div>
        </div>
        <div class="all2">
            <div class="box">box1</div>
            <div class="box">box2</div>
            <div class="box">box3</div>
        </div>
        <div class="all3">
            <div class="box">box1</div>
            <div class="box">box2</div>
            <div class="box">box3</div>
        </div>
        <div class="all4">
            <div class="box">box1</div>
            <div class="box">box2</div>
            <div class="box">box3</div>
        </div>
    </body>
</html>
```

在代码清单 5-26 中，使用<div>标签在页面中定义了 4 个基本属性一致的盒子，将它们的 display 属性值设置为弹性。在每个弹性容器中嵌入 3 个基本属性一致的盒子项目。为了展示 flex-direction 的作用，对 4 个容器分别设置不同的属性值 row、row-reverse、column 和 column-reverse。网页中 4 个容器内的项目分别显示为从左到右、从右到左、从上到下和从下到上排列的效果。

（2）flex-wrap 属性

flex-wrap 属性决定项目的排列方式。默认情况下，项目都排在一条线（又称"轴线"）上。若项目过多一条轴线排不下，可以使用 flex-wrap 属性定义如何换行。

选择器{ flex-wrap: 属性值；}

flex-wrap 属性有以下 3 种取值方式。

① nowrap（默认）：不换行。

② wrap：换行，第一行在上方。

③ wrap-reverse：换行，第一行在下方。

下面举例说明 flex-wrap 属性的作用，如图 5-48 所示。

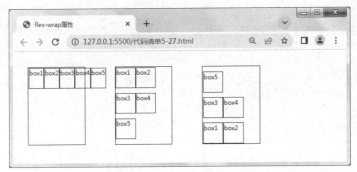

图 5-48 flex-wrap 属性网页效果

上述网页的实现代码如代码清单 5-27 所示。

代码清单 5-27　flex-wrap 属性用法

```html
<!-- 代码清单 5-27 -->
<!DOCTYPE html>
<html lang="en">
<head>
    <meta charset="UTF-8">
    <title>flex-wrap 属性</title>
    <style>
        * {
            margin: 0px;
            padding: 0px;
        }
        .all,
        .all1,
        .all2 {
            width: 150px;
            height: 200px;
            border: 2px solid;
            margin: 40px;
            display: flex;
            float: left;
        }
        .all {
            flex-wrap: nowrap;
        }
        .all1 {
            flex-wrap: wrap;
        }
        .all2 {
            flex-wrap: wrap-reverse;
        }
        .box {
            width: 50px;
            height: 50px;
            border: 2px solid;
        }
    </style>
</head>
<body>
```

```html
        <div class="all">
            <div class="box">box1</div>
            <div class="box">box2</div>
            <div class="box">box3</div>
            <div class="box">box4</div>
            <div class="box">box5</div>
        </div>
        <div class="all1">
            <div class="box">box1</div>
            <div class="box">box2</div>
            <div class="box">box3</div>
            <div class="box">box4</div>
            <div class="box">box5</div>
        </div>
        <div class="all2">
            <div class="box">box1</div>
            <div class="box">box2</div>
            <div class="box">box3</div>
            <div class="box">box4</div>
            <div class="box">box5</div>
        </div>
    </body>
</html>
```

在代码清单 5-27 中，使用<div>标签在页面中定义了 3 个基本属性一致的盒子，将它们的 display 属性值设置为 flex。在每个弹性容器中嵌入 5 个基本属性一致的盒子项目。为了展示 flex-wrap 的作用，对 3 个容器分别设置不同的属性值 nowrap、wrap 和 wrap-reverse。网页中 3 个容器内的项目分别显示为项目不换行、项目换行且第一行在上方和项目换行且第一行在下方的效果。

(3) flex-flow 属性

flex-flow 属性是 flex-direction 属性和 flex-wrap 属性的简写形式，默认值为 row nowrap，语法格式如下。

```
选择器{ flex-flow: <flex-direction> <flex-wrap>; }
```

下面举例说明 flex-flow 属性的作用，如图 5-49 所示。

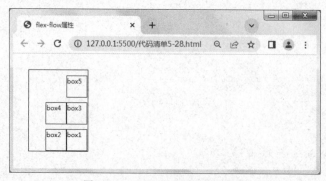

图 5-49 flex-flow 属性网页效果

上述网页的实现代码如代码清单 5-28 所示。

代码清单 5-28　flex-flow 属性用法

```html
<!-- 代码清单 5-28 -->
<!DOCTYPE html>
<html lang="en">
<head>
    <meta charset="UTF-8">
    <title>flex-flow属性</title>
    <style>
        * {
            margin: 0px;
            padding: 0px;
        }
        .all {
            width: 150px;
            height: 200px;
            border: 2px solid;
            margin: 40px;
            display: flex;
            flex-flow: row-reverse wrap-reverse;
        }
        .box {
            width: 50px;
            height: 50px;
            border: 2px solid;
        }
    </style>
</head>
<body>
    <div class="all">
        <div class="box">box1</div>
        <div class="box">box2</div>
        <div class="box">box3</div>
        <div class="box">box4</div>
        <div class="box">box5</div>
    </div>
</body>
</html>
```

在代码清单 5-28 中,使用<div>标签在页面中定义了一个嵌套有 5 个小盒子项目的大盒子弹性容器。代码中设置容器的 flex-flow 属性的值为 row-reverse 和 wrap-reverse。row-reverse 属性值控制容器主轴为水平方向,自右向左排列;wrap-reverse 属性值设置项目盒子换行且第一行在下方。

(4) justify-content 属性

justify-content 属性定义了项目在主轴上(水平方向)的对齐方式,其语法格式如下。

选择器{justify-content:属性值;}

justify-content 属性有以下 6 种取值方式。

① flex-start(默认值):左对齐。

② flex-end：右对齐。
③ center：居中。
④ space-between：两端对齐，项目之间的间隔都相等。
⑤ space-around：每个项目两侧的间隔相等，项目之间的间隔是项目与边框间隔的2倍。
（5）align-items 属性
align-items 属性定义项目在交叉轴上（竖直方向）的对齐方式，其语法格式如下。

> 选择器{align-items:属性值;}

align-items 属性有以下5种取值方式。
① flex-start：交叉轴的起点对齐。
② flex-end：交叉轴的终点对齐。
③ center：交叉轴的中点对齐。
④ baseline：项目的第一行文字的基线对齐。
⑤ stretch（默认值）：如果项目未设置高度或设为 auto，将占满整个容器的高度。
（6）align-content 属性
align-content 属性定义了多个轴线的对齐方式。如果项目只有一个轴线，该属性不起作用。其语法格式如下。

> 选择器{align-content:属性值;}

align-content 属性有以下6种取值方式。
① flex-start：与交叉轴的起点对齐。
② flex-end：与交叉轴的终点对齐。
③ center：与交叉轴的中点对齐。
④ space-between：与交叉轴两端对齐，轴线之间的间隔平均分布。
⑤ space-around：每个轴线两侧的间隔都相等，轴线之间的间隔是轴线与边框间隔的2倍。
⑥ stretch（默认值）：轴线占满整个交叉轴。

4．项目的属性
除了通过对容器设置弹性属性外，还可以对项目设置属性。
（1）order 属性。order 属性定义项目的排列顺序。数值越小，排列越靠前。其语法格式如下。

> 选择器{order:属性值;}

order 属性的取值方式为整数，默认为0。
（2）flex-grow 属性。flex-grow 属性定义项目的放大比例，默认为0，即如果存在剩余空间也不放大。其语法格式如下。

> 选择器{flex-grow:属性值;}

flex-grow 属性取值方式为数字。
注意：如果所有项目的 flex-grow 属性都为1，则它们将等分剩余空间（如果有的话）。如果一个项目的 flex-grow 属性为2，其他项目都为1，则前者占据的剩余空间将比其他项目多一倍。

(3) flex-shrink 属性。flex-shrink 属性定义了项目的缩小比例,默认为 1,即如果空间不足该项目将缩小。其语法格式如下。

```
选择器{flex-shrink:属性值;}
```

flex-shrink 属性取值方式为正数。

注意:如果所有项目的 flex-shrink 属性都为 1,当空间不足时,都将等比例缩小。如果一个项目的 flex-shrink 属性为 0,其他项目都为 1,则空间不足时,前者不缩小。负值对该属性无效。

(4) flex-basis 属性。flex-basis 属性定义在分配多余空间之前,项目占据的主轴空间。浏览器根据这个属性,计算主轴是否有多余空间。其语法格式如下。

```
选择器{flex-basis:属性值;}
```

flex-basis 属性的取值方式为正数、长度数值和 auto(默认值,即项目的本来大小)。

(5) flex 属性。flex-grow、flex-shrink 和 flex-basis 的简写语法格式如下。

```
选择器{flex:flex-grow flex-shrink flex-basis; }
```

flex-basis 属性的取值方式为 none(0 0 auto)、auto(默认值,0 1 auto)和其他。

注意:建议优先使用这个属性,而不是单独写 3 个分离的属性,因为浏览器会推算相关值。

(6) align-self 属性。允许单个项目有与其他项目不一样的对齐方式,可覆盖 align-items 属性。其语法格式如下。

```
选择器{align-self:属性值;}
```

align-self 属性的取值方式有 6 种:auto(默认值)、flex-start、flex-end、center、baseline、stretch。

注意:默认值为 auto,表示继承父元素的 align-items 属性,如果没有父元素,则等同于 stretch。除了 auto,其他都与 align-items 属性完全一致。

下面举例说明弹性项目属性的作用,如图 5-50 所示。

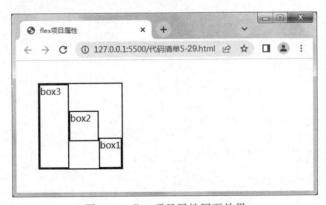

图 5-50 flex 项目属性网页效果

上述网页的实现代码如代码清单 5-29 所示。

代码清单 5-29　弹性项目属性用法

```html
<!-- 代码清单 5-29 -->
<!DOCTYPE html>
<html lang="en">
<head>
    <meta charset="UTF-8">
    <title>flex 项目属性</title>
    <style>
        * {
            margin: 0px;
            padding: 0px;
        }
        .all {
            width: 150px;
            height: 150px;
            border: 2px solid;
            margin: 40px;
            display: flex;
        }
        .box1,
        .box2,
        .box3 {
            width: 50px;
            border: 2px solid;
        }
        .box1 {
            order: 3;
            height: 50px;
            align-self: flex-end
        }
        .box2 {
            order: 2;
            height: 50px;
            flex-shrink: 0;
            align-self: center
        }
        .box3 {
            order: 1;
            flex-shrink: 0;
        }
    </style>
</head>
<body>
    <div class="all">
        <div class="box1">box1</div>
        <div class="box2">box2</div>
        <div class="box3">box3</div>
    </div>
</body>
</html>
```

在代码清单 5-29 中，使用<div>标签在页面中定义了 1 个父盒子，其中嵌套了 3 个子盒子。将容器父盒子的 display 属性设置为 flex，3 个子盒子的 order 属性按编号顺序分别设置为 3、2、1，根据 order 属性的定义，编号越大越靠前。显示的性质实现了逆序显示（即盒子 3 显示在最前面,盒子1显示在最后)。将盒子2、盒子3的flex-shrink属性设置为0,盒子1未设置使用默认值,按flex-shrink属性定义当父容器空间不足时盒子1进行缩小显示。将盒子1、盒子2的高度设置为50px,align-self属性依次设置为flex-end、center,根据对齐方式align-self属性定义盒子2与交叉轴的中心点对齐,盒子1与交叉轴的终点对齐。盒子3未设置高度且对齐方式为默认,等同于stretch,显示为轴线占满整个交叉轴。

课堂实训5-3　制作北斗卫星导航展示页面

1. 任务内容

北斗系统提供服务以来,已在交通运输、农林渔业、水文监测、气象测报、通信授时、电力调度、救灾减灾、公共安全等领域得到广泛应用,服务国家重要基础设施,产生了显著的经济效益和社会效益。基于北斗系统的导航服务已被电子商务、移动智能终端制造、位置服务等厂商采用,广泛进入中国大众消费、共享经济和民生领域,应用的新模式、新业态、新经济不断涌现,深刻改变着人们的生产生活方式。

本实训的内容是制作北斗卫星导航系统展示的网页,效果如图5-51所示。

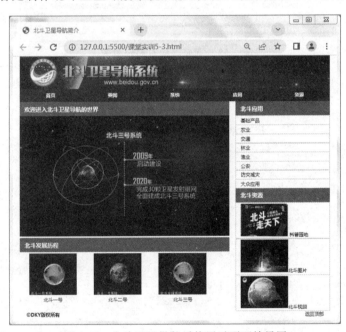

图5-51　北斗卫星导航系统展示页面效果图

2. 任务目的

通过制作"北斗卫星导航系统展示"的网页,学会如何综合运用浮动、定位和布局实现具有图文混排效果的网页。

3. 技能分析

(1) 页面使用语义化标签进行各个功能版块的布局。

(2) 页面头部使用浮动和定位进行设计。

(3) 导航栏使用列表和浮动进行设计。

(4) 侧边栏使用浮动进行设计。

（5）主体内容区域使用分列布局进行设计。

（6）页脚区域使用盒子模型的边距属性进行设计。

4. 操作步骤

（1）分析页面布局，绘制页面结构布局示意图，如图 5-52 所示。

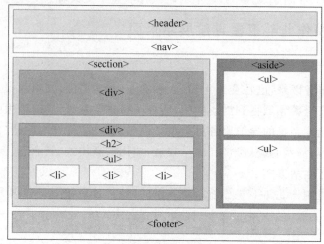

图 5-52　页面结构布局示意图

（2）根据页面布局示意图，利用 HTML 设置页面内容，添加文本、图片信息，如代码清单 5-30 所示。

代码清单 5-30　页面结构代码

```html
<!-- 代码清单 5-30 -->
<!DOCTYPE html>
<html lang="en">
<head>
    <meta charset="UTF-8">
    <title>北斗卫星导航展示</title>
</head>
<body>
    <header><img src="/images/logo.png" alt="北斗 logo">
    </header>
    <nav>
        <ul class="toplist">
            <li><a href="#">首页</a></li>
            <li><a href="#">要闻</a></li>
            <li><a href="#">系统</a></li>
            <li><a href="#">应用</a></li>
            <li><a href="#">资源</a></li>
        </ul>
    </nav>
    <section id="content">
        <div class="contop">
            <h2>欢迎进入北斗卫星导航的世界</h2>
            <img src="/images/bd.png">
        </div>
```

```html
            <div class="conbottom">
                <h2>北斗发展历程</h2>
                <ul>
                    <li><img src="/images/bd1.png">
                        <a href="">北斗一号</a>
                    </li>
                    <li><img src="/images/bd2.png">
                        <a href="">北斗二号</a>
                    </li>
                    <li><img src="/images/bd3.png">
                        <a href="">北斗三号</a>
                    </li>
                </ul>
            </div>
    </section>
    <aside>
        <ul>
            <li class="list_title">北斗应用</li>
            <li class="list_item">基础产品</li>
            <li class="list_item">农业</li>
            <li class="list_item">交通</li>
            <li class="list_item">林业</li>
            <li class="list_item">渔业</li>
            <li class="list_item">公安</li>
            <li class="list_item">防灾减灾</li>
            <li class="list_item">大众应用</li>
        </ul>
        <ul>
            <li class="list_title">北斗资源</li>
            <li class="list_item"><img src="/images/bdkepu.png">科普园地</li>
            <li class="list_item"><img src="/images/bdimg.jpg">北斗图片</li>
            <li class="list_item"><img src="/images/bdvideo.jpg">北斗视频</li>
        </ul>
    </aside>
    <footer>
        <a href="#" class="totop">返回顶部</a>
        <p><b>&copy;DKY 版权所有</b></p>
    </footer>
</body>
</html>
```

（3）在 CSS 样式表中通过对页面主体进行宽度和显示位置进行设置，代码如下。

```css
body {
    width: 980px;
    margin: 0px auto;
}
```

（4）在 CSS 样式表中对无序列表样式和页面内的图片宽度进行统一设置，代码如下。

```css
li {
    list-style: none;
}
```

```css
img {
    max-width: 100%;
}
```

（5）在 CSS 样式表中对页眉宽度、高度、定位方式（父元素相对定位）以及背景图进行设置，代码如下。

```css
header {
    width: 980px;
    height: 100px;
    position: relative;
    background: url(/images/indexBanner.jpg), no-repeat;
}
```

（6）在 CSS 样式表中对页眉中的 Logo 定位方式（子元素绝对定位）和边偏移进行设置，代码如下。

```css
header img {
    position: absolute;
    left: 20px;
    top: -5px;
}
```

（7）在 CSS 样式表中对导航栏的宽度、内边距和背景颜色进行设置，代码如下。

```css
nav {
    padding: 10px 0px;
    width: 980px;
    background: #1b3b62;
}
```

（8）在 CSS 样式表中对导航栏的无序列表项目字体进行加粗设置，代码如下。

```css
nav ul li {
    font-weight: bolder;
}
```

（9）在 CSS 样式表中将导航栏的无序列表容器设置为弹性水平布局，代码如下。

```css
.toplist {
    display: flex;
    flex-direction: row;
    width: 100%;
}
```

（10）将导航栏的无序列表项目中的链接<a>标签设置为文本居中对齐，字体颜色为白色，代码如下。

```css
.toplist li a {
    text-align: center;
    color: white;
}
```

（11）在 CSS 样式表中对主体区域的宽度和浮动方式进行设置，为右侧的侧边栏预留出位置，代码如下。

```
#content {
    width: 670px;
    float: left;
}
```

（12）在CSS样式表中对内容区域的4处<h2>标题的内边距、字号、文字颜色和背景颜色样式进行设置，代码如下。

```
h2 {
    padding: 10px 15px;
    font-size: 18px;
    color: #fff;
    background-color: #337ab7;
}
```

（13）对下半部分中的3幅北斗图片及说明文字设置样式，除了包括其所在无序列表的外边距、列表项的宽度、文本对齐方式外，还要将列表项转换为行内块元素使其显示在一行；再将图片下方的链接文字转换为块元素，使其能够另起一行显示在图片下方，代码如下。

```
.conbottom ul {
    margin: 5px;
}
.conbottom ul li {
    width: 210px;
    text-align: center;
    display: inline-block;
}
.conbottom ul li a {
    display: block;
}
```

（14）在CSS样式表中对侧边栏的宽度和浮动方式进行设置，使其显示在主体区域右侧，代码如下。

```
aside {
    width: 300px;
    float: right;
}
```

（15）对侧边栏的栏目标题和栏目内容的基本属性进行设置，包括内外边距、字号、文字样式、文字颜色和底部外边框，内容比较简单此处不再赘述，代码如下。

```
.list_title {
    padding: 10px 15px;
    font-weight: bolder;
    color: #fff;
    background-color: #337ab7;
    font-size: 18px;
}
.list_item {
    padding: 3px 15px;
    margin-bottom: -2px;
    border: 1px solid #ddd;
}
```

（16）在 CSS 样式表中先对页脚的宽度、高度进行设置，再使用 clear 属性清除两侧浮动使其独立成行，不受前面浮动内容的影响，最后将其定位模式设置为相对定位，为后续精确定位页脚内容做准备，代码如下。

```css
footer {
    width: 980px;
    height: 30px;
    clear: both;
    position: relative;
}
```

（17）将页脚中的版权信息<p>标签和返回首页链接文字<a>标签的定位方式设置为绝对定位，再分别设置两者的边偏移使其显示在指定位置。

```css
footer a {
    position: absolute;
    right: 20px;
}
footer p {
    position: absolute;
    left: 20px;
    margin: 0;
}
```

习 题

选择题

1. （　　）可以显示这样一个边框：顶边框 10 像素、底边框 5 像素、左边框 20 像素、右边框 1 像素。

  A. border-width:10px 1px 5px 20px

  B. border-width:10px 20px 5px 1px

  C. border-width:5px 20px 10px 1px

  D. border-width:10px 5px 20px 1px

2. 在 CSS 中，（　　）属性可以用来设置元素的叠放顺序。

  A. position   B. left   C. z-index   D. Absolute

3. 在 HTML 中，以下关于 position 属性的设定值描述错误的是（　　）。

  A. static 为默认值，没有定位，元素按照标准流进行布局

  B. relative 属性值设置元素的相对定位，垂直方向偏移量使用 up 或 down 属性来指定

  C. absolute 表示绝对定位，需要配合 top、right、bottom、left 属性实现元素的偏移量

  D. 用来实现偏移量的 left 和 right 等属性的值，可以为负数

4. 以下定位中，脱离文档流的是（　　）。

  A. #box{width:100px ;height:50px;}

  B. #box{width:100px ;height:50px; postion:absolute}

  C. #box{width:100px ;height:50px; postion:relative}

  D. #box{width:100px ;height:50px; position:static}

5. 在 CSS 中,关于盒子模型外边距 margin 属性的叙述正确的是(　　)。
　　A. 边距 margin 只能取一个值
　　B. margin 属性的参数有 margin-left、margin-right、margin-top、margin-bottom
　　C. margin 属性的值不可为 auto
　　D. margin 属性的参数值不能全部设置成 0px

6. 在 CSS 中,body{padding-left:20px;}表示(　　)。
　　A. 页面左边的表格大小　　　　　　B. 页面左边的空白大小
　　C. 页面左边的可用区域大小　　　　D. 页面左边的可编辑区域大小

7. CSS 盒子模型中表示内容与边框间的距离的属性为(　　),表示盒子与其他盒子之间的距离的属性为(　　)。
　　A. padding　　margin　　　　　　B. padding　　border
　　C. margin　　padding　　　　　　D. margin　　border

第 6 章

列表和超链接

制作网页时,经常会用到列表。通过列表标签,将相关数据资料以条目的形式有序列表、无序列表或定义列表的方式进行排列,可达到条理清晰、层次分明的展示效果。每一个网站都是由众多网页组成的,而在每一个网站中,所有页面都会通过超链接结合在一起。超链接的应用范围很广,通过它不仅可以链接到其他网页,还可以链接到其他文件。本章将主要介绍列表和超链接的基本知识,利用 CSS 创建和管理列表和超链接以及利用列表和超链接创建导航条。

 知识目标

- 有序列表、无序列表和定义列表的区别。
- 超链接的组成和分类。
- 超链接不同状态的区别。

 技能目标

- 能熟练使用列表及属性并用 CSS 控制页面中的列表样式。
- 能熟练使用超链接并用 CSS 伪结构选择器控制页面中的超链接样式。

 思政目标

以中国航海梦为引导,通过了解我国近年来在航海领域所取得的举世瞩目的科技成就,激发学生强烈的民族自豪感,培养学生攻坚克难、科技报国的意识,在潜移默化中不断培育勇于创新、精益求精的工匠精神。

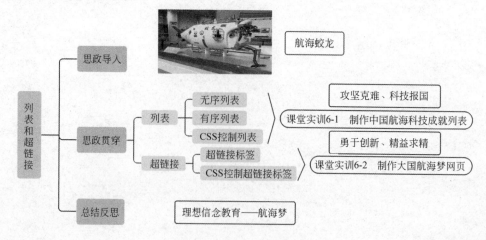

6.1 列表

6.1.1 列表标签

列表是网页中常用的数据排列方式,在制作网页时,列提纲、制作导航条或品类说明书经常用到列表。适当地使用列表标签,能使这些内容在网页中表现得条理清晰、层次分明。在实际 Web 前端开发工作中,列表主要分为无序列表、有序列表、定义列表以及嵌套列表等类型。

1. 无序列表

无序列表是指在列表中列表项的前导符号没有特定的先后次序,而是用实心圆点、空心圆点和方块等特殊符号标识。无序列表的目的不是使列表显得杂乱无章,而是使列表项的结构更加清晰和合理。

无序列表主要由 HTML 的<ul>和<li>标签组成。一个无序列表中包括一对<ul>和</ul>标签以及若干对<li>和</li>标签。<ul>和</ul>标签分别标识无序列表的开始和结束,<li>和</li>标签分别标识一个无序列表项的开始和结束。<ul>标签和<li>标签需要配合在一起使用,不可以单独使用,而且<ul>标签的子标签也只能是<li>标签,不能是其他标签。

在浏览器中无序列表的列表项作为一个整体,与上下段文本间各有一行空白,列表项向右缩进并左对齐,每项前面有一个指定的列表符号。

无序列表中<ul>和<li>标签的 type 属性用于指定列表项的列表符号类型,其属性值共有3 种取值,具体描述如表 6-1 所示。

在实际使用中,一般在<ul>后指定列表符号的样式,可设定直到</ul>之间出现的全部列表项的列表符号。如果有特殊需求,在<li>后指定列表符号的样式,可以单独设置该列表项的项目符号,使之与其他列表项不同。

下面举例说明无序列表的用法,无序列表网页效果如图 6-1 所示。

表 6-1 无序列表 type 属性值列表

属性值	描 述
disc	列表符号为实心圆点●(默认值)
circle	列表符号为空心圆点○
square	列表符号为方块■

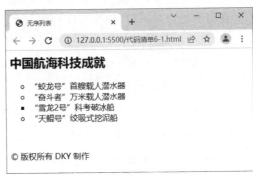

图 6-1 无序列表网页效果图

上述网页的实现代码如代码清单 6-1 所示。

代码清单 6-1　无序列表实现代码

```
<!-- 代码清单 6-1 -->
<html>
    <head>
```

```
            <title>无序列表</title>
        </head>
        <body>
            <h2 align="left">中国航海科技成就</h2>
            <ul type ="circle">    <!--列表样式为空心圆点-->
                <li>"奋斗者"万米载人潜水器</li>
                <li>"蛟龙号"首艘载人潜水器</li>
                <li type="square">"雪龙 2 号"科考破冰船</li><!--列表样式为方块-->
                <li>"天鲲号"绞吸式挖泥船</li>
            </ul>
            <br><p>&copy;版权所有 DKY 制作</p>
        </body>
    </html>
```

在代码清单 6-1 中,首先使用<h2>标签定义了一个标题,接着使用<ul>和<li>标签定义了一个无序列表,该列表包括 4 个列表项,在<ul>后指定列表符号的样式为 type="circle",且第 3 项的<li>标签中指定列表符号的样式为 type="square",因此,除了第 3 项列表符号为实心方块外,其余每个列表符号均显示为空心圆点。

2. 有序列表

有序列表是指在列表中各个列表项之间存在特定的先后顺序。通过使用带顺序的编号来标识各个列表项的先后顺序。一般采用数字或字母作为顺序,默认是采用数字顺序。其目的和无序列表一样,都是使列表项的结构更加清晰合理。

有序列表主要由<ol>和<li>标签组成。一个有序列表中包括一对<ol>和</ol>标签以及若干对<li>和</li>标签。<ol>和</ol>标签分别标识有序列表的开始和结束,而<li>和</li>标签分别标识一个列表项的开始和结束。<ol>标签和<li>标签需要配合在一起使用,不可以单独使用,而且<ol>标签的子标签也只能是<li>标签,不能是其他标签。

在浏览器中显示时,整个有序列表与上下段文本之间各有一行空白,各列表项向右缩进并左对齐,每项前都带顺序号。

有序列表中<ol>和<li>标签的 type 属性用于指定列表项的列表符号类型,其属性值共有 5 种取值,具体描述如表 6-2 所示。

表 6-2 有序列表 type 属性值

属性值	描述	属性值	描述
1	序号为阿拉伯数字:1、2、3…(默认值)	I	序号为大写罗马数字:Ⅰ、Ⅱ、Ⅲ…
A	序号为大写英文字母:A、B、C…	i	序号为小写罗马数字:ⅰ、ⅱ、ⅲ…
a	序号为小写英文字母:a、b、c…		

在实际使用中,一般在<ol>后指定列表符号的样式,可设定直到</ol>之间出现的全部列表项的列表符号。如果有特殊需求,在<li>后指定列表符号的样式,可以单独设置该列表项的项目符号,使之与其他列表项不同。

下面举例说明有序列表的用法,有序列表网页效果如图 6-2 所示。

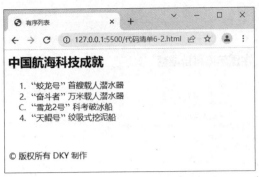

图 6-2 有序列表网页效果

上述网页的实现代码如代码清单 6-2 所示。

代码清单 6-2　有序列表实现代码

```html
<!-- 代码清单 6-2 -->
<html>
    <head>
        <title>有序列表</title>
    </head>
    <body>
        <h2 align="left">中国航海科技成就</h2>
        <ol type ="1">     <!--列表序号为阿拉伯数字-->
            <li>"奋斗者"万米载人潜水器</li>
            <li>"蛟龙号"首艘载人潜水器</li>
            <li type ="A">"雪龙 2 号"科考破冰船</li><!--序号为大写英文字母-->
            <li>"天鲲号"绞吸式挖泥船</li>
        </ol>
        <br><p>&copy；版权所有 DKY 制作</p>
    </body>
</html>
```

在代码清单 6-2 中，使用<ol>和<li>标签定义了一个有序列表，该列表包括 4 个列表项，由于在<ol>后指定符号的样式为 type＝"1"，且第 3 项的<li>标签中指定符号的样式为 type＝"A"，因此，除了第 3 项列表符号为大写字母"C"外，其余每个列表项均显示为阿拉伯数字。

3．定义列表

定义列表是指列表中各列表项都不带前导列表符号，而是列表项与其注释的组合。在创建定义列表时，主要用到三类 HTML 标签：<dl>、<dt>和<dd>标签。其中，<dl>标签用于指定定义列表，<dt>标签用于指定列表中具体列表项的名称，<dd>标签用于指定列表中列表项的解释。定义列表的列表项内部可以使用段落、换行符、图片、链接以及其他列表等。

一个定义列表中包括一对<dl>标签以及若干对<dt>和<dd>标签。<dl>和</dl>标签标识定义列表的开始和结束，<dt>和</dt>标签标识一个列表项的开始和结束，<dd>和</dd>标签标识一个列表项解释的开始和结束。

在浏览器中显示时，整个定义列表与上下段文本之间各有一行空白，各列表项名称左对齐，各列表项解释向右缩进并左对齐。如果<dd>标签中内容很多，可以嵌套<p>标签使用。

下面举例说明定义列表的用法，定义列表网页效果如图 6-3 所示。

上述网页的实现代码如代码清单 6-3 所示。

图 6-3 定义列表网页效果

代码清单 6-3　定义列表实现代码

```html
<!-- 代码清单 6-3 -->
<html>
    <head>
        <title>定义列表</title>
    </head>
    <body>
        <h2 align="left">中国航海科技成就</h2>
        <dl>
            <dt>"奋斗者号"</dt>
            <dd>万米载人潜水器</dd>
            <dt>"蛟龙号"</dt>
            <dd>首艘载人潜水器</dd>
            <dt>"雪龙 2 号"</dt>
            <dd>科考破冰船</dd>
            <dt>"天鲲号"</dt>
            <dd>绞吸式挖泥船</dd>
        </dl>
        <p>&copy；版权所有 DKY 制作</p>
    </body>
</html>
```

在代码清单 6-3 中,使用<dl>、<dt>和<dd>标签创建了一个定义列表,该列表包括 4 个列表项,<dl>列表中的每个列表项的名称不再是<li>标签,而是使用<dt>标签进行标识,后边跟着由<dd>标签标识的列表项解释。

4. 嵌套列表

嵌套列表是指无序列表与有序列表嵌套混合使用。嵌套列表可以把页面分为多个层次,给人以很强的层次感。有序列表和无序列表不仅可以自身嵌套,而且彼此可互相嵌套。

嵌套方式具体可以分为以下几种。

(1) 无序列表中嵌套无序列表。

(2) 有序列表中嵌套有序列表。

(3) 无序列表中嵌套有序列表。

(4) 有序列表中嵌套无序列表。

下面举例说明嵌套列表的用法,嵌套列表网页效果如图 6-4 所示。

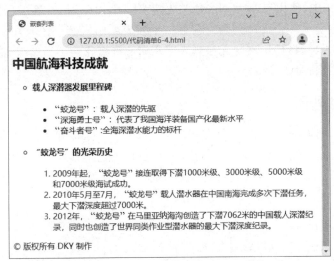

图 6-4 嵌套列表网页效果

上述网页的实现代码如代码清单 6-4 所示。

代码清单 6-4　嵌套列表实现代码

```
<!-- 代码清单 6-4 -->
<html>
    <head>
        <title>嵌套列表</title>
    </head>
    <body>
        <h2 align="left">中国航海科技成就</h2>
        <ul type ="circle">  <!--列表样式为空心圆点-->
            <li><h4 align="left">载人深潜器发展里程碑</h4>
                <ul type ="disc">  <!--列表样式为实心圆点-->
                    <li>"蛟龙号"：载人深潜的先驱</li>
                    <li>"深海勇士号"：代表了我国海洋装备国产化最新水平</li>
                    <li>"奋斗者号"：全海深潜水能力的标杆</li>
                </ul>
            </li>
            <li><h4 align="left">"蛟龙号"的光荣历史</h4>
                <ol>
                    <li>2009年起,"蛟龙号"接连取得下潜1000米级、3000米级、5000米级和7000米级海试成功。</li>
                    <li>2010年5月至7月,"蛟龙号"载人潜水器在中国南海完成多次下潜任务,最大下潜深度超过7000米。</li>
                    <li>2012年,"蛟龙号"在马里亚纳海沟创造了下潜7062米的中国载人深潜纪录,同时也创造了世界同类作业型潜水器的最大下潜深度纪录。</li>
                </ol>
            </li>
        </ul>
        <p>&copy;版权所有 DKY 制作</p>
    </body>
</html>
```

在代码清单 6-4 中，使用<ul>和<li>标签先定义一个无序列表，其中包括两个列表项，在第一个列表项中，嵌套另一个无序列表。在第二个列表项中嵌套一个有序列表。外层无序列表采用空心圆点作为项目符号，嵌套无序列表采用实心圆点作为项目符号，嵌套有序列表采用阿拉伯数字作为项目符号。

6.1.2 CSS 控制列表

HTML 提供了列表的基本功能，包括有序列表的<ol>标签和无序列表的<ul>标签等。当引入 CSS 后，列表被赋予了很多新的属性，甚至超越了它最初设计时的功能。本小节主要介绍列表的基本 CSS 属性，包括列表项的符号、缩进和位置等。

1. 符号列表

从以上无序列表和有序列表示例中，可以看到在 Chrome 浏览器中<ul>标签的默认符号是圆点符号，而<ol>标签的默认符号是 1、2、3 等，通过 type 属性可以更改列表符号的类型，而且 type 属性也被主流浏览器支持。但是，HTML 5 不再支持<ul>的 type 属性，推荐使用 CSS 来替代，通过设置 CSS 中的 list-style-type 属性，可以完成对于列表符号样式的修改，无论是<ul>标签，还是<ol>标签，都可以使用相同的属性值，而且效果是完全相同的。

CSS 中 list-style-type 的属性值，除了常用的十进制编号和空心圆以外，还有很多种类，具体如表 6-3 所示。

表 6-3 list-style-type 属性值

属性值	描述
disc	列表符号为实心圆●
circle	列表符号为空心圆○
square	列表符号为正方形■
decimal	列表符号为阿拉伯数字 1,2,3,4,5,6,…
upper-alpha	列表符号为大写英文字母 A,B,C,D,E,F,…
lower-alpha	列表符号为小写英文字母 a,b,c,d,e,f,…
upper-roman	列表符号为大写罗马数字Ⅰ、Ⅱ、Ⅲ、Ⅳ、Ⅴ、Ⅵ、Ⅶ、…
lower-roman	列表符号为小写罗马数字ⅰ、ⅱ、ⅲ、…
none	不显示任何符号

下面举例说明通过 CSS 控制符号列表的用法，其网页效果如图 6-5 所示。

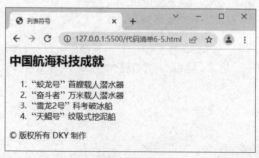

图 6-5 CSS 控制符号列表（一）网页效果

上述网页的实现代码如代码清单 6-5 所示。

代码清单 6-5　符号列表（一）实现代码

```html
<!-- 代码清单 6-5 -->
<html>
    <head>
        <title>列表符号</title>
        <style>
            ul{
                list-style-type: decimal; /* 列表符号类型 */
            }
        </style>
    </head>
    <body>
        <h2 align="left">中国航海科技成就</h2>
        <ul>
            <li>"奋斗者"万米载人潜水器</li>
            <li>"蛟龙号"首艘载人潜水器</li>
            <li>"雪龙2号"科考破冰船</li>
            <li>"天鲲号"绞吸式挖泥船</li>
        </ul>
        <p>&copy; 版权所有 DKY 制作</p>
    </body>
</html>
```

在代码清单 6-5 中，定义了一个无序列表。默认情况下，4 个列表项都采用默认的空心圆点作为列表符号。同时，通过<style>标签为无序列表引入 CSS 属性 list-style-type，并设置为 decimal，此时列表符号按照阿拉伯数字编号显示，而这本身是<ol>标签的功能。从中可看出，CSS 中的<ul>标签与<ol>标签的区别并不明显，只要利用 lis-style-type 属性，两者就可以通用。

在上述示例中，为<ul>或<ol>标签设置 list-style-type 属性时，列表中所有<li>标签都将采用该设置，而如果对某一<li>标签单独设置其他 list-style-type 属性，则新属性值仅仅作用在该列表项上。

下面举例说明通过 CSS 控制列表符号的用法，其网页效果如图 6-6 所示。

图 6-6　CSS 控制符号列表（二）网页效果

上述网页的实现代码如代码清单 6-6 所示。

代码清单 6-6　列表符号(二)实现代码

```html
<!-- 代码清单 6-6 -->
<html>
    <head>
        <title>列表符号</title>
        <style>
            ul{
                list-style-type:decimal; /* 列表符号类型 */
            }
            li.special{
                list-style-type: circle;
            }
        </style>
    </head>
    <body>
        <h2 align="left">中国航海科技成就</h2>
        <ul>
            <li>"奋斗者"万米载人潜水器</li>
            <li class="special">"蛟龙号"首艘载人潜水器</li>
            <li>"雪龙2号"科考破冰船</li>
            <li>"天鲲号"绞吸式挖泥船</li>
        </ul>
        <p>&copy;版权所有 DKY 制作</p>
    </body>
</html>
```

在代码清单 6-6 中,基于代码清单 6-5 列表符号示例,在 style 中引入 li.special,并将 list-style-type 属性设置为 circle,在第二个<li>列表项中引用该 special 类,从而单独改变该列表项的列表符号类型,即从阿拉伯数字"2"变更为空心原点,而其他列表符号依然保持为阿拉伯数字不变。

2. 图片符号

除了通过 list-style-type 属性设置列表符号类型外,CSS 还提供了 list-style-image 属性,可以将列表符号显示为任意的图片。

下面举例说明通过 CSS 控制列表符号显示为指定图片的用法,其网页效果如图 6-7 所示。

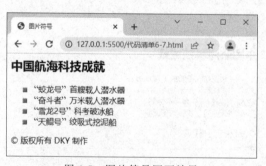

图 6-7　图片符号网页效果

上述网页的实现代码如代码清单 6-7 所示。

代码清单 6-7　图片符号实现代码

```
<!-- 代码清单 6-7 -->
<html>
    <head>
        <title>图片符号</title>
    </head>
    <style>
        ul{
            list-style-image: url(images/1.gif);
        }
    </style>
    <body>
        <h2 align="left">中国航海科技成就</h2>
        <ul>
            <li>"奋斗者"万米载人潜水器</li>
            <li>"蛟龙号"首艘载人潜水器</li>
            <li>"雪龙2号"科考破冰船</li>
            <li>"天鲲号"绞吸式挖泥船</li>
        </ul>
        <p>&copy; 版权所有 DKY 制作</p>
    </body>
</html>
```

图中每个列表项的符号不再是空心圆或数字编号，都换成了一个蓝色小图标。通过这种方式可以方便地更换显示图标。

在代码清单 6-7 中，首先定义一个无序列表，然后在<style>标签中将<ul>标签选择器的 list-style-image 属性设置为图片，使得该无序列表全部列表项的显示符号从原来的实心原点更改为指定的图片。

3. 符号位置

除了使用 list-style-type 和 list-style-image 属性来改变列表符号外，还可以通过 list-style-position 属性来控制列表符号的位置，其取值分为 inside 和 outside 两种，如表 6-4 所示。

表 6-4　list-style-position 属性值

属 性 值	描 述
inside	列表符号位于列表文本以内
outside	列表符号位于列表文本以外

下面举例说明通过 CSS 控制列表符号显示位置的用法，其网页效果如图 6-8 所示。

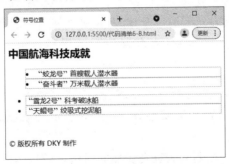

图 6-8　符号位置网页效果

上述网页的实现代码如代码清单 6-8 所示。

代码清单 6-8　符号位置实现代码

```html
<!-- 代码清单 6-8 -->
<html>
    <head>
        <title>符号位置</title>
        <style>
            .in{list-style-position: inside; }
            .out{list-style-position: outside; }
            li{ border: 1px solid #CCC; }
        </style>
    </head>
    <body>
        <h2 align="left">中国航海科技成就</h2>
        <ul class="in">
            <li>"奋斗者"万米载人潜水器</li>
            <li>"蛟龙号"首艘载人潜水器</li>
        </ul>
        <ul class="out">
            <li>"雪龙 2 号"科考破冰船</li>
            <li>"天鲲号"绞吸式挖泥船</li>
        </ul>
        <p>&copy;版权所有 DKY 制作</p>
    </body>
</html>
```

在代码清单 6-8 中，首先定义了两个无序列表，并为其分别设置不同的 list-style-position 属性，从而控制列表符号的位置是否在列表文本以内。在<style>中定义两个类选择器 in 和 out，分别设置列表位置属性 list-style-position 的值为 inside 和 outside，其中 inside 表明列表符号在列表文本以内，outside 表明列表符号在列表文本以外。最后对两个无序列表分别引用 in 和 out 类，从而实现不同的对比效果。

4. 复合属性

列表样式复合属性 list-style 也称为简写属性，其结合了前述三种列表属性 list-style-type、list-style-image 和 list-style-position，即在一个声明中完成全部对于列表属性的设置，其语法格式如下。

```
{list-style: list-style-type list-style-position list-style-image;}
```

list-style 的属性值分别为列表项目符号、列表项目符号的位置和列表项目图像，以逗号间隔，可以全部设置，也可以部分设置，未设置项则采用默认值。以下为 list-style 属性的默认值。

```
{list-style: disc outside none;}
```

其中，disc 表示列表项目符号为实心圆；outside 表示列表项目符号位于列表文本以外；none 表示不显示其他图片。

下面举例说明通过 CSS 控制列表复合属性的用法，其网页效果如图 6-9 所示。
上述网页的实现代码如代码清单 6-9 所示。

图 6-9 复合属性网页效果图

代码清单 6-9　复合属性实现代码

```
<!--代码清单 6-9-->
<html>
    <head>
        <title>复合属性</title>
        <style>
            .first{
                list-style-type: circle;
                list-style-position:inside;
                list-style-image:url(images/1.gif);
            }
            .second{
                list-style: circle inside url(images/1.gif);
            }
            li{ border: 1px solid #CCC;}
        </style>
    </head>
    <body>
        <h2 align="left">中国航海科技成就</h2>
        <ul class="first">
            <li>"奋斗者"万米载人潜水器</li>
            <li>"蛟龙号"首艘载人潜水器</li>
        </ul>
        <ul class="second">
            <li>"雪龙 2 号"科考破冰船</li>
            <li>"天鲲号"绞吸式挖泥船</li>
        </ul>
        <p>&copy;版权所有 DKY 制作</p>
    </body>
</html>
```

在代码清单 6-9 中,首先定义了两个无序列表,通过设置不同的列表属性来控制列表符号的显示。在<style>中定义两个类选择器 first 和 second,在 first 中设置列表属性 list-style-type、list-style-position 和 list-style-image 的值为 circle、outside 和 url(images/1.gif),在 second 中设置列表属性 list-style 的值为 circle inside url(images/1.gif),然后两个无序列表分别引用 first 和 second 类,对比两种方式,可以实现相同的显示效果。

课堂实训 6-1　制作中国航海科技成就列表

1. 任务内容

3月17日是国际航海日,也称为世界海事日。中国是世界航海文明的发祥地之一。近年来,在中国航海人以及科技工作者不畏艰难、不懈奋斗下,陆续取得了众多举世瞩目的航海科技成就,包括创造世界纪录的"蛟龙号"载人潜水器、"雪龙2"号全球第一艘双向破冰的极地科考破冰船、全球规模最大、最先进的全自动化集装箱码头——洋山深水港四期全自动码头等。

本课堂实训制作一个简单的网页,采用图文并茂的形式简单展示中国航海科技在载人潜水器、科考破冰船、挖泥船等领域的成就,网页效果如图6-10所示。

图 6-10　中国航海科技成就展网页效果图

2. 任务目的

在网页设计中,图文信息列表应用比较广泛,比如各大购物网站、旅游产品网站等场景。本课堂实训通过设计图文信息列表的应用,展示中国航海科技成就,并帮助学生学会如何利用列表标签和CSS控制列表来实现网页功能。

3. 技能分析

(1) 通过<ul>和<li>标签定义列表。

(2) 使用外部链接方式引用外部样式表。

(3) 使用CSS分别设置各种标签的显示样式,包括尺寸、字体、颜色和内边距等。

4. 操作步骤

(1) 利用HTML标签设置页面内容,插入所需文字,网页的HTML代码如代码清单6-10所示。

代码清单 6-10　网页的 HTML 代码

```html
<!-- 代码清单 6-10-->
<html>
<head>
    <title>中国航海科技成就展</title>
</head>
<body>
    <h2 align="center">中国航海科技成就展</h2>
    <ul>
        <li><img src="./images/01.jpg"/>"蛟龙号"首艘载人潜水器</li>
        <li><img src="./images/02.jpg"/>"奋斗者"万米载人潜水器</li>
        <li><img src="./images/03.jpg"/>"深海勇士号"载人潜水器</li>
        <li><img src="./images/04.jpg"/>"天鲲号"绞吸式挖泥船</li>
        <li><img src="./images/05.jpg"/>"雪龙2号"科考破冰船</li>
        <li><img src="./images/06.jpg"/>"彩虹鱼"万米载人深潜器</li>
    </ul>
    <p>&copy; 版权所有 DKY 制作</p>
</body>
</html>
```

(2) 在搭建完页面的结构后, 接下来使用 CSS 对页面进行修饰。首先, 创建一个 CSS 文件, 将其命名为 list.css, 并在 HTML 中引用, 代码如下。

```html
<link rel="stylesheet" href="CSS/list.CSS">
```

(3) 在 list.css 文件中, 定义基础样式, 代码如下。

```css
body{font-size:12px; font-family:"微软雅黑"; }
body{padding:0; margin:0; list-style:none; border:none;}
```

(4) 设置列表的宽度和高度, 在浏览器中居中显示, 去除默认的列表修饰符, 设置内边距, 设置边框样式, 代码如下。

```css
ul{
    width: 695px;
    height: 500px;
    margin: 0 auto;
    padding: 12px 0 0 12px;
    border: 1px solid #ccc;
    border-top-style: dotted;
    list-style: none;
}
```

(5) 设置列表项横向排列和外边距, 设置边框属性、文本对齐和字体大小等样式, 代码如下。

```css
ul li{
    float: left;
    margin: 12px;
    display: inline;
    border:1px solid skyblue;
    text-align: center;
    font-size: 16px;
}
```

(6) 设置列表项图片的样式,代码如下。

```
ul li img{
    display: block;
    width: 202px;
    height: 200px;
}
```

至此,完成了中国航海科技成就展网页的 HTML 和 CSS 代码,刷新页面后,即可看到如图 6-10 所示的网页效果。

6.2 超链接

借助于 HTML 的强大功能,用户能够便捷地实现互联网上的信息访问和资源共享,在网页中可以链接到其他网页、图像、多媒体、电子邮件地址或可下载的文件等。

6.2.1 超链接标签

1. 超链接的定义

超链接(hyperlink)是指从一个网页指向一个目标的链接关系,这个目标既可以是不同的网页,也可以是相同网页上的不同位置,超链接除了可链接文本外,也可链接各种媒体,如声音、图像和动画等,通过超链接可以将网站建设成一个丰富多彩的多媒体世界。当网页中包含超链接时,其外观形式为彩色(一般为蓝色)且带下画线的文字或图像。单击这些文本或图像,可跳转到相应位置。将鼠标指针指向超链接时,将变成手形,如图 6-11 所示。

图 6-11 中国航海博物馆首页

通过图 6-11,不难发现网站首页主要包含上部的导航栏和下部的各种主题区域,其中超链接是网站的精髓。网站由非常多的网页组成,超链接本身属于网页的一部分,通过超链接将各个网页链接在一起后,构成一个网站,并且在各个独立的页面之间方便地跳转。

2. 超链接标签

在 HTML 中创建超链接非常简单,所用到的是<a>标签(以<a>开始,以</a>结束),可以指向网络上的任何资源,包括 HTML 页面、图像、声音或视频文件等。

创建超链接的基本语法格式如下。

```
<a href="跳转目标" target="目标窗口的弹出方式"> 文本或图像</a>
```

通常<a>和</a>标签之间的文本文字用颜色和下画线加以强调,单击这些文本或图像就可以实现网页的浏览访问。在<a>标签中,需要分别设置 href 和 target 属性。

其中 href 属性值定义要跳转的目标,即指定链接目标的 URL 地址,当为<a>标签应用 href 属性时,它就具有了超链接的功能。href 取值有 3 种,具体如表 6-5 所示。

表 6-5 href 属性值

属 性 值	描 述
绝对 URL	指向另一个站点
相对 URL	指向站点内的某个文件
锚 URL	指向页面中的锚

target 属性值定义目标窗口的弹出方式,即指定链接页面的打开方式,target 属性取值有 4 种,其中前两种比较常用,具体如表 6-6 所示。

表 6-6 target 属性值

属 性 值	描 述
_self	在原窗口中打开(默认值)
_blank	创建新窗口打开新页面
_top	在浏览器的整个窗口中打开,将会忽略所有的框架结构
_parent	在上一级窗口中打开

3. 超链接的分类

作为网页中最重要和最基本的元素之一,超链接分为以下 4 类,如表 6-7 所示。

表 6-7 超链接分类

分 类	描 述
外部链接	链接目标文件不在站点中
内部链接	链接目标是站点内的文件
锚点链接	在文档中设置位置标记,并为该位置指定名称以供参考
空链接	用于模拟指向相应鼠标事件的链接

(1)外部链接用于跳转到当前网站的外部,体现的是与其他网站中页面或其他元素之间的链接关系。所使用的 URL 地址一般要用绝对路径,即要有完整的 URL 地址,如 https://www.baidu.com。

下面举例说明外部链接的用法,其网页效果如图 6-12 所示。

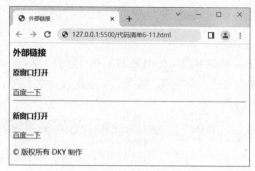

图 6-12　外部链接网页效果

上述网页的实现代码如代码清单 6-11 所示。

代码清单 6-11　外部链接实现代码

```html
<!-- 代码清单 6-11 -->
<html>
    <head>
        <title>外部链接</title>
    </head>
    <body>
        <h3>外部链接</h4>
            <h4>原窗口打开</h4>
            <a href="http://www.baidu.com">百度一下</a>
            <hr>
            <h4>新窗口打开</h4>
            <a href="http://www.baidu.com" target="_blank">百度一下</a>
        <p>&copy; 版权所有 DKY 制作</p>
    </body>
</html>
```

在代码清单 6-11 中，创建了两个超链接标签，两者都属于外部链接，通过 href 属性指定跳转到百度官网首页，但是窗口打开方式不同，由 target 属性指定：第一个采用默认值，即_self，表示在原窗口位置打开；第二个 target 属性设置为_blank，表示在新窗口中打开。

（2）内部链接用于在同一个网站的内部不同的 HTML 页面之间跳转。在建立网站内部链接的时候，要明确哪个是主链接文件（即当前页），哪个是链接目标文件。内部链接一般采用相对路径链接。

下面举例说明内部链接的用法，其网页效果如图 6-13 所示。

图 6-13　内部链接网页效果

上述网页的实现代码如代码清单 6-12 所示。

代码清单 6-12　内部链接实现代码

```html
<!-- 代码清单 6-12 -->
<html>
    <head>
        <title>内部链接</title>
    </head>
    <body>
        <h4>内部链接</h4>
            <a href="./代码清单 6-11.html">转到代码清单 6-11 页面</a>
        <p>&copy; 版权所有 DKY 制作</p>
    </body>
</html>
```

在代码清单 6-12 中，创建了一个超链接标签，属于内部链接，通过 href 属性指定跳转目标为"代码清单 6-11.html"，采用默认的窗口打开方式，即在原窗口位置打开。这样，单击链接后，就会在当前页面窗口跳转到代码清单 6-11 的网页。

（3）锚点链接用于单击它即可跳至当前或其他页面某一位置。它特别适用于页面内容较多、页面篇幅过长、浏览网页时需要不断地拖动滚动条来查看所需要的内容等场景。引入锚点链接能较好地解决这种问题。制作锚点链接需要两个步骤。

① 给元素定义锚点标签。语法格式如下。

```
<标签 id="锚点标签 id 值"> </标签>
<标签 name="锚点标签 name 值"> </标签>
```

② 定义锚点链接。语法格式如下。

```
<a href="#锚点标签 id 值或 name 值"></a>
```

经过以上这两个步骤，单击<a>标签，即可跳转到 id 标签的位置。

下面举例说明锚点链接的用法，其网页效果如图 6-14 和图 6-15 所示。

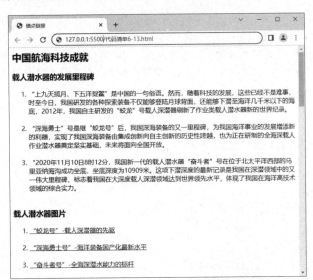

图 6-14　锚点链接（一）网页效果

图 6-15　锚点链接(二)网页效果

上述网页的实现代码如代码清单 6-13 所示。

代码清单 6-13　锚点链接实现代码

```html
<!-- 代码清单 6-13 -->
<html>
    <head>
        <title>锚点链接</title>
    </head>
    <body>
        <div name="top"><h2>中国航海科技成就</h2></div>
        <h3>载人潜水器的发展里程碑</h3>
        <ol>
            <li>
                <div>
                    "上九天揽月、下五洋捉鳖"是中国的一句俗语。然而,随着科技的发展,这些已经不是难事,时至今日,我国研发的各种探索装备不仅能够登陆月球背面,还能够下潜至海洋几千米以下的海底,2012 年,我国自主研发的"蛟龙"号载人深潜器刷新了作业类载人潜水器新的世界纪录。
                </div>
            </li><br/>
            <li>
                <div>
                    "深海勇士"号是继"蛟龙号"后,我国深海装备的又一里程碑,为我国海洋事业的发展增添新的利器,实现了我国深海装备由集成创新向自主创新的历史性跨越,也为正在研制的全海深载人作业潜水器奠定坚实基础,未来将面向全国开放。
                </div>
            </li><br/>
            <li>
                <div>
                    2020 年 11 月 10 日 8 时 12 分,我国新一代的载人潜水器"奋斗者"号在位于北太平洋西部的马里亚纳海沟成功坐底,坐底深度为 10909 米。这项下潜深度的最新纪录是我国在深潜领域中的又一伟大里程碑,标志着我国在大深度载人深潜领域达到世界领先水平,体现了我国在海洋高技术领域的综合实力。
```

```html
                </div>
            </li><br/>
        </ol>
        <h3>载人潜水器图片</h3>
        <ol>
            <li><a href="#1">"蛟龙号"-载人深潜器的先驱</a></li><br/>
            <li><a href="#2">"深海勇士号"-海洋装备国产化最新水平</a></li><br/>
            <li><a href="#3">"奋斗者号"-全海深潜水能力的标杆</a></li><br/>
        </ol>
        <ol>
            <li>
                <div id='1'>
                    <p><strong>蛟龙号·载人深潜器的先驱者</strong></p>
                    <img src="./images/蛟龙号.jpg">
                    <p>
                    <span>2012年,"蛟龙号"在马里亚纳海沟创造了下潜7062米的中国载人深潜纪录。</span>
                    </p>
                </div>
            </li>
            <a href="#top">回到顶部</a>
            <br/>
            <li><div id='2'>
                <p><strong>深海勇士号·海洋装备国产化最新水平</strong></p>
                <img src="./images/深海勇士号.jpg">
                <p>
                <span>"深海勇士"号实现了我国深海装备由集成创新向自主创新的历史性跨越。</span></p>
                </div>
            </li>
            <a href="#top">回到顶部</a>
            <li><div id='3'>
                <p><strong>奋斗者号·全海深潜水能力的标杆</strong></p>
                <img src="./images/奋斗者号.jpg">
                <p>
                <span>"奋斗者"号载人潜水器标志着我国载人深潜的技术迈入世界领先地位。</span></p>
                </div>
            </li>
            <a href="#top">回到顶部</a>
    </body>
</html>
```

在代码清单6-13中,先后创建了4个锚点链接,均包括锚点标签和锚点链接。其中一个锚点标签使用name标记,另外3个使用id标记。锚点链接采用<a>标签的href属性进行设置,属性值分别设置为♯name值或♯id值。比如,在图6-14中,需要浏览"3.奋斗者号"的图片时,点击对应的超链接,就可以跳转到图6-15,再点击"回到顶部"的超链接,就可以回到如图6-14所示的页面。通过锚点链接的使用,就能够在浏览网页时快速定位到目标内容,避免不断地拖动滚动条。

(4)空链接是指没有目标链接文件的链接。在网页制作过程中,如果需要为文字或者图片添加链接,在初始阶段还不确定该链接所指向的目标时,一般会设置空链接作为临时目标。可以在设置<a>标签的href属性时,只输入"#",而不填写任何目标地址。语法格式如下。

```
<a href="#"></a>
```

网页上有空链接之处会出现手的形状,但是点击也不会跳转到其他网页或锚点位置。

下面举例说明空链接的用法,其网页效果如图6-16所示。

图 6-16　空链接网页效果

上述网页的实现代码如代码清单6-14所示。

代码清单 6-14　空链接实现代码

```
<!-- 代码清单 6-14 -->
<html>
    <head>
        <title>空链接</title>
    </head>
    <body>
        <h4>空链接</h4>
        <a href="#">
            <img src="./images/true.png">
        </a>
        <p>&copy; 版权所有 DKY 制作</p>
    </body>
</html>
```

在代码清单6-14中,定义了一个超链接标签<a>作为空链接,需要将<a>标签的href属性值设置为"#",同时使用<img>标签代替文本,并将<img>标签的src属性设置为以相对路径形式指定的图片路径,从而完成一个图片空链接。该链接具有超链接的显示效果,但是点击后不会产生跳转。

6.2.2　CSS 控制超链接标签

1. 超链接的状态

当网页中包含超链接时,其通常显示为蓝色且带下画线的文字或图像。单击这些文本或图像,可跳转到相应位置。定义超链接时,为了丰富和提升用户体验,可以为超链接指定不同的状态,从而使超链接在点击之前、点击之后和鼠标悬停时所应用的样式不同。在 CSS 中通过设置链接伪类,就可以实现不同的链接状态,达到上述效果。

2. 伪类

伪类是指同一个标签根据其所处的不同状态具有不同的样式,既然称为"伪类",那它并不是真正意义上的类。先看一看 CSS 中类选择器的用法,类选择器以一个点"."加上类名来标识。

```
<style>
    .center { text-align: center }
</style>
```

通常先定义一个 center 类,所有引用 center 类的 HTML 元素,如 h1 标签和 p 标签均为居中显示。

伪类的名称是由系统定义的,通常由标签名、类名或 id 加":"构成,对比类的用法示例,有助于理解伪类的用法。

```
<style>
    p.nav {color: red; }
</style>
```

一般情况下,使用"标签名.类名{ CSS 样式规则;}"的格式来定义伪类。其中,标签名为 p,类名为 nav,CSS 样式规则为 color:red。

3. 超链接标签<a>的伪类

超链接标签<a>的伪类具有 4 种不同的状态,如表 6-8 所示。

表 6-8　超链接标签<a>的伪类

超链接标签<a>的伪类	含　　义
a:link{ CSS 样式规则; }	未访问时超链接的状态
a:visited{ CSS 样式规则; }	访问后超链接的状态
a:hover{ CSS 样式规则; }	鼠标经过、悬停时超链接的状态
a:active{ CSS 样式规则; }	鼠标点击不动时超链接的状态

超链接标签<a>的伪类包括 link、visited、hover、active 四种状态,分别表示超链接在未被访问时、在被访问后、在鼠标经过或者鼠标悬停时和在鼠标点击不动时所处的状态。其中 CSS 样式规则表明超链接标签在该状态下所应用 CSS 样式规则的集合。为了区别各个状态,所应用的 CSS 样式规则可以互不相同,也可以部分相同。

超链接伪类的作用是为了给标签添加特殊的效果,伪类还可以与 CSS 类配合使用。下面举例说明超链接伪类的具体用法,其网页效果如图 6-17 所示。

图 6-17　超链接伪类的用法示意

上述网页的实现代码如代码清单 6-15 所示。

代码清单 6-15　超链接伪类用法代码

```html
<!-- 代码清单 6-15 -->
<html>
    <head>
        <title>超链接伪类的用法</title>
        <style>
            a {text-decoration: underline; font-size: 20px;}
            a:link     { color: #FF0000; }
            a:visited  { color: #FF0000; }
            a:hover    { color: #FF00FF; text-decoration: none;}
            a:active   { color: #0000FF; }
            a.nav:link    { color: #00FF00; }
            a.nav:visited { color: #00FF00; }
            a.nav:hover   { color: #0000FF; text-decoration:overline;}
            a.nav:active  { color: yellow; }
        </style>
    </head>
    <body>
        <h1>
            超链接伪类的用法
        </h1>
        <p>超链接伪类定义</p>
        <a href="代码清单 6-6.html">中国航海科技成就</a>
        <p>超链接与类名相结合的伪类定义</p>
        <a class="nav" href="代码清单 6-11.html">载人潜水器的发展里程碑</a>
        <p>&copy; 版权所有 DKY 制作</p>
    </body>
</html>
```

本例中,在<style>标签中分别定义了超链接伪类以及超链接和类名(nav)相结合的伪类,各自包含 link、visited、hover、active 状态。为了明显区别不同的状态,使用了不同的 color 属性值。例如,a:link 和 a.nav:link 都是标签在未访问时的超链接状态,但是这两个超链接伪类所设置的 color 属性值不同,分别为#FF0000 和#00FF00,除非单独引用 nav 的类,否则超链接会默认使用 a:link 所定义的属性。同样地,a:visited 和 a.nav:visited 均表示访问后的超链接状态,a:hover 和 a.nav:hover 均表示鼠标经过或悬停时的超链接状态,a:active 和 a.nav:active 均表示鼠标键按下不动时的超链接状态。随后在<body>标签中,分别定义两个标签。第一个使用默认的超链接伪类定义,第二个标签引用了伪类,所以使用超链接和类名结合的伪类定义。

4. 超链接伪类的书写顺序

在 CSS 代码中,上述 4 种超链接伪类的书写顺序不能随意设置,需要遵循 LVHA 顺序。LVHA 是指"1.link,2.visited,3.hover,4.active"这样的先后顺序。如果不遵循这样的顺序书写,就会出现问题。

下面举例说明超链接伪类书写顺序的具体用法,其网页效果如图 6-18 所示。

上述网页的实现代码如代码清单 6-16 所示。

图 6-18　超链接伪类书写顺序示意

代码清单 6-16　超链接伪类的正确书写顺序

```
<!-- 代码清单 6-16 -->
<html>
    <head>
        <title>超链接伪类书写顺序</title>
        <style>
            a            { margin-right:20px; }
            a:link       { color: red; }
            a:visited    { color: violet; }
            a:hover      { color: blue; }
            a:active     { color: yellow; }
        </style>
    </head>
    <body>
        <h1>
            超链接伪类书写顺序
        </h1>
        <p>访问后的状态</p>
        <a href="代码清单6-6.html">中国航海科技成就</a>
        <p>未访问过的状态</p>
        <a href="代码清单6-11.html">载人潜水器的发展里程碑</a>
        <p>&copy; 版权所有 DKY 制作</p>
    </body>
</html>
```

在本例中，定义了 4 种不同的超链接标签的伪类状态，包括 link、visited、hover、active，分别代表超链接标签在未访问、已访问过、鼠标悬停和鼠标键按下不动的状态。未访问标签显示为红色，访问过的标签显示为蓝紫色，鼠标悬停的标签显示为蓝色，鼠标键按下不动的标签显示为黄色。代码清单 6-16 所示代码中超链接伪类就是按照 LVHA 顺序书写的，演示效果符合预期，表明代码能够正常工作。

如果重新改写代码清单 6-16 中的 \<style\> 标签，即更换 LVHA 顺序，将 hover 状态放置在 link 状态之前。

```
<style>
    a            { margin-right:20px; }
    a:hover      { color: blue; }
    a:link       { color: red; }
    a:visited    { color: violet; }
    a:active     { color: yellow; }
</style>
```

经过调整超链接标签伪类的顺序,发现在未访问、已访问过和鼠标键按下不动的状态下,标签颜色均能正常显示,但是,在鼠标悬停时,标签颜色不发生变化,演示效果异常,表明代码不能够正常工作。超链接的 4 种伪类状态并不需要全部定义,一般只需要设置 3 种状态即可,如 link、hover 和 active 状态。如果只设定两种状态,可以设置 link、hover 状态。

课堂实训 6-2　制作大国航海梦网页

1. 任务内容

中国的航运环境在中华人民共和国成立之初一片萧条,经过中国航海人以及科技工作者攻坚克难、前赴后继的不懈奋斗,取得了众多举世瞩目的航海科技成就。航海科技是航运事业发展的重器和利器,凝聚了航运人的力量、智慧和精神。今天中国在航海领域所取得的成绩,仿佛在崎岖坎坷的前进道路上点燃了一盏明灯,鼓舞和激励着更多正在摸索前行的中国科研工作者们,在这条开拓创新永无止境的探索之路上,坚持不懈、永不言弃。

本课堂实训制作一个简单的网页,展示以航海科技领域举世瞩目的成就为依托的大国航海梦,网页效果如图 6-19 所示。

图 6-19　大国航海梦网页效果图

2. 任务目的

一般而言,网站的首页上都有一个导航栏,导航栏包括若干导航项,通常位于页面顶部或者侧边区域,通过导航项可以链接到不同站点或者网站内相关功能页面。

本课堂实训以大国航海梦为主题,重点展示我国航海科技成就,结合使用无序列表、定义列表和超链接等标签以及通过 CSS 控制列表和超链接来实现网页功能,完成大国航海梦的航海科技成就页面的制作。

3. 技能分析

(1) 通过<ul>、<li>、<dl>、<dt>、<dd>标签定义无序列表和定义列表,并引入<a>标签。

(2) 使用外部链接方式引用外部样式表。

(3) 使用 CSS 分别设置各种标签的显示样式,包括尺寸、字体、颜色和内边距等。

4. 操作步骤

(1) 利用 HTML 标签设置页面内容,插入所需文字,网页的 HTML 代码如代码清单 6-17 所示。

代码清单 6-17　大国航海梦网页 HTML 代码

```html
<!-- 代码清单 6-17-->
<html>
<head>
    <title>大国航海梦</title>
</head>
<body>
    <div class="header">
        <ul class="nav">
            <li>首页</li>
            <li><a href="#">航海科技成就</a></li>
            <li><a href="#">航海经济发展</a></li>
            <li><a href="#">航海历史人物</a></li>
            <li><a href="#">当代航海人</a></li>
        </ul>
    </div>
    <div class="content_header">我国最新航海科技成就</div>
    <div class="content">航海科技是航运事业发展的重器和利器,每一项都凝聚了广大航运人的力量、智慧和精神。</div>
    <div class="box">
        <dl>
            <dt><img src="images/01.jpg"></dt>
            <dd><a href="#01">蛟龙号</a></dd>
        </dl>
        <dl>
            <dt><img src="images/02.jpg"></dt>
            <dd><a href="#02">彩虹鱼号</a></dd>
        </dl>
        <dl>
            <dt><img src="images/03.jpg"></dt>
            <dd><a href="#03">雪龙 2 号</a></dd>
        </dl>
        <dl>
            <dt><img src="images/04.jpg"></dt>
            <dd><a href="#04">天鲲号</a></dd>
        </dl>
        <dl>
```

```html
            <dt><img src="images/05.jpg"></dt>
            <dd><a href="#05">航道治理</a></dd>
        </dl>
        <dl>
            <dt><img src="images/06.jpg"></dt>
            <dd><a href="#06">洋山港码头</a></dd>
        </dl>
    </div>
    <section class="container">
        <div id='01'>
        <p><strong>1.创造世界纪录的载人潜水器</strong></p>
        <img src="./images/01.jpg">
        <p>
            <span>"蛟龙号"载人潜水器是一艘由中国自行设计、自主集成研制的载人潜水器,是目前世界上下潜能力最强的作业型载人潜水器。
            2012年,"蛟龙号"在马里亚纳海沟创造了下潜7062米的中国载人深潜纪录,同时也创造了世界同类作业型潜水器的最大下潜深度纪录。"蛟龙号"的出色成绩标志着中国载人潜水器集成技术的成熟,更标志着中国海底载人科学研究和资源勘探能力达到国际领先水平。
            </span></p>
        </div>
        <a href="#top">回到顶部</a>
        <div id='02'>
        <p><strong>2.挑战深渊极限的载人潜水器</strong></p>
        <img src="./images/02.jpg">
        <p>
            <span>"彩虹鱼号"11000m载人潜水器,采用高强度的马氏体高强度镍钢制成,足以抵抗11000米处的巨大水压,是中国首艘万米深渊级载人深潜器,其技术和下潜深度都超过"蛟龙号"载人潜水器,将填补中国深渊领域研究的空白。"彩虹鱼号"载人深潜器总设计师是"蛟龙号"的副总指挥崔维成。
            </span></p>
        </div>
        <a href="#top">回到顶部</a>

        <div id='03'>
        <p><strong>3.破冰船"雪龙2号"</strong></p>
        <img src="./images/03.jpg">
        <p>
            <span>全球首艘双向破冰的极地科考破冰船。
            是我国继"向阳红10号""极地号"和"雪龙号"之后的第4艘极地科考船,也是我国第一艘自主建造的极地科考破冰船。
            </span></p>
        </div>
        <a href="#top">回到顶部</a>
        <div id='04'>
        <p><strong>4.绞吸式挖泥船"天鲲号"</strong></p>
        <img src="./images/04.jpg">
        <p>
            <span>"天鲲号"是中国自主设计并建造的亚洲最大、最先进的绞吸挖泥船。
            在世界范围内首次应用了三缆定位系统,拥有全球最强的适应恶劣海况的能力,可在世界上任何海域航行,远程输送能力居世界第一。
            </span></p>
```

```
        </div>
        <a href="#top">回到顶部</a>
        <div id='05'>
        <p><strong>5.航道治理工程</strong></p>
        <img src="./images/05.jpg">
        <p>
        <span>长江口深水航道治理第一、第二期工程连续两次获得中国土木工程詹天佑大奖和国家优质工程金质奖。我国在大型河口治理的研究和工程技术水平上又有了新的突破,已处于世界领先水平。
        </span></p>
        </div>
        <a href="#top">回到顶部</a>
        <div id='06'>
        <p><strong>6.洋山港四期全自动码头</strong></p>
        <img src="./images/06.jpg">
        <p>
        <span>洋山深水港是世界最大的海岛型人工深水港,也是上海国际航运中心建设的战略和枢纽型工程。
           四期工程采用国际最新一代的自动化集装箱装卸设备和一流的自动化生产管理控制系统,整体实现无人化智能码头,是全球规模最大、最先进的全自动化集装箱码头。
        </span></p>
        </div>
        <a href="#top">回到顶部</a>
        <p>总之,中国航运今天所取得的佳绩,仿佛在崎岖坎坷的前进道路上点燃了一盏明灯,鼓舞和激励着更多正在摸索前行的中国科研工作者们,在这条开拓创新永无止境的探索之路上,坚持不懈、永不言弃。</p>
    </section>
    <section class="footer">
        <span>友情链接</span>
        <a href="#" target="_blank">汽车梦</a>
        <a href="#" target="_blank">航天梦</a>
        <a href="#" target="_blank">高铁梦</a>
        <a href="#" target="_blank">奥运梦</a>
        <p>&copy; 版权所有 DKY 制作</p>
    </section>
</body>
</html>
```

(2) 在搭建完页面的结构后,使用 CSS 对页面进行修饰。首先,创建一个 CSS 文件,将其命名为 hyperlink.css,并在 HTML 中引用,代码如下。

```
<link rel="stylesheet" href="CSS/hyperlink.CSS">
```

(3) 在 list.css 文件中,定义基础样式,代码如下。

```
body{font-size:12px; font-family:"微软雅黑"; }
body{padding:0; margin:0; list-style:none; border:none;}
```

(4) 设置导航栏的样式,包括导航栏的背景色、宽度、高度、对齐、字体、边距等,代码如下。

```
.header{
    background:lightblue;
}
.nav{
```

```css
    width:980px;
    height:75px;
    line-height:35px;
    margin:0 auto;
    text-align:center;
    font-size:24px;
}
.nav li{float:left;margin: 20px;}
.nav a{
    display:inline-block;
    padding:0 10px;
}
```

(5) 设置文本描述标题和段落的样式,包括对齐方式、字体、边距等,代码如下。

```css
.content_header{
    text-align:center;
    font-size:30px;
    margin:20px;
    color: blue;
}
.content{
    text-align:center;
    font-size:20px;
    margin:20px;
}
```

(6) 设置定义列表的样式,包括定义列表所在区域的宽度和高度、背景色、对齐方式,代码如下。

```css
.box{
    width:792px;
    height: 148px;
    margin:10px auto;
    background-color:lightblue;
}
```

(7) 设置列表项的样式,包括定义列表、列表项以及列表项中图片的宽度、高度、边框、对齐方式等样式,代码如下。

```css
dl{
    width:122px;
    height:150px;
    float:left;
    margin:5px;
}
dt img{
    width:120px;
    height:100px;
    border:1px solid #666;
}
dd{
    width:120px;
```

```
        font-size:18px;
        text-align:center;
        float:right;
}
```

(8) 设置超链接的样式,包括访问前后和悬停时的不同样式,代码如下。

```
a:link, a:visited{
    text-decoration:underline;
    color:#333;
}
a:hover{
    text-decoration:none;
    color:deepskyblue;
    font-size:larger;
}
```

(9) 设置锚点链接区域、页脚区域的样式,包括宽度、高度、边距、背景色以及锚点链接区域中图片的高度、宽度和对齐方式等样式,代码如下。

```
section{
    line-height:2.2;
    margin-top:30px;
    display: block;
}
.container, .footer{
    width: 940px;
    margin: 35px auto;
}
.footer{
    height: 40px;
    background-color: darkturquoise;
    padding: 30px;
}
section img{
    margin:0 auto;
    width:920px;
    height: 500px;
}
```

习 题

一、选择题

1. 有一个无序列表,包括三个列表项,若只把第二项和第三项的文字设置为蓝色,以下选项中正确的是( )。

  A. ul li{color:blue;}   B. li li{color:blue;}

  C. li+li{color:blue;}   D. li>li{color:blue;}

2. 想要用户在单击超链接时弹出一个新的网页窗口,以下代码中正确的是( )。

  A. <a href="news.sohu.com" target="_blank">新闻1</a>

B. <a href="news.sohu.com" target="_self">新闻 2</a>
C. <a href="news.sohu.com" target="_parent">新闻 3</a>
D. <a href="news.sohu.com" target="_top">新闻 4</a>

二、判断题

1. 超链接是一种标记,单击网页中的这个标记则能够加载另一个网页,这个标记可以作用在文本上也可以作用在图像上。( )
2. 链接伪类的定义只能用于文本样式设置。( )
3. 在制作导航栏时经常使用列表标签,并与超链接搭配使用。( )
4. 实际工作中,通常将 a:link 和 a:visited 应用相同的样式,使未访问和访问后的链接样式保持一致。( )
5. HTML 中,创建一个自动发送电子的超链接的标签是<a>。( )
6. 产生带有数字列表符号的列表标签是<ol>。( )
7. 在新窗口打开链接的定义是<a href="目标 URL" target="_blank">。( )
8. 创建锚点链接时,只能在当前页面创建页面内的锚点链接。( )
9. 有了有序列表和无序列表标签,所以定义列表标签没有用处。( )

第 7 章

表格和表单

　　表格与表单是 HTML 网页中的重要元素。利用表格可以对网页进行排版，使网页信息有条理地显示出来。表单则使网页从单向的信息传递发展到能与用户进行交互，实现了网上注册、网上登录等多种功能。表格能够把繁杂的数据表现得很有条理，具有良好的可读性。表单以<form>标签开始，以</form>标签结束，表单标签可以由很多表单子标签组成。表单子标签的作用是提供不同类型的容器，记录用户输入的数据。本章主要介绍表格和表单的基本知识，并利用 CSS 创建和管理表格和表单完成网页的排版布局。

知识目标

- 表格和表单的区别。
- 表格的组成。
- 表单的属性及组成。

技能目标

- 能熟练使用表格及属性并用 CSS 控制页面中的表格样式。
- 能熟练使用表单及相关属性并用 CSS 控制页面中的表单样式。

思政目标

　　以计算机硬件组成为引导，通过了解我国近年来在计算机硬件领域，特别是 CPU 国产化过程中所取得的科技成就，激发学生不甘落后、奋勇争先的民族责任感，培养学生在高技术领域努力掌握自主知识产权，破解卡脖子难题的意识，不断培育立足本职工作善于思考、勇于创新的工匠精神。

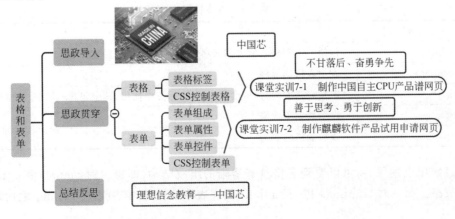

7.1 表格

7.1.1 表格标签

在日常生活和工作中,表格的应用非常广泛,如列举课程表、成绩表、计算机配件品牌型号表等数据,网页中的表格和 Microsoft Word 中的表格非常相似,通常以行(row)和列(column)的形式组织和展示数据。利用表格可以对网页进行排版,使网页信息有条理地显示出来,如图 7-1 所示。

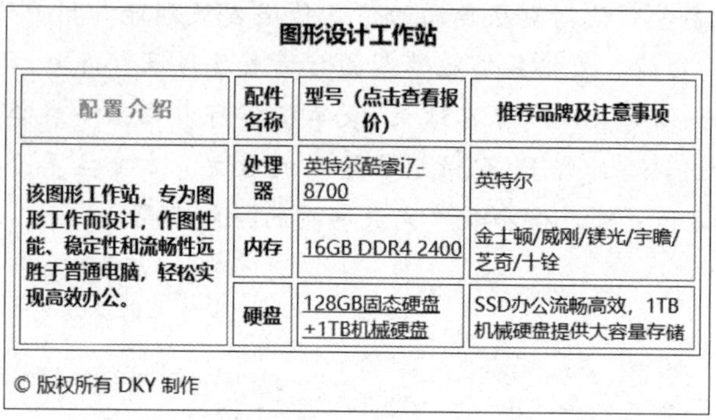

图 7-1 计算机配件品牌型号表网页效果图

1. 创建表格标签

创建网页表格,需要使用表格相关的标签。创建表格的语法格式如下。

```
<table>
    <caption>表格标题</caption>
    <tr>
        <td>单元格内的文字</td>
        ...
    </tr>
    ...
</table>
```

通常使用表格标签<table>和</table>来创建表格。在<table>标签内部,设置表格的标题、表格行和单元格等,具体使用的标签如表 7-1 所示。

表 7-1 表格标签

标　　签	标 签 含 义
<table>	包括整个表格。所有的表格定义都从<table>标签开始
<caption>	表示表格的标题
<tr>	定义表格中的行,嵌套在<table>标签中使用,其中包含<th>或<td>标签
<td>	表示数据单元格
<th>	表示表格的表头

通过使用上述标签,可以看到表格具有清晰的组成结构,即每一对<table>和</table>代表一个表格。每一对<caption>和</caption>代表表格的标题,必须紧随<table>之后,通常居

中位于表格之上,每个表格只能定义一个标题,可以省略。每一对<tr>和</tr>代表表格中的一行。每一对<td>和</td>代表表格中一个独立的单元格。每一对<th>和</th>标签用于定义表头,内容通常居中加粗显示。在表格中一般包含一个标题,可以包括很多表格行,而一个表格行中通常包括多个单元格。<td>标签中,可以容纳所有的元素,甚至可以嵌套表格<table>。但是<tr>中只能嵌套<td>,不允许直接在<tr>标签中输入文字。在使用表格标签过程中,要注意所有的表格标签必须是成对出现,而且彼此之间具有严格的层次关系。默认情况下,表格的边框为0,宽度和高度靠表格内容来支撑。在实际应用中,需要根据表格结构来选择适当的标签,在后续案例中将演示如何使用以上标签实现表格,并且按要求对表格进行设置。

2. <table>标签的属性

表格是一个有机整体,可以组织和显示多种类型的数据,包括文字和图片等。为了使表格显示的更加清晰美观,需要对表格标签<table>的属性进行设置。<table>标签的属性列表如表 7-2 所示。

表 7-2 表格标签列表

属性	描述
border	设置表格的边框,单位为像素,默认 border="0"为无边框
cellspacing	设置单元格与单元格边框之间的空白间距,单位为像素,默认为 2 像素
cellpadding	设置单元格内容与单元格边框之间的空白间距,单位为像素,默认为 1 像素
width	设置表格的宽度,单位为像素
height	设置表格的高度,单位为像素
align	设置表格在网页中的水平对齐方式,取值为 left、center、right
bgcolor	设置表格的背景颜色,可使用预定义的颜色值、十六进制♯RGB、rgb(r,g,b)
background	设置表格的背景图像,取值为 URL 地址

下面举例说明<table>标签属性的用法,首先创建一个表格,但是不设置任何标签属性,其网页效果如图 7-2 所示。

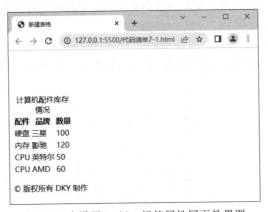

图 7-2 未设置<table>标签属性网页效果图

上述网页的实现代码如代码清单 7-1 所示。

代码清单 7-1　未设置\<table>标签属性

```html
<!-- 代码清单 7-1-->
<html>
<head>
    <title>新建表格</title>
</head>
<body>
<table>
        <caption>计算机配件库存情况</caption>
        <tr>
            <th>配件</th>
            <th>品牌</th>
            <th>数量</th>
        </tr>
        <tr>
            <td>硬盘</td>
            <td>三星</td>
            <td>100</td>
        </tr>
        <tr>
            <td>内存</td>
            <td>影驰</td>
            <td>120</td>
        </tr>
    <tr>
            <td>CPU</td>
            <td>英特尔</td>
            <td>50</td>
        </tr>
        <tr>
            <td>CPU</td>
            <td>AMD</td>
            <td>60</td>
        </tr>
</table>
<p>&copy;版权所有 DKY 制作</p>
</body>
</html>
```

在代码清单 7-1 中,使用\<table>、\<caption>、\<tr>、\<th>和\<td>等标签定义了一个表格,但是未设置任何标签属性。虽然计算机配件库存情况的数据是以表格形式展示的,但是显示不够清晰直观。接下来,通过设置\<table>标签的相关属性来演示各个属性的不同效果,如图 7-3 所示。

图 7-3　\<table>标签属性用法网页效果

上述网页的实现代码如代码清单 7-2 所示。

代码清单 7-2　　<table>标签属性用法

```html
<!-- 代码清单 7-2 -->
<html>
    <head>
        <title><table>标签属性设置</title>
    </head>
    <body>
        <table border="5" cellspacing="10" cellpadding="5" align="center"
            width="295" height="260">
            <caption>计算机配件库存情况</caption>
            <tr>
                <th>配件</th>
                <th>品牌</th>
                <th>数量</th>
            </tr>
            <tr>
                <td>硬盘</td>
                <td>三星</td>
                <td>100</td>
            </tr>
            <tr>
                <td>内存</td>
                <td>影驰</td>
                <td>120</td>
            </tr>
            <tr>
                <td>CPU</td>
                <td>英特尔</td>
                <td>50</td>
            </tr>
            <tr>
                <td>CPU</td>
                <td>AMD</td>
                <td>60</td>
            </tr>
        </table>
        <p>&copy; 版权所有 DKY 制作</p>
    </body>
</html>
```

代码清单 7-2 是在代码清单 7-1 的基础上，增加了对<table>标签属性的设置，即在<table>标签中定义了包括 border、cellspacing、cellpadding、align、width 和 height 这 6 个属性。其中，宽度为 295px，高度为 265px，边框尺寸为 5px，在网页中居中水平对齐，单元格与单元格边框之间的空白间距为 10px，单元格内容与单元格边框之间的空白间距为 5px。

注意：本章所有示例中，所设置属性值只是为了演示，实际使用时可以根据具体需求进行调整。

3. <tr>标签的属性

在创建表格的过程中，有时需要将表格中的某一行进行特殊显示，则可以通过设置<tr>标签的属性来实现。<tr>标签的属性如表 7-3 所示。

表 7-3 <tr>标签的属性

属性	描述
height	设置行的高度,单位为像素
align	设置行内容的水平对齐方式,可取值 left、center、right
valign	设置行内容的垂直对齐方式,可取值 top、middle、bottom
bgcolor	设置行的背景颜色,可取值预定义的颜色值、十六进制#RGB、rgb(r,g,b)
background	设置行的背景图像,取值为 URL 地址

下面举例说明<tr>标签属性的用法,在上例所用表格的基础上,增加第一行数据<tr>标签属性的设置,网页效果如图 7-4 所示。

图 7-4 <tr>标签属性用法网页效果

上述网页的实现代码如代码清单 7-3 所示。

代码清单 7-3 <tr>标签属性用法

```html
<!-- 代码清单 7-3-->
<html>
<head>
    <title><tr>标签属性设置</title>
</head>
<body>
<table border="5" cellspacing="10" cellpadding="5" align="center" width="295" height="260">
    <caption>计算机配件库存情况</caption>
    <tr>
        <th>配件</th>
        <th>品牌</th>
        <th>数量</th>
    </tr>
    <tr height="50" align="center" valign="middle" bgcolor="lightgrey">
        <td>硬盘</td>
        <td>三星</td>
        <td>100</td>
    </tr>
```

```
        <tr>
            <td>内存</td>
            <td>影驰</td>
            <td>120</td>
        </tr>
        <tr>
            <td>CPU</td>
            <td>英特尔</td>
            <td>50</td>
        </tr>
        <tr>
            <td>CPU</td>
            <td>AMD</td>
            <td>60</td>
        </tr>
</table>
<p>&copy; 版权所有 DKY 制作</p>
</body>
</html>
```

代码清单 7-3 在代码清单 7-2 的基础上,针对第一行数据增加了<tr>标签属性的设置,即在<tr>标签中定义了包括 height、align、valign 和 bgcolor 4 个属性。其中,行高度为 50px,行内容水平对齐方式为居中(center),行内容垂直对齐方式为居中(middle),行背景颜色为浅灰(lightgrey)。

在使用<tr>标签属性的过程中需要注意,<tr>标签无宽度属性 width,其宽度取决于表格标签<table>。表格的高度设置不能约束行的高度,表格的高度设置只能确定表格的最小高度。虽然可以对<tr>标签应用 background 属性,但是存在一定的兼容性问题。

4. <td>标签的属性

在网页制作过程中,有时仅仅需要对某一个单元格进行控制,这时就可以为单元格标签<td>定义属性,其常用属性如表 7-4 所示。

表 7-4 <td>标签常用属性

属　　性	描　　述
width	设置单元格的宽度,单位为像素
height	设置单元格的高度,单位为像素
align	设置单元格内容的水平对齐方式,可取值 left、center、right
valign	设置单元格内容的垂直对齐方式,可取值 top、middle、bottom
bgcolor	设置单元格的背景颜色,取值为预定义的颜色值、十六进制♯RGB、rgb(r,g,b)
background	设置单元格的背景图像,取值为 URL 地址
colspan	设置单元格横跨的列数(用于合并水平方向的单元格,正整数)
rowspan	设置单元格竖跨的行数(用于合并竖直方向的单元格,正整数)

下面举例说明<tr>标签属性的用法,在上例所用表格的基础上,增加针对第一列数据<td>标签属性的设置,网页效果如图 7-5 所示。

上述网页的实现代码如代码清单 7-4 所示。

图 7-5 <td>标签属性用法网页效果

代码清单 7-4 **<td>标签属性用法**

```
<!-- 代码清单 7-4-->
<html>
<head>
    <title><td>标签属性设置</title>
</head>
<body>
    <table border="5" cellspacing="10" cellpadding="5" align="center"
    width="295" height="260">
        <caption>计算机配件库存情况</caption>
        <tr>
            <th>配件</th>
            <th>品牌</th>
            <th>数量</th>
        </tr>
        <tr height="50" align="center" valign="middle" bgcolor="lightgrey">
            <td>硬盘</td>
            <td>三星</td>
            <td>100</td>
        </tr>
        <tr>
            <td width="70" height="40" align="right" valign="bottom"
bgcolor="lightgreen">内存</td>
            <td>影驰</td>
            <td>120</td>
        </tr>
        <tr>
            <td rowspan="2">CPU</td>
            <td>英特尔</td>
            <td>50</td>
        </tr>
        <tr>
            <td>AMD</td>
            <td>60</td>
```

```
        </tr>
    </table>
    <p>&copy; 版权所有 DKY 制作</p>
</body>
</html>
```

代码清单 7-4 在代码清单 7-3 的基础上，针对第一列中单元格数据增加了<td>标签属性的设置，即在<td>标签中定义了 width、height、align、valign、bgcolor 和 rowspan 这 6 个属性。其中，第 2 行第 1 列单元格的宽度为 70px，高度为 40px，单元格内容水平对齐方式为居中（right），单元格内容垂直对齐方式为底部（bottom），单元格背景颜色为浅灰（lightgreen）。第 3 行第 1 列单元格设置了属性 rowspan，使之跨行显示，同时取消原第 4 行第 1 列的单元格，实现合并单元格的效果。

在使用<td>标签属性过程中，需要重点掌握 colspan 和 rolspan 属性，其他的属性了解即可，不建议使用，均可用 CSS 样式属性替代。当对某一个<td>标签应用 width 属性设置宽度时，该列中的所有单元格均会以设置的宽度显示。当对某一个<td>标签应用 height 属性设置高度时，该行中的所有单元格均会以设置的高度显示。

表头一般位于表格的第 1 行或第 1 列，其文本加粗居中。设置表头非常简单，只须用表头标签<th>代替相应的单元格标签<td>即可，前述示例中表头都是横向表头，也可以设置为纵向表头，如图 7-6 所示。

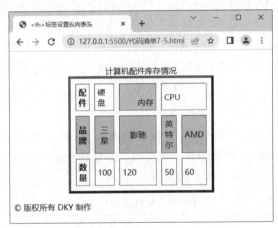

图 7-6   <th>标签设置纵向表头效果

上述网页的实现代码如代码清单 7-5 所示。

代码清单 7-5   <th>标签设置纵向表头

```
<!-- 代码清单 7-5-->
<html>
<head>
    <title><th>标签设置纵向表头</title>
</head>
<body>
    <table border="5" cellspacing="10" cellpadding="5" align="center"
        width="295" height="260">
        <caption>计算机配件库存情况</caption>
        <tr>
```

```html
            <th>配件</th>
            <td>硬盘</td>
            <td width="70" height="40" align="right" valign="bottom"
              bgcolor="lightgreen">内存</td>
            <td colspan="2">CPU</td>
        </tr>
        <tr height="50" align="center" valign="middle" bgcolor="lightgrey">
            <th>品牌</th>
            <td>三星</td>
            <td>影驰</td>
            <td>英特尔</td>
            <td>AMD</td>
        </tr>
        <tr>
            <th>数量</th>
            <td>100</td>
            <td>120</td>
            <td>50</td>
            <td>60</td>
        </tr>
    </table>
    <p>&copy; 版权所有 DKY 制作</p>
</body>
</html>
```

代码清单 7-5 在代码清单 7-4 的基础上,通过将每行第 1 个单元格<td>标签更换为<th>标签,同时调整每行的单元格,实现纵向设置表头。最后,将第 1 行第 3 个单元格的 colspan 属性设置为 2,即横跨两列,从而实现上述网页效果。

5. 表格结构标签

在使用表格对网页进行布局时,针对比较复杂的页面,表格的结构也会相对复杂,可以将表格划分为头部、主体和页脚,具体如表 7-5 所示。表格结构的引入可以使复杂表格在下载过程中分段显示,不用等整个表格全部下载完成。

表 7-5 表格结构标签

标 签	含 义
<thead>	定义表格的头部,必须位于<table>和</table>标签中,一般包含网页的 Logo 和导航等头部信息
<tbody>	用于定义表格的主体,位于<table>和</table>标签中<tfoot>和</tfoot>标签之后,一般包含网页中除头部和底部之外的其他内容
<tfoot>	用于定义表格的页脚,位于<table>和</table>标签中<thead>和</thead>标签之后,一般包含网页底部的信息等

<thead>、<tbody>和<tfoot>都是成对出现的标签,即<thead>和</thead>、<tbody>和</tbody>以及<tfoot>和</tfoot>。它们都用于整体规划表格的行列属性。应用这两个标签的优点是,只要对 thead、tbody 和 tfoot 标签的属性进行修改,就能对表格对应整行单元格的属性进行修改,从而免去逐一修改单元格属性的麻烦。

下面举例说明表格结构的用法,其网页效果如图 7-7 所示。

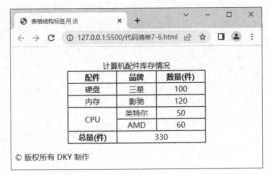

图 7-7　表格结构网页效果图

上述网页的实现代码如代码清单 7-6 所示。

代码清单 7-6　表格结构标签用法

```html
<!-- 代码清单 7-6 -->
<html>
<head>
<title>表格结构标签用法</title>
</head>
<body>
<table align="center" border="1" cellspacing="0" cellpadding="0" width="295" height="260">
    <caption>计算机配件库存情况</caption>
    <thead>
        <tr>
            <th>配件</th>
            <th>品牌</th>
            <th>数量(件)</th>
        </tr>
    </thead>
    <tfoot align="center">
        <tr>
            <th>总量(件)</th>
            <td colspan="2">330</td>
        </tr>
    </tfoot>
    <tbody align="center">
        <tr>
            <td>硬盘</td>
            <td>三星</td>
            <td>100</td>
        </tr>
        <tr>
            <td>内存</td>
            <td>影驰</td>
            <td>120</td>
        </tr>
        <tr>
```

```
                <td rowspan="2">CPU</td>
                <td>英特尔</td>
                <td>50</td>
            </tr>
            <tr>
                <td>AMD</td>
                <td>60</td>
            </tr>
        </tbody>
</table>
<p>&copy; 版权所有 DKY 制作</p>
</body>
</html>
```

在代码清单 7-6 中，首先使用<thead>、<tfoot>和<tbody>标签定义表格的头部、页脚和主体，并且针对<tfoot>和<tbody>的 align 属性进行设置，以实现居中的显示效果。表格的头部、主体和页脚在网页上始终按照"从头到脚"的顺序进行显示，这与<thead>、<tfoot>和<tbody>标签的书写顺序无关。本例中，虽然 tfoot 写在 tbody 的前面，但是在网页上页脚依然显示在主体后面。

7.1.2 CSS 控制表格

在 7.1.1 小节中，介绍了通过设置表格标签属性的方式变更表格的演示效果。如果网页中有多个表格，单独设置每个表格的属性，固然可以实现预期效果，但是烦琐耗时。当引入 CSS 后，可以统一设置表格的风格，无须单独针对每个表格进行设置。本部分主要介绍表格的 CSS 属性，包括边框、宽高、颜色等来控制表格样式。

1. CSS 控制表格边框

使用 CSS 边框样式属性可以轻松地控制表格的边框，主要有 border-collapse、border-spacing、border 等。

border-collapse 属性用来设置是否合并表格中相邻的边框，属性值及描述如表 7-6 所示。

表 7-6 border-collapse 属性值

属性值	描述
separate	默认值，相邻的两个边框是分开的，使用它不会忽略 border-spacing 和 empty-cells 属性
collapse	相邻的两个边框会合并为一个单一的边框，使用它会忽略 border-spacing 和 empty-cells 属性
inherit	从父元素继承 border-collapse 属性的值

border-spacing 属性可以设置相邻单元格边框之间的距离（仅在 border-collapse 属性为 separate 时才有效），其效果等同于<table>标签的 cellspacing 属性，即 border-spacing:0;等同于 cellspacing="0"。设置 border-spacing 属性的语法格式如下。

```
border-spacing: length length;
```

其中，参数 length 由数值和单位组成，表示相邻单元格边框之间的距离，该属性值及描述如表 7-7 所示。

表 7-7　border-spacing 属性值

属性值	描述
length	以数值加单位的形式设置相邻边框之间的间距，如 2px，不允许使用负值。如果只定义一个 length 参数，那么这个值将同时作用于横向和纵向的间距；如果同时定义两个 length 参数，那么第 1 个 length 参数表示相邻边框的横向间距，第 2 个 length 参数表示相邻边框的纵向间距
inherit	从父元素继承 border-spacing 属性的值

border 属性是边框属性的简写属性，可以用于指定表格或单元格边框的样式、宽度和颜色，设置 border 属性的语法格式如下。

```
border: border-width border-style border-color;
```

实际应用中，下列形式都是允许的。

```
border: solid;                    /* 边框样式 */
border: 2px dotted;               /* 边框宽度,边框样式 */
border: dashed #ff0000;           /* 边框样式,边框颜色 */
border: 5px solid red;            /* 边框宽度,边框样式,边框颜色 */
```

下面举例说明通过 CSS 控制表格边框的用法，其网页效果如图 7-8 所示。

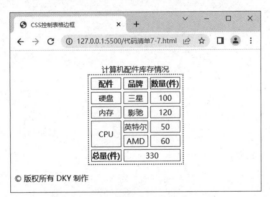

图 7-8　CSS 控制表格边框网页效果

上述网页的实现代码如代码清单 7-7 所示。

代码清单 7-7　CSS 控制表格边框

```
<!-- 代码清单 7-7-->
<html>
<head>
    <title>CSS 控制表格边框</title>
</head>
    <body>
    <style>
        table{
            border:2px dotted blue;
            margin:auto;
            border-collapse: separate;
            border-spacing:5px;
        }
```

```
            td,th{
                border:1px solid black;
                text-align:center;
            }
        </style>
        <table>
            <caption>计算机配件库存情况</caption>
            <thead>
                <tr>
                    <th>配件</th>
                    <th>品牌</th>
                    <th>数量(件)</th>
                </tr>
            </thead>
            <tfoot>
                <tr>
                    <th>总量(件)</th>
                    <td colspan="2">330</td>
                </tr>
            </tfoot>
            <tbody>
                <tr>
                    <td>硬盘</td>
                    <td>三星</td>
                    <td>100</td>
                </tr>
                <tr>
                    <td>内存</td>
                    <td>影驰</td>
                    <td>120</td>
                </tr>
                <tr>
                    <td rowspan="2">CPU</td>
                    <td>英特尔</td>
                    <td>50</td>
                </tr>
                <tr>
                    <td>AMD</td>
                    <td>60</td>
                </tr>
            </tbody>
        </table>
        <p>&copy; 版权所有 DKY 制作</p>
    </body>
</html>
```

在代码清单 7-7 中,首先定义一个表格,表格的内容与代码清单 7-6 相同,关键是在<style>标签中引入<table>标签的 CSS 属性设置,包括 border、border-collapse 和 border-spacing 等。

2. CSS 控制单元格的宽度和高度

下面举例说明通过 CSS 控制单元格宽度和高度的用法,其网页效果如图 7-9 所示。

图 7-9　CSS 设置单元格宽度和高度网页效果

上述网页的实现代码如代码清单 7-8 所示。

代码清单 7-8　CSS 设置单元格宽度和高度

```html
<!-- 代码清单7-8-->
<html>
<head>
    <title>CSS控制单元格宽度和高度</title>
</head>
<body>
<style>
    table{
        border:2px dotted blue;
        margin:auto;
        border-collapse: separate;
        border-spacing:5px;
    }
    td,th{
        border:1px solid black;
        text-align:center;
        width:80px;
        height:30px;
    }
</style>
<table>
    <caption>计算机配件库存情况</caption>
    <thead>
        <tr>
            <th>配件</th>
            <th>品牌</th>
            <th>数量(件)</th>
        </tr>
    </thead>
    <tfoot>
        <tr>
            <th>总量(件)</th>
            <td colspan="2">330</td>
        </tr>
    </tfoot>
```

```html
            <tbody>
                <tr>
                    <td>硬盘</td>
                    <td>三星</td>
                    <td>100</td>
                </tr>
                <tr>
                    <td>内存</td>
                    <td>影驰</td>
                    <td>120</td>
                </tr>
                <tr>
                    <td rowspan="2">CPU</td>
                    <td>英特尔</td>
                    <td>50</td>
                </tr>
                <tr>
                    <td>AMD</td>
                    <td>60</td>
                </tr>
            </tbody>
        </table>
        <p>&copy; 版权所有 DKY 制作</p>
    </body>
</html>
```

代码清单 7-8 基于代码清单 7-7，通过在<td>和<th>的 CSS 属性中增加 width 和 height，实现对单元格宽度和高度的控制。

3. CSS 控制单元格的边距

CSS 提供了 padding 属性，用于设置单元格的边距，即单元格内容与边框之间的距离。它对应于<td>标签的内边距样式属性 padding 和<table>的属性 cellpadding。

下面举例说明通过 CSS 控制单元格边距的用法，其网页效果如图 7-10 所示。

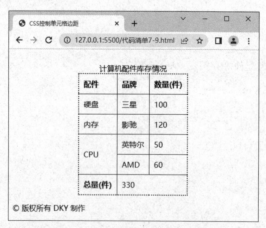

图 7-10 CSS 控制单元格边距网页效果

上述网页的实现代码如代码清单 7-9 所示。

代码清单 7-9　CSS 控制单元格边距代码清单

```
<!--代码清单 7-9-->
...
<style>
    table{
        border:2px dotted blue;
        margin:auto;
        border-collapse: collapse;
    }
    td,th{
        border:1px solid black;
        text-align:left;
        padding:10px;
    }
</style>
...
```

代码清单 7-9 在代码清单 7-7 基础上,针对 CSS 属性部分做了一些修改,主要包括:将 border-collapse 设置为 collapse,表示单元格之间不留空隙,因为 cellspacing 属性仅在 border-collapse 属性值为 separate 时有效,所以,此时 cellspacing 属性的设置将会失效。在 td 和 th 标签的 CSS 属性中,增加 padding 的设置,将单元格内容与边框之间的距离设置为 10px,并将 text-align 设置为 left,可以明显看到单元格内容和边框之间的间距。

课堂实训 7-1　制作中国自主 CPU 产品谱网页

1. 任务内容

2018 年 4 月 16 日,美国商务部网站发布公告,7 年内禁止美国企业向中国某通信公司出口任何技术和产品。此公告引发了全球业界和公众的广泛关注,特别是事件背后折射出的中国在芯片领域的缺憾更是引发了国内各界的反思。

如今国内冰箱、洗衣机、空调等产品所使用的芯片大部分是国产品牌,但在通信、工业等领域,国产芯片仍与国际先进水平有较大的差距。例如 CPU(中央处理器)属于芯片研发领域中难度最大的一类芯片,目前 CPU 市场也几乎被英特尔与 AMD 两家公司垄断。但是中国从未放弃自主 CPU 的研制。自 2000 年开始启动 CPU 设计项目,至今已催生了以中科龙芯、天津飞腾、海光信息、申威、上海兆芯和华为海思(鲲鹏)等为代表的国产 CPU,其性能逐年提高,应用领域不断扩展,为构建安全、自主、可控的国产化计算平台奠定了基础。本课堂实训制作一个简单的网页,用于展示中国自主 CPU 产品谱,网页效果如图 7-11 所示。

2. 任务目的

通过制作中国自主 CPU 产品谱网页,学会如何利用表格标签和 CSS 控制表格来实现网页功能。当表格具有较多的行和列时,单元格如果采用相同的背景色,则会导致用户在实际使用中容易看错行。一般情况下,可以将表格设置为隔行换色,例如设置偶数行和奇数行显示不同的背景色。

3. 技能分析

(1) 通过<table>标签定义表格,在表格中使用<caption>、<th>、<tr>和<td>等标签。
(2) 使用外部链接方式引用外部样式表。

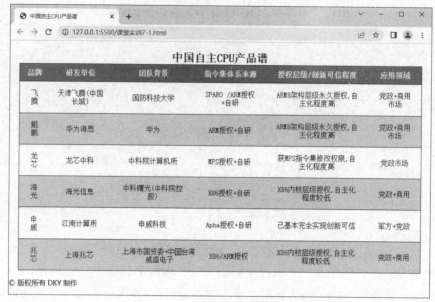

图 7-11　中国自主 CPU 产品谱网页效果图

（3）使用 CSS 分别设置各种标签的显示样式，包括尺寸、字体、颜色和内边距等。

4．操作步骤

（1）利用 HTML 标签设置页面内容，插入所需文字，网页的 HTML 代码如代码清单 7-10 所示。

代码清单 7-10　中国自主 CPU 产品谱 HTML 代码

```
<!--代码清单7-10-->
<html>
<head>
    <title>中国自主CPU产品谱</title>
</head>
<body>
<table>
    <caption>中国自主CPU产品谱</caption>
    <tr>
        <th>品牌</th>
        <th>研发单位</th>
        <th>团队背景</th>
        <th>指令集体系来源</th>
        <th>授权层级/创新可信程度</th>
        <th>应用领域</th>
    </tr>
    <tr>
        <td>飞腾</td>
        <td>天津飞腾(中国长城)</td>
        <td>国防科技大学</td>
        <td>SPARO /ARM 授权+自研</td>
        <td>ARM8 架构层级永久授权,自主化程度高</td>
        <td>党政+商用市场</td>
```

```html
        </tr>
        <tr>
            <td>鲲鹏</td>
            <td>华为海思</td>
            <td>华为</td>
            <td>ARM 授权+自研</td>
            <td>ARM8 架构层级永久授权,自主化程度高</td>
            <td>党政+商用市场</td>
        </tr>
        <tr>
            <td>龙芯</td>
            <td>龙芯中科</td>
            <td>中科院计算机所</td>
            <td>MPS 授权+自研</td>
            <td>获 MPS 指令集修改权限,自主化程度高</td>
            <td>党政市场</td>
        </tr>
        <tr>
            <td>海光</td>
            <td>海光信息</td>
            <td>中科曙光(中科院控股)</td>
            <td>X86 授权+自研</td>
            <td>X86 内核层级授权,自主化程度较低</td>
            <td>党政+商用</td>
        </tr>
        <tr>
            <td>申威</td>
            <td>江南计算所</td>
            <td>申威科技</td>
            <td>Apha 授权+自研</td>
            <td>已基本完全实现创新可信</td>
            <td>军方+党政</td>
        </tr>
        <tr>
            <td>兆芯</td>
            <td>上海兆芯</td>
            <td>上海市国资委+中国台湾威盛电子</td>
            <td>X86/ARM 授权</td>
            <td>X86 内核层级授权,自主化程度较低</td>
            <td>党政+商用</td>
        </tr>
    </table>
<p>&copy; 版权所有 DKY 制作</p>
</body>
</html>
```

(2) 在搭建完页面的结构后,接下来使用 CSS 对页面进行修饰。首先,创建一个 CSS 文件,将其命名为 table.css,并在 HTML 中引用,代码如下。

```html
<link rel="stylesheet" href="css/table.css">
```

（3）在 table.css 文件中，定义基础样式，代码如下。

```css
/*全局控制*/
body{font-size:16px; font-family:"微软雅黑"; }
/*重置浏览器的默认样式*/
body{padding:0; margin:0; list-style:none; border:none;}
```

（4）设置表格的样式，代码如下。

```css
table{
    border:1px solid #000000;
    border-collapse:collapse;
    margin:auto;
    width:912px;
    height:456px;
}
```

（5）设置表格标题的样式，代码如下。

```css
caption {
    font-size: 25px;
    font-weight: bold;
}
```

（6）设置表格表头单元格的样式，代码如下。

```css
th{
    color:#F4F4F4;
    background:#4d9bb3;
}
```

（7）设置单元格的样式，代码如下。

```css
td{
    text-align:center;
    padding:0 20px;
}
```

（8）设置表格行的样式，代码如下。

```css
table tr:nth-child(odd){
    background-color: lightgrey;
    border:1px solid black;
}
table tr:nth-child(even){
    background-color:#fff;
}
```

在设置表格行样式的代码中，设置了奇数行和偶数行采用不同的样式，从而使对应的行显示不同的效果，比如奇数行，背景颜色设置为 lightgrey，边框为 1px 的黑色实线，而偶数行颜色为#fff。

至此，完成了中国自主 CPU 产品谱网页的 HTML 和 CSS 代码，刷新页面后，即可看到如图 7-11 所示的网页效果。

7.2 表单

表格与表单都是 HTML 中的重要标签。利用表格可以对网页进行排版，使网页信息有条理地显示出来。表单则使网页从单向的信息传递发展到能与用户进行交互，可以实现注册、登录、订购、搜索等多种功能。

7.2.1 表单基础

1. 表单组成

表单是 HTML 的重要组成部分，通过表单的形式，可以完成用户信息的收集，并将所收集数据传送给服务器，从而实现注册、登录、订购和搜索等功能。一个完整的表单通常由表单控件(也称为表单元素)、提示信息和表单域三部分构成，如图 7-12 所示。

其中，表单控件包含具体的表单功能项，如单行文本输入框、密码输入框、复选框、提交按钮、重置按钮等。提示信息是表单中包含的说明性文字，提示用户进行填写和操作。表单域相当于一个容器，用来容纳所有的表单控件和提示信息，可以定义处理表单数据所用程序的 URL 地址以及数据提交到服务器的方法。如果不定义表单域，表单中的数据就无法传送到服务器。

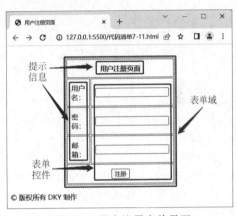

图 7-12 用户注册表单界面

2. 表单标签

通常使用<form>标签创建表单，并定义表单域，以实现用户信息的收集和传递，表单中的全部内容都会提交到服务器。

<form>标签之间的表单控件是由用户自定义的，其中 action、method 和 name 等属性是<form>标签的常用属性。

创建表单的基本语法格式如下。

```
<form action="url 地址" method="提交方式" name="表单名称">
    各种表单控件
</form>
```

下面举例说明通过<form>标签创建表单的用法，网页效果如图 7-12 所示。
上述网页的实现代码如代码清单 7-11 所示。

代码清单 7-11 利用<form>标签创建表单

```
<!-- 代码清单 7-11-->
<html>
<head>
    <title>用户注册页面</title>
</head>
<body>
    </br>
```

```html
            <form name="form1" action="./register.php" method="post"
                onsubmit="return run()">
                <table border="1" width="30%" cellpadding="10" align="center">
                    <th colspan="2">用户注册页面</th>
                    <tr>
                        <td>用户名: </td>
                        <td><input type="text" name="username" id="nameId"/></td>
                    </tr>
                    <tr>
                        <td>密码: </td>
                        <td><input type="password" name="password" /></td>
                    </tr>
                    <tr>
                        <td>邮箱: </td>
                        <td><input type="eamil" name="email" /></td>
                    </tr>
                    <tr>
                        <td colspan="2" align="center"><input type="submit" value="注
                            册" /></td>
                    </tr>
                </table>
            </form>
            <p>&copy; 版权所有 DKY 制作</p>
        </body>
    </html>
```

在代码清单 7-11 中,使用<form>标签并设置 action、method 和 name 等常用属性完成表单创建,通过使用表格进行页面布局,在<table>标签中嵌入表单控件。

7.2.2 表单属性

在代码清单 7-11 中,<form>与</form>之间的表单控件由用户自定义设置,<form>标签的常用属性 action、method 和 name 分别用于定义 URL 地址、表单提交方式及表单名称。

1. action 属性

在表单收集到信息后,需要将信息传递给服务器进行处理,action 属性用于指定接收并处理表单数据服务器程序的 URL 地址。在代码清单 7-11 中,action 属性设置如下。

```
action="./register.php"
```

当表单提交后,表单数据会传送到名为./register.php 的页面去处理。action 属性的值可以是相对路径或绝对路径。

2. method 属性

method 属性用于设置表单数据的提交方式,其取值为 get 或 post。在 HTML 中,可以通过<form>标签的 method 属性指明表单处理服务器数据的方法,在代码清单 7-11 中,method 属性设置如下。

```
method="post"
```

"get"为 method 属性的默认值,采用"get",浏览器会与表单处理服务器建立连接,然后在一个传输步骤中发送全部表单数据。

如果采用"post",浏览器将会按照下面两步来发送数据。首先,浏览器将与 action 属性中指定的表单处理服务器建立连接;接下来,浏览器按分段传输的方法将数据发送给服务器。

除此以外,采用 get 方法提交的数据将显示在浏览器的地址栏中,保密性差,且存在数据量的传输限制。而 post 方式的保密性好,并且无数据量的限制,所以使用 method="post" 适用于有大量表单数据需要提交的场景。

3. name 属性

表单中的 name 属性用于指定表单的名称,用以区分同一个页面中的多个表单。在代码清单 7-11 中,name 属性设置如下。

```
name="register"
```

所创建的表单名称为 register,通过该名称可以很容易地区别在同一个网页上存在的多个不同的表单。

4. autocomplete 属性

autocomplete 属性表示输入字段是否启用自动完成功能。自动完成功能允许浏览器预测对字段的输入。当用户在字段开始输入时,建议值的来源通常取决于浏览器,通常是来自用户曾经输入的值,也可能来自预先设置的值。例如,浏览器可能会让用户保存其姓名、地址、电话号码和电子邮件地址用于实现自动完成的目的。

在代码清单 7-11 中,autocomplete 属性设置如下。

```
<form name="register" action="./register.php" method="post"
    autocomplete="on">
  ...
  <input type="password" name="password" autocomplete="off"/>
  ...
```

以上代码中,<form>标签的 autocomplete 属性值设置为 on,表明允许浏览器自动输入或选择此字段的值。而 password 表单控件的 autocomplete 属性值设置为 off,表明不允许浏览器自动输入或选择此字段的值。本例中,支持包括用户名和邮箱信息自动输入,而密码则不允许自动输入,符合常规要求。

5. novalidate 属性

novalidate 属性用于设置在提交表单时,是否对表单数据进行验证。其属性取值如表 7-8 所示。

表 7-8　novalidate 属性

属 性 值	描　　述
true	不验证表单数据
false	默认值,必须验证表单数据

7.2.3 表单控件

表单控件也称为表单元素,包含了具体的表单功能项,表单控件主要分为 3 类,即 input 控件、textarea 控件和 select 控件。

1. input 控件

浏览网页时经常会看到单行文本输入框、单选按钮、复选框、提交按钮、重置按钮等,要想定义这些控件,需要使用 input 控件。input 控件的常用属性如表 7-9 所示。

表 7-9 input 控件常用属性

属性	描述	属性	描述
name	控件的名称	form	设定字段隶属于哪一个或多个表单
value	input 控件中的默认值	list	指定字段的候选数据值列表
size	input 控件在页面中的显示宽度	multiple	指定输入框是否可以选择多个值
readonly	该控件内容为只读(不能修改)	max、min	规定输入框所允许的最大值和最小值
disabled	第一次加载页面时禁用(灰色)	step	规定输入框所允许的间隔
checked	定义选择控件默认被选中的项	type	控件类型,如 radio、text、button 等
maxlength	控件允许输入的最多字符数	pattern	验证输入内容是否与正则表达式匹配
autocomplete	设定是否自动完成表单字段内容	placeholder	为 input 类型的输入框提供一种提示
autofocus	指定页面加载后是否自动获取焦点	required	规定输入框填写的内容不能为空

其中,type 属性用于设置 input 控件的具体类型,<input>标签具有多个 type 属性值,用于定义不同的控件类型。可用的 type 属性值如表 7-10 所示。

表 7-10 input 控件的 type 属性值

type 属性值	描述	type 属性值	描述
text	单行文本输入框(输入简单信息)	image	图片形式的提交按钮(更加美观)
password	密码输入框(输入保密信息,如密码)	email	E-mail 地址输入域(输入 email 地址)
radio	单选框(用于单项选择)	url	URL 地址输入域(输入 URL 地址)
checkbox	复选框(一组选项中选择多个)	number	数值输入域(检查是否为数字)
hidden	隐藏域(用于后台编程,用户不可见)	range	一定范围内数字值输入域
file	文件域(选择文件提交至后台)	search	搜索域(搜索指定的内容)
button	普通按钮(触发页面动作)	color	颜色值输入域(设置不同的颜色)
submit	提交按钮(提交表单中信息)	tel	电话号码域(输入电话号码)
reset	重置按钮(重置表单中的信息)	Date pickers	时间日期类型(选择时间日期)

下面举例说明 input 控件的具体用法,其网页效果如图 7-13 所示。

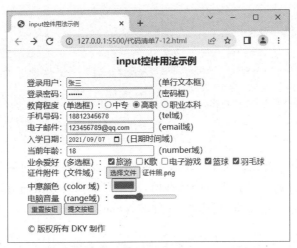

图 7-13　input 控件用法示例网页效果

上述网页的实现代码如代码清单 7-12 所示。

代码清单 7-12　input 控件用法

```html
<!-- 代码清单 7-12 -->
<html>
<head>
    <title>input 控件用法示例</title>
</head>
<body>
    <style>
        body{margin-left:40px;}
    </style>
    <div align="center"><h3>input 控件用法示例</h3></div>
    <form action="#" target="_blank" method="post">
        登录用户：<input type="text" name="username"/>(单行文本框)</br>
        登录密码：<input type="password" name="password"/>(密码框)</br>
        教育程度(单选框)：<input type="radio" name="edu" value="中专"/>中专
        <input type="radio" name="edu" value="高职" checked/>高职
        <input type="radio" name="edu" value="职业本科"/>职业本科</br>
        手机号码：<input type="tel" name="tel" pattern="^\d{11}$ "/>(tel 域)</br>
        电子邮件：<input type="email" name="email"/>(email 域)</br>
        入学日期：<input type="date" name="date"/>(日期时间域)</br>
        当前年龄：<input type="age" name="age" value="18" min="0" max="30"/>
(number 域)</br>
        业余爱好(多选框)：<input type="checkbox" name="hobby" value="旅游"/>旅游
        <input type="checkbox" name="hobby" value="K 歌"/>K 歌
        <input type="checkbox" name="hobby" value="电子游戏"/>电子游戏
        <input type="checkbox" name="hobby" value="篮球" checked/>篮球
        <input type="checkbox" name="hobby" value="羽毛球"/>羽毛球</br>
        证件附件(文件域)：<input type="file" name="file"/></br>
        中意颜色(color 域)：<input type="color" name="color"/></br>
        电脑音量(range 域)：<input type="range" name="range" value="4" min="0"
```

```
                    max="10"/></br>
                    <input type="hidden" name="name" value="value"/>
                    <input type="reset" name="reset" value="重置按钮"/>
                    <input type="submit" name="submit" value="提交按钮"/></br>
            </form>
            <p>&copy; 版权所有 DKY 制作</p>
        </body>
</html>
```

在代码清单 7-12 中,首先定义了一个表单控件,在表单中依次创建了十几个 input 控件,每个 input 控件的 type 属性设置为不同属性值,从而实现不同类型的 input 控件,包括单行文本输入框、密码输入框、单选按钮、复选框、文件域、email 域、range 域、日期类型、tel 域、隐藏域和提交按钮等。

在单击提交按钮时,会检查 input 控件的有效性,是否符合预定的格式要求。其中,tel 域通常跟 pattern 属性一起使用。pattern 属性值设置为 "^\d{11}$" 正则表达式,表示需要填写 11 位数字。当在 tel 域中输入电话号码 1881234 时,电话号码长度不符合 11 位,会提示"请与所请求的格式保持一致"的信息。email 域中的格式不规范,比如只输入了"123",则会出现相应的提示信息。

2. textarea 控件

textarea 控件是用于定义多行文本域的表单控件,文本域中可容纳大量的文本,其可选属性如表 7-11 所示。

表 7-11 textarea 控件可选属性列表

属 性	属 性 值	描 述
name	由用户自定义	控件的名称
readonly	readonly	该控件内容为只读(不能编辑修改)
disabled	disabled	第一次加载页面时禁用该控件(显示为灰色)

下面举例说明 textarea 控件的具体用法,网页效果如图 7-14 所示。

图 7-14 textarea 控件用法示例网页效果

上述网页的实现代码如代码清单 7-13 所示。

代码清单 7-13　textarea 控件用法

```
<!-- 代码清单 7-13 -->
<html>
<head>
    <title>textarea 控件用法示例</title>
</head>
<body>
    <p>备注:</p>
    <div align="center">
    <textarea name="intro_text" placeholder="请输入备注信息" rows="15"
cols="60" >
    </textarea>
    </div>
    <p>&copy; 版权所有 DKY 制作</p>
</body>
</html>
```

在代码清单 7-13 中，定义了一个 textarea 控件，其中 placeholder 属性用于描述输入文本的提示信息。该提示会在输入为空时显示，并在字段获得焦点时消失。rows 的值为 50，表示多行文本框可见行数。cols 的值设置为 18，表示多行文本框的可见宽度。

3. select 控件

在浏览网页时，经常会看到包含多个选项的下拉列表，这就是 select（下拉列表框）控件，可用于在表单中接受用户输入。该控件提供两个标签，即<select>标签和<option>标签，其常用属性值如表 7-12 所示。

表 7-12　select 控件属性

标签名	常用属性	描述
<select>	name	定义下拉列表的名称
	autofocus	规定在页面加载时下拉列表自动获得焦点
	disabled	当该属性为 true 时，会禁用下拉列表
	size	指定下拉菜单的可见选项数（取值为正整数）
	multiple	定义 multiple="multiple"时，下拉列表将具有多项选择的功能
	required	规定用户在提交表单前必须选择一个下拉列表中的选项
<option>	selected	定义 selected =" selected "时，当前项即为默认选中项
	value	选项值

下面举例说明 select 控件的具体用法，网页效果如图 7-15 所示。

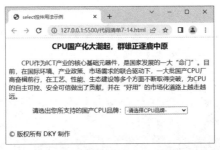

图 7-15　select 控件用法示例网页效果

上述网页的实现代码如代码清单 7-14 所示。

代码清单 7-14　select 控件用法

```html
<!-- 代码清单 7-14 -->
<html>
<head>
  <title>select 控件用法示例</title>
  <style>p.indent{ padding-left: 1.8em }</style>
</head>
<body>
    <div align="center"><h3>CPU 国产化大潮起，群雄正逐鹿中原</h3></div>
    <p style="text-indent: 32.4px;">CPU 作为 ICT 产业的核心基础元器件，是国家发展的一大"命门"。目前，在国际环境、产业政策、市场需求的联合驱动下，一大批国产 CPU 厂商奋楫前行，在工艺、性能、生态建设等多个方面不断取得突破，为 CPU 的自主可控、安全可信做出了贡献，并在"好用"的市场化道路上越走越远。</p>
    <div align="center">
      请选出您所支持的国产 CPU 品牌：
      <select name="trade">
      <option value="">-请选择 CPU 品牌-</option>
      <option value="ft">飞腾-PK 生态的主导者</option>
      <option value="kp">鲲鹏-快速崛起的领导者</option>
      <option value="hg">海光-性能领先的实干者</option>
      <option value="lx">龙芯-完全自主的引领者</option>
      <option value="zx">兆芯-合资 CPU 的探路者</option>
      <option value="sw">申威-为超算而生的强者</option>
      </select>
    </div>
    </br>
    <p>&copy; 版权所有 DKY 制作</p>
</body>
</html>
```

在代码清单 7-14 中，<select>标签用于创建单选或者多选下拉列表框。作为一种表单控件，可以在表单中接受用户的输入。<option>标签用于定义列表中的可用选项，value 属性指定在表单提交时发送到服务器的选项值。

4. datalist 控件

datalist 标签用于定义输入框的选项列表，通过<datalist>内的<option>标签完成列表创建。<option>标签需要预先定义好，作为用户的输入数据。如果用户不希望从列表中选择某项，也可以自行输入其他内容。<datalist>标签和<input>标签配合使用来定义 input 标签的取值。通过<datalist>标签的 id 属性指定唯一的标识，再使用<input>标签的 list 属性来绑定<datalist>标签的 id 属性值。

下面举例说明 datalist 控件的具体用法，网页效果如图 7-16 所示。

上述网页的实现代码如代码清单 7-15 所示。

代码清单 7-15　select 控件用法

```html
<!-- 代码清单 7-15 -->
<html>
<html>
<head>
```

```html
    <title>datalist 控件用法示例</title>
</head>
<body>
    </br>
    <div align="center" font-size="30px"><h3>国产 CPU 品牌评选</h3></div>
    </br>
    <div align="center">
        <label>请选择您支持的国产 CPU 品牌:</label>
        <input list="cpu_brand" name="cpu_brand"
            placeholder="请选择或输入品牌名"/>
        <datalist id="cpu_brand">
            <option>飞腾-PK 生态的主导者</option>
            <option>鲲鹏-快速崛起的领导者</option>
            <option>海光-性能领先的实干者</option>
            <option>龙芯-完全自主的引领者</option>
            <option>兆芯-合资 CPU 的探路者</option>
            <option>申威-为超算而生的强者</option>
        </datalist>
        <input type="submit">
    </div>
    <p>&copy; 版权所有 DKY 制作</p>
</body>
</html>
```

图 7-16　datalist 控件用法示例网页效果

在代码清单 7-15 中,<datalist>标签用于创建选项列表,并和<input>标签一起使用,<datalist>标签的 id 属性值作为该标签的唯一标识,在<input>标签中通过 list 属性引用<datalist>标签的 id 属性值,实现两个标签的绑定。当文本框获得焦点后,文本框的右侧会出现一个向下的箭头,点击箭头,就能看到 datalist 标签中所定义的选项列表内容。

7.2.4　CSS 控制表单

使用 CSS 可以很方便地控制表单控件的显示样式,主要体现为控制表单控件的字体、边框、背景和内边距等属性。

下面举例说明通过 CSS 控制表单样式的具体用法,网页效果如图 7-17 所示。

上述网页的实现代码如代码清单 7-16 所示。

图 7-17　CSS 控制表单用法示例网页效果

代码清单 7-16　CSS 控制表单用法

```
<!-- 代码清单 7-16 -->
<html>
<head>
    <title>CSS控制表单用法示例</title>
    <style>
        body,form,input{ padding:0; margin:0; border:0;}
        form {
            width:270px;
            height: 130px;
            background:#DCF5FA;
            padding:20px;
            margin: auto;
        }
        fieldset{
            border:1px solid #17414d;
        }
        fieldset input{
            width:152px;
            height:30px;
            border:1px solid #38a1bf;
            padding:2px 2px 2px 12px;
            margin-top:5px;
        }
        .btn{
            width:87px; height:24px;
            margin:10px 0 10px 101px;
            background:url("images/btn.jpg") no-repeat;
        }
    </style>
</head>
<body>
    </br>
    <form>
        <fieldset>
            <legend>用户信息登记</legend>
            用户姓名：<input text="text" name="name" placeholder="请输入用户姓名"/>
            </br>
            手机号码：<input text="text" name="phone" placeholder="请输入手机号码"/>
            </br>
```

```
                </fieldset>
                <input type="button" class="btn" />
        </form>
        <p>&copy; 版权所有 DKY 制作</p>
</body>
</html>
```

在代码清单 7-16 中,<form>标签用于创建表单,内嵌了<fieldset>标签和<input>标签。<fieldset>标签从逻辑上将表单中的元素组合起来,<fieldset>标签在相关表单元素周围绘制边框,<legend>标签为 fieldset 元素定义标题"用户信息登记"。在<input>标签通过 type 属性设置为按钮,并引用 btn 类的 CSS 样式。在 CSS 样式表中,设置了 form 标签的样式,包括宽度、高度、背景色、内边距和居中对齐等属性;设置了<filedset>标签的边框样式;设置了<input>标签的样式,包括宽度、高度、边框、内边距和外边距;设置了 btn 类样式,包括宽度、高度、外边距和背景等属性。

通过 CSS 控制表单样式,有以下注意事项。

(1)由于表单是块级元素,重置浏览器的默认样式时,需要清除其内边距 padding 和外边距 margin。

(2)input 控件默认有边框效果,当使用<input>标签定义各种按钮时,通常需要清除其边框。

(3)通常情况下需要对文本框和密码框设置 2~3 像素的内边距,以使用户输入的内容不会紧贴输入框。

课堂实训 7-2 制作麒麟软件产品试用申请网页

1. 任务内容

麒麟软件主要面向通用和专用领域打造安全创新操作系统产品和相应解决方案,以安全可信操作系统技术为核心,现已形成银河麒麟服务器操作系统、桌面操作系统、嵌入式操作系统、麒麟云、操作系统增值产品为代表的产品线。麒麟操作系统能全面支持主流国产 CPU,在安全性、稳定性、易用性和系统整体性能等方面远超国内同类产品,实现国产操作系统的跨越式发展。目前,公司旗下产品已全面应用于党政机关以及金融、交通、通信、能源、教育等重点行业。本课堂实训制作一个简单的网页,用于申请试用麒麟软件产品,网页效果如图 7-18 所示。

2. 任务目的

通过制作麒麟软件产品试用申请网页,学会利用表单标签和 CSS 控制表单控件来实现网页功能的方法。

3. 技能分析

(1)整个页面使用<div>标签进行整体控制,然后通过<form>标签定义表单,并在其中嵌套相应的表单控件,包括<select>、<input>、<textarea>等标签。

(2)使用外部链接方式引用外部样式表。

(3)使用 CSS 分别设置表单控件的显示样式,包括尺寸、字体、颜色等。

4. 操作步骤

(1)利用 HTML 标签设置页面内容,插入素材图片和文字,效果如图 7-19 所示。

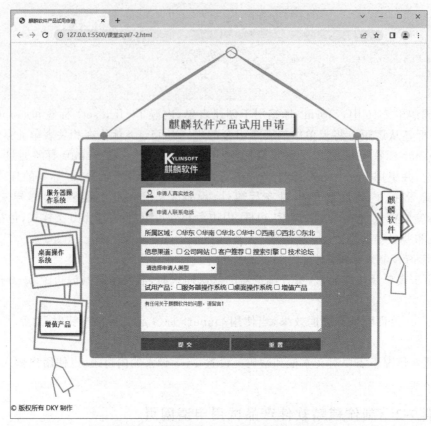

图 7-18　麒麟软件产品试用申请网页效果

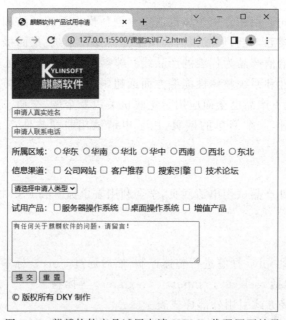

图 7-19　麒麟软件产品试用申请 HTML 代码网页效果

上述网页的 HTML 代码如代码清单 7-17 所示。

代码清单 7-17　麒麟软件产品试用申请网页 HTML 代码

```html
<!-- 代码清单 7-17-->
<html>
<head>
    <title>麒麟软件产品试用申请</title>
</head>
<body>
    <div class="all">
        <form class="applicant_form" action="#" method="post">
            <img src="images/logo.png">
            <p>
                <input type="text" placeholder="申请人真实姓名" class="name">
            </p>
            <p>
                <input type="text" placeholder="申请人联系电话" class="phone">
            </p>
            <p class="select_item">
                <label>所属区域：<input type="radio" name="area">华东</label>
                <label><input type="radio" name="area">华南</label>
                <label><input type="radio" name="area">华北</label>
                <label><input type="radio" name="area">华中</label>
                <label><input type="radio" name="area">西南</label>
                <label><input type="radio" name="area">西北</label>
                <label><input type="radio" name="area">东北</label>
            </p>
            <p class="select_item">
                <label>信息渠道：<input type="checkbox" >公司网站</label>
                <label><input type="checkbox" >客户推荐</label>
                <label><input type="checkbox" >搜索引擎</label>
                <label><input type="checkbox" >技术论坛</label>
            </p>
            <p>
                <select name="applicant_type" class="applicant_type" required>
                    <option value="" selected="selected">请选择申请人类型</option>
                    <option value="麒麟代理商">麒麟代理商</option>
                    <option value="集成商">集成商</option>
                    <option value="单位信息化负责人">单位信息化负责人</option>
                    <option value="个人用户">个人用户</option>
                    <option value="麒麟员工">麒麟员工</option>
                    <option value="其他">其他</option>
                </select>
            </p>
            <p class="select_item">
                <label>试用产品：<input type="checkbox" >服务器操作系统</label>
                <label><input type="checkbox" >桌面操作系统</label>
                <label><input type="checkbox" >增值产品</label>
            </p>
            <p>
                <textarea cols="50" rows="5" class="message" placeholder="有任何关于麒麟软件的问题，请留言！"></textarea>
```

```html
                </p>
                <p>
                    <input type="submit" class="btn" value="提  交">
                    <input type="reset" class="btn" value="重  置">
                </p>
            </form>
        </div>
        <p>&copy; 版权所有 DKY 制作</p>
    </body>
</html>
```

(2) 在搭建完页面的结构后,接下来使用 CSS 对页面进行修饰。首先创建一个 CSS 文件,将其命名为 form.css,并在 HTML 中引用,代码如下。

```html
<link rel="stylesheet" href="css/form.css">
```

(3) 在 form.css 文件中,定义基础样式,代码如下。

```css
/*全局控制*/
body{font-size:16px;   font-family:"微软雅黑"; }
/*重置浏览器的默认样式*/
body,h2,form,img,input,select,textarea{padding:0; margin:0;
    list-style:none; border:none;}
```

(4) 设置整体控制页面的样式,代码如下。

```css
.all{
    /*整体控制页面*/
    width:1024px;
    height:863px;
    margin:0 auto;
    background:url(images/bg.png) no-repeat;
}
```

在上面的代码中,通过定义最外层 div 元素的样式实现对页面的整体控制,并为页面添加背景图像。

(5) 设置表单的样式,代码如下。

```css
.applicant_form{
    width:600px;
    padding:250px 0 0 320px;
}
```

在上面的代码中,通过定义表单的宽度、内边距样式来控制表单的显示。

(6) 设置申请人姓名和电话文本框的样式,代码如下。

```css
.name,.phone{
    width:360px;
    height:30px;
    line-height:30px;
    padding-left:40px;
    color:#ccc;
}
.name{background:#fff url(../images/name.png) no-repeat 10px center;}
.phone{background:#fff url(../images/phone.png) no-repeat 10px center;}
```

（7）设置单选按钮和复选框的样式，代码如下。

```
.select_item{
    width:440px;
    height:25px;
    line-height:25px;
    background-color:#FFF;
    padding:5px 0 0 10px;
}
```

（8）设置下拉列表框的样式，代码如下。

```
.applicant_type{
    width:190px;
    height:25px;
    padding-left:10px;
}
```

（9）设置多行文本框的样式，代码如下。

```
.message{
    width:450px;
    height:80px;
    padding:5px 0 0 10px;
    font-size:12px;
    color:#ccc;
}
```

（10）设置按钮的样式，代码如下。

```
.btn{
    width:222px;
    height:30px;
    background-color:#eb6854;
    color:#FFF;
    font-weight:bold;
}
```

至此，完成如图 7-18 所示麒麟操作系统软件产品试用申请页面的网页代码，刷新页面后，即可看到网页效果。

习　　题

选择题

1. 在 HTML 中，<form method="post">，method 表示（　　）。
    A. 提交的方式　　　　　　　　　　B. 表单所用的脚本语言
    C. 提交的 URL 地址　　　　　　　　D. 表单的形式
2. 下面对于表格的描述不正确的是（　　）。
    A. 设计者可以利用表格在页面中进行局部布局
    B. <tr>标签的作用是创建表格列；<td>标签的作用是创建表格行
    C. 早期，设计者通过表格进行网页整体布局
    D. 导航栏可以利用表格实现，也可以利用列表实现

3. 在表格中通过 align 属性可以设置单元格内容的水平对齐方式。为了实现水平居中对齐的效果,可以将其属性值设置为(　　)。

  A. middle   B. horizontal   C. center   D. valign

4. HTML 5 中加入了新的表单元素,下列说法不正确的是(　　)。

  A. 将<input>标签的 type 属性设为 range,可以在表单中插入表示数值范围的滑动条

  B. 将<input>标签的 type 属性设为 email,可用于检验该文本框中输入的内容是否符合 email 的格式

  C. <input>标签的 type 属性为 url 表示该控件是一种专门用来输入 URL 地址的文本框

  D. <formmethod>标签的作用是将表单内容以不同的方式提交

5. 阅读以下代码段,则可知(　　)。

```
< INPUT type="text" name="textfield">
< INPUT type="radio" name="radio" value="女"><INPUT type="checkbox" name="checkbox" value="checkbox">
< INPUT type="file" name="file">
```

  A. 表单元素类型分别是:文本框、单选按钮、复选框、文件域

  B. 表单元素类型分别是:文本框、复选框、单选按钮、文件域

  C. 表单元素类型分别是:密码框、多选按钮、复选框、文件域

  D. 表单元素类型分别是:文本框、单选按钮、下拉列表框、文件域

6. 下列的 HTML 语句可以产生文本区的是(　　)。

  A. <textarea>   B. <input type="textarea">

  C. <input type="textbox">   D. <textarea>和</textarea>

7. border-radius 的主要功能是设置(　　)。

  A. 圆角边框   B. 不能设置形状

  C. 不能设置圆形   D. 设置文本样式

第 8 章

CSS 特殊效果的实现

在传统的网页设计中,通常通过 JavaScript 脚本或者 Flash 来实现动画特效。现在 CSS 3 提供了强大的动画支持,可以实现旋转、缩放、移动、过渡等动画效果。本章主要介绍 CSS 3 中的转换、动画和过渡效果。

知识目标

- CSS 3 变形的两种类型:2D 转换和 3D 转换。
- CSS 3 的过渡属性。
- CSS 3 动画属性。
- CSS 3 浏览器私有前缀。

技能目标

- 能通过 transform 属性实现元素的移动、倾斜、缩放、旋转等变形效果。
- 能根据不同浏览器添加浏览器私有前缀。
- 能通过 transition 属性为元素添加过渡效果。
- 能使用 @keyframes 属性创建动画,能使用 animation 相关属性定义不同的动画效果。

思政目标

以中华人民共和国铁路发展史为引导,在学习 CSS 设计文本和背景样式的过程中,激发学生不甘落后、勇于争先的精神,进一步培养学生善于思考、精益求精工匠精神。

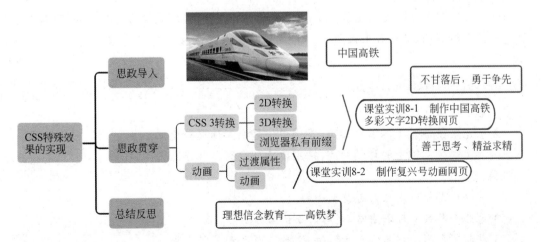

8.1 CSS 3 转换

转换是指让某个元素改变形状、大小和位置。转换是 CSS 3 的一种特性,它包括 2D 转换和 3D 转换。通过转换,能够对元素进行移动、倾斜、缩放、旋转等变形操作。本节介绍 CSS 3 中的转换属性 transform 以及浏览器私有前缀。

8.1.1 2D 转换

2D 转换是改变网页元素在二维平面上的位置和形状的一种技术。二维坐标系中 x 轴表示水平方向,正数是向右移动,负数是向左移动;y 轴表示垂直方向,正数是向下移动,负数是向上移动。网页二维坐标系如图 8-1 所示。

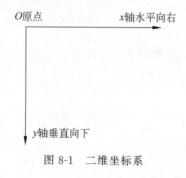

图 8-1 二维坐标系

通过 transform 属性实现元素的移动、倾斜、缩放、旋转等变形效果,具体描述如表 8-1 所示。

表 8-1 2D 转换的方法列表

方法	功能描述	方法	功能描述
translate()	移动	scale()	缩放
rotate()	旋转	skew()	倾斜

1. translate()方法

translate()方法可以改变元素在 x 轴和 y 轴上的位置,实现元素移动的效果,根据指定的 x 和 y 的值进行移动,移动效果如图 8-2 所示,包括水平移动和垂直移动,类似于定位,其语法格式如下。

```
transform: translate(x,y);
```

各参数含义如下。

x 表示元素在 x 轴上的移动距离,常用单位是像素和百分比。

y 表示元素在 y 轴上的移动距离,常用单位是像素和百分比。

注意:

(1) 百分比是相对于元素自身大小的。

(2) 第 2 个参数 y 可以省略,省略时默认为 0。

(3) 移动不会影响到其他元素的位置,对行内元素没有效果。

(4) 默认移动的中心点是元素的中心点。

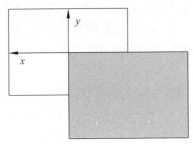

图 8-2 translate()方法平移示意图

下面举例说明 translate()方法的用法。translate()方法网页效果如图 8-3 所示。

图 8-3 translate()方法网页效果

上述网页的实现代码如代码清单 8-1 所示。

代码清单 8-1 使用 translate()方法

```html
<!-- 代码清单 8-1-->
<!DOCTYPE html>
<html lang="en">
<head>
    <meta charset="UTF-8">
    <title> translate()方法</title>
    <style>
        div{
            width: 241px;
            height: 79px;
        }
        .div1{
            position: absolute;
        }
        .div2{
            transform: translate(300px,100px);
        }
    </style>
</head>
<body>
    <div class="div1"><img src="./images/火车.png" alt=""></div>
    <div class="div2"><img src="./images/火车.png" alt=""></div>
</body>
</html>
```

在代码清单 8-1 中,定义了两个<div>标签,放置火车图像。<div>标签的高度和宽度值等于图像大小。第 1 个<div>标签采用绝对定位,让两个<div>标签重合在一起。第 2 个<div>标签发生平移,水平方向向右移动 300px,垂直方向向下移动 100px。第 1 个<div>标签表示火车初始位置,第 2 个<div>标签表示火车移动后的位置。

2. rotate()方法

rotate()方法可以让元素在二维平面内顺时针旋转或者逆时针旋转,其语法格式如下。

```
transform: rotate(angle);
```

其参数含义如下。

angle 表示要旋转的角度值,单位是 deg。

注意:

(1)旋转角度值为正数时顺时针旋转,为负数时逆时针旋转。例如,20deg 表示顺时针旋转 20°。

(2)默认旋转的中心点是元素的中心点。

下面举例说明 rotate()方法的用法。rotate()方法网页效果如图 8-4 所示。

图 8-4 rotate()方法网页效果

上述网页的实现代码如代码清单 8-2 所示。

代码清单 8-2 使用 rotate()方法

```html
<!-- 代码清单 8-2-->
<!DOCTYPE html>
<html lang="en">
<head>
    <meta charset="UTF-8">
    <title> rotate()方法
    </title>
    <style>
        div{
            width: 241px;
            height: 79px;
        }
        .div2{
            transform:rotate(30deg);        /*顺时针旋转 30°*/
        }
    </style>
</head>
```

```
<body>
    <div class="div1"><img src="./images/火车.png" alt=""></div>
    <div class="div2"><img src="./images/火车.png" alt=""></div>
</body>
</html>
```

在代码清单 8-2 中,定义了两个<div>标签,放置火车图像。第 1 个<div>标签表示火车没有发生旋转的初始状态,第 2 个<div>标签火车顺时针旋转 30°。

3. scale()方法

scale()方法可以实现元素在二维平面的缩放效果,就是放大和缩小,其语法格式如下。

```
transform: scale(x,y);
```

各参数含义如下。

x 表示元素在 x 轴缩放的倍数。

y 表示元素在 y 轴缩放的倍数。

注意:

(1) 参数值 x 和 y 大于 1 表示放大,小于 1 表示缩小,不需要添加单位。

(2) 第 2 个参数 y 可以省略,省略时默认等于第 1 个参数。scale(2) 等价于 scale(2,2)。

(3) 默认缩放的中心点是元素的中心点。

下面举例说明 scale()方法的用法。scale()方法网页效果如图 8-5 所示。

图 8-5　scale()方法网页效果

上述网页的实现代码如代码清单 8-3 所示。

代码清单 8-3　使用 scale()方法

```
<!-- 代码清单 8-3-->
<!DOCTYPE html>
<html lang="en">
<head>
    <meta charset="UTF-8">
    <title> scale()方法
    </title>
    <style>
        div{
            width: 241px;
            height: 79px;
        }
        .div2{
            transform:scale(0.5);      /*火车等比缩小 0.5 倍*/
        }
```

```
        </style>
    </head>
    <body>
        <div class="div1"><img src="./images/火车.png" alt=""></div>
        <div class="div2"><img src="./images/火车.png" alt=""></div>
    </body>
</html>
```

在代码清单 8-3 中,定义了两个<div>标签,放置火车图像。第 1 个<div>标签表示火车没有发生缩放的初始状态,第 2 个<div>标签里的火车缩小到原始图像的 0.5 倍。

4. skew()方法

skew()方法可以使元素沿 x 轴和 y 轴倾斜给定的角度,其语法格式如下。

```
transform: skew(x,y);
```

各参数含义如下。

x 表示元素在 x 轴的倾斜角度,单位是 deg。

y 表示元素在 y 轴的倾斜角度,单位是 deg。

注意:

(1) 倾斜角度值为正数时顺时针倾斜,为负数时逆时针倾斜。

(2) 第 2 个参数 y 可以省略,省略时默认为 0。skew(20deg)等价于 skew(20deg,0)。

(3) 默认倾斜的中心点是元素的中心点。

下面举例说明 skew()方法的用法。skew()方法网页效果如图 8-6 所示。

图 8-6 skew()方法网页效果

上述网页的实现代码如代码清单 8-4 所示。

代码清单 8-4 使用 skew()方法

```
<!-- 代码清单 8-4-->
<!DOCTYPE html>
<html lang="en">
<head>
    <meta charset="UTF-8">
    <title> skew()方法
    </title>
    <style>
        div{
            width: 241px;
            height: 79px;
        }
```

```
        .div2{
            transform: skew(30deg);         /*顺时针倾斜 30°*/
        }
    </style>
</head>
<body>
    <div class="div1"><img src="./images/火车.png" alt=""></div>
    <div class="div2"><img src="./images/火车.png" alt=""></div>
</body>
</html>
```

在代码清单 8-4 中,定义了两个<div>标签,放置火车图像。第 1 个<div>标签表示火车没有发生倾斜的初始状态,第 2 个<div>标签表示火车顺时针倾斜 30°。

8.1.2 更改旋转中心点

默认情况下,通过 transform 属性实现的变形操作,都是以元素中心点为基准进行的。如果希望更改旋转中心点,可以使用 transform-origin 属性实现。2D 转换元素可以改变元素在 x 轴和 y 轴上的位置,3D 转换元素还可以更改元素的 z 轴位置,其语法格式如下。

```
transform-origin:x-axis  y-axis  z-axis;
```

各参数含义如下。

x-axis 定义 x 轴的位置,属性值可以是百分比、px、em 等,也可以是 left、center、right 等关键词。

y-axis 定义 y 轴的位置,属性值可以是百分比、px、em 等,也可以是 top、center、bottom 等关键词。

z-axis 定义 z 轴的位置,该值不能是百分比,一般为 px。

注意:三个参数的默认值是 50%、50%、0,即元素的中心点。

下面举例说明 transform-origin 属性的用法。transform-origin 属性网页效果如图 8-7 所示。

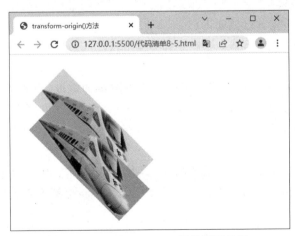

图 8-7 transform-origin 属性网页效果

上述网页的实现代码如代码清单 8-5 所示。

代码清单 8-5　使用 transform-origin()方法

```html
<!-- 代码清单8-5-->
<!DOCTYPE html>
<html lang="en">
<head>
    <meta charset="UTF-8">
    <title>transform-origin()方法</title>
    <style>
    #box{
       margin-left: 30px;
       margin-top: 100px;
       position: relative;
    }
    .div1{
       position: absolute;
       top: 0;
       left: 0;
       width: 241px;
       background-color: aqua;
       transform: rotate(45deg);
    }
    .div2{
       width: 241px;
       background-color: burlywood;
       transform-origin: 50px 60px;/*更改中心点位置*/
       transform: rotate(45deg);
    }
    </style>
</head>
<body>
    <div id="box">
       <div class="div1">   <img  src="./images/火车.png" alt=""></div>
       <div class="div2">   <img  src="./images/火车.png" alt=""> </div>
    </div>
</body>
</html>
```

在代码清单 8-5 中,具体设置如下。

(1) 定义了一个父<div>标签,应用 id 选择器 box,指定父<div>标签的外边距,使用相对定位。

(2) 定义了两个子<div>标签,指定宽度值等于图像的宽度,声明了不同的背景颜色。指定第 1 个子<div>标签使用绝对定位,让两个子<div>完全重合,方便查看与对比运行效果。

(3) 第 1 个子<div>标签应用类选择器 div1,指定旋转 45°,默认旋转中心点是元素的中心点。

(4) 第 2 个子<div>标签应用类选择器 div2,指定旋转 45°。由于第 2 个子<div>标签更改旋转中心点向右 50px 向下 60px,造成旋转后,两个子<div>标签不再重合。

8.1.3　3D 转换

3D 转换在 2D 转换的基础上多加了一个可以移动的方向,就是 z 轴方向。3D 转换是改变标签在三维坐标系上的位置和形状的一种技术。三维坐标系其实就是指立体空间,立体空间是由 3 个轴共同组成的。x 轴和 y 轴同二维坐标系一样，z 轴表示垂直屏幕方向，往外面是正值，往里面是负值。三维坐标系如图 8-8 所示。常用的 3D 转换方法如表 8-2 所示。

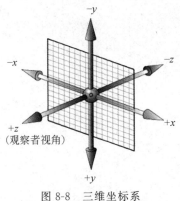

图 8-8 三维坐标系

表 8-2 3D 转换的方法列表

方　　法	功　能　描　述
translate3d(x,y,z)	3D 移动，可以同时改变元素在 x、y、z 三个轴上的移动距离。因为 z 轴是垂直屏幕，由里指向外面，所以默认是看不到元素在 z 轴的方向上移动的
translateX(x)	3D 移动，仅在 x 轴上移动
translateY(y)	3D 移动，仅在 y 轴上移动
translateZ(z)	3D 移动，仅在 z 轴上移动
rotate3d(x,y,z,deg)	3D 旋转，自定义绕轴旋转 deg 度，也分为顺时针和逆时针两种
rotateX(angle)	3D 旋转，仅在 x 轴上旋转
rotateY(angle)	3D 旋转，仅在 y 轴上旋转
rotateZ(angle)	3D 旋转，仅在 z 轴上旋转
scale3d(x,y,z)	3D 缩放，可以同时在 x、y、z 三个轴上缩放
scaleX(x)	3D 缩放，仅在 x 轴上缩放
scaleY(y)	3D 缩放，仅在 y 轴上缩放
scaleZ(z)	3D 缩放，仅在 z 轴上缩放

下面举例说明 3D 转换方法的用法。3D 转换方法网页效果如图 8-9 所示。

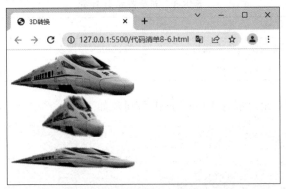

图 8-9 3D 转换方法网页效果

上述网页的实现代码如代码清单 8-6 所示。

代码清单 8-6　使用 3D 转换

```html
<!-- 代码清单 8-6-->
<!DOCTYPE html>
<html lang="en">
<head>
    <meta charset="UTF-8">
    <title> transform-origin()方法</title>
    <style>
        div{
            width: 241px;
            height: 79px;
        }
        .div2{
            transform:scaleX(0.5);
        }
        .div3{
            transform:scaleY(0.5);
        }
    </style>
</head>
<body>
    <div class="div1"><img src="./images/火车.png" alt=""></div>
    <div class="div2"><img src="./images/火车.png" alt=""></div>
    <div class="div3"><img src="./images/火车.png" alt=""></div>
</body>
</html>
```

在代码清单 8-6 中，定义了 3 个<div>标签，第 1 个<div>标签代表图像原始状态；第 2 个<div>标签中的图像在 x 轴方向缩小到 0.5 倍，其他方向不变；第 3 个<div>标签中的图像在 y 轴方向缩小到 0.5 倍，其他方向不变。

8.1.4　浏览器私有前缀

浏览器私有前缀是浏览器对于新 CSS 属性的一个提前支持。目前新版本的浏览器都可以很好地兼容 CSS 3 的新属性。但是一些老版本的浏览器还不行。为了解决这个问题，需要使用浏览器私有前缀兼容老版本。常见浏览器私有前缀如表 8-3 所示。

表 8-3　浏览器私有前缀

表示方法	含　　义	表示方法	含　　义
-moz-	代表 Firefox 浏览器的私有属性	-webkit-	代表 Safari、Chrome 浏览器的私有属性
-ms-	代表 IE 浏览器的私有属性	-O-	代表 Opera 浏览器的私有属性

例如，如果指定 div 元素带有 10px 的，代码圆角如下。

```css
div {
    -moz-border-radius: 10px;
    -webkit-border-radius: 10px;
    -o-border-radius: 10px;
    border-radius: 10px;
}
```

课堂实训 8-1　制作中国高铁多彩文字 2D 转换网页

1. 任务内容

2003 年,铁道部提出了"推动中国铁路跨越式发展"的总战略。开启了中国铁路跨越式发展的新时期。目前我国成为世界上高铁商业运营速度最高、高铁里程最长的国家。从铁路机车的变迁,看中华人民共和国 70 年的辉煌,每一个中国人心中都充满自豪感。本课堂实训制作一个简单的网页,用于展示中国高铁多彩文字 2D 转换显示效果,网页效果如图 8-10 所示。

图 8-10　中国高铁多彩文字 2D 转换网页效果

2. 任务目的

通过制作一个简单的"中国高铁"多彩显示效果网页,学会利用 transform 属性的不同方法,实现元素的移动、旋转、缩放和倾斜效果。

3. 技能分析

(1) 添加"中国高铁多彩文字"的图片。
(2) 利用 transform 属性的方法,实现元素的移动、旋转、缩放和倾斜效果。

4. 操作步骤

(1) 利用 HTML 设置页面内容,添加图片,具体代码如代码清单 8-7 所示。

代码清单 8-7　课堂实训内容设置

```
<!-- 代码清单 8-7-->
<!DOCTYPE html>
<html lang="en">
<head>
    <meta charset="UTF-8">
    <title>2D转换</title>
</head>
<body>
```

```
            <div>原始状态：<img class="img1" src="./images/彩色中国高铁.png" alt="">
            </div>
            <div>2D 转换：<img class="img2" src="./images/彩色中国高铁.png" alt="">
            </div> </body>
</html>
```

（2）在 CSS 样式表中利用 transform 属性的 translate()方法、rotate()方法、scale()方法和 skew()方法可以分别实现元素的移动、旋转、缩放和倾斜效果。可以同时设置多种 2D 转换效果，各个方法之间以空格分隔，代码如下。

```
div{
      font-size: 25px;
}
.img2{
     transform: translate(350px,150px)   rotate(25deg) scale(1.5) skew(15deg);
}
```

8.2 动画

8.2.1 过渡属性

过渡属性可以在不使用 Flash 或者 Javascript 脚本的情况下，为元素从一种样式转变为另一种样式添加效果，如渐显、渐弱、动画快慢等。CSS 3 的过渡属性如表 8-4 所示。

表 8-4 CSS 3 的过渡属性

属性	功能描述
transition-property	设置应用过渡效果的 CSS 属性名称
transition-duration	设置 CSS 属性发生过渡效果持续的时间
transition-delay	设置过渡效果的延迟时间
transition-timing-function	设置过渡效果的速度曲线
transition	复合属性，可以同时设置以上 4 个过渡属性

要创建过渡效果，必须明确两点：①要添加效果的 CSS 属性是哪一个；②过渡效果持续多长时间。

注意：
（1）如果未指定持续时间部分，则过渡不会有效果，因为默认值为 0。
（2）过渡效果通常是在用户将鼠标指针移动到元素上时发生。

1. transition-property 属性

transition-property 属性用于设置应用过渡效果的 CSS 属性名称，其语法格式如下。

```
transition-property: CSS 属性名称;
```

CSS 属性名称有 3 种取值，具体描述如表 8-5 所示。

表 8-5　CSS 属性名称取值

属 性 取 值	功 能 描 述
none	没有属性会获得过渡效果
all	所以属性都将获得过渡效果
property	具体指定应用过渡效果的 CSS 属性名称，如果是多个属性，多个名称之间以逗号分隔

下面举例说明 transition-property 属性的用法。transition-property 属性网页效果如图 8-11 所示。

图 8-11　transition-property 属性网页效果

上述网页的实现代码如代码清单 8-8 所示。

代码清单 8-8　transition-property 属性用法

```html
<!-- 代码清单 8-8-->
<!DOCTYPE html>
<html lang="en">
<head>
    <meta charset="UTF-8">
    <title>transition-property 属性</title>
    <style>
        div{
            width: 200px;
            height: 70px;
            background-color:orange;        /*初始背景颜色橙色*/
            font-size: 50px;
        }
        div:hover{
            transition-property: background-color;
            /*指定发生过渡的 CSS 属性是背景颜色*/
            background-color: aqua;         /*改变后的背景颜色浅绿色*/
        }
    </style>
</head>
<body>
    <div>中国高铁</div>
</body>
</html>
```

在代码清单 8-8 中，在 CSS 中指定了 div 元素的高度和宽度、初始背景颜色以及文字的字号。当鼠标指针移动到 div 元素上，背景颜色变为浅绿色。由于本案例中只指定了发生过渡的 CSS 属性,并没有指定过渡持续的时间,所以只能看到背景色直接从橙色变为浅绿色,看不到过渡发生的过程。

2. transition-duration 属性

transition-duration 属性用于设置 CSS 属性发生过渡效果的持续时间,其语法格式如下。

```
transition-duration:time;
```

持续时间 time 默认值为 0,表示过渡立刻发生,因为没有指定持续时间,很难看清楚过渡发生的过程。time 常用单位是秒(s)或者毫秒(ms)。

修改代码清单 8-8 所示的案例,为过渡添加持续时间 5s,代码如下。

```
div:hover{
    transition-property: background-color;
    /*指定发生过渡的 CSS 属性是背景颜色*/
    transition-duration: 5s;
    /*过渡持续 5s,从橙色变为浅绿色*/
    background-color: aqua;/*改变后的背景颜色浅绿色*/
}
```

此时观察运行结果,当鼠标指针移动到 div 元素上,发现背景颜色逐渐从橙色变为浅绿色,持续了 5s。

3. transition-delay 属性

transition-delay 属性用于设置过渡效果的延迟时间,其语法格式如下。

```
transition-delay:time;
```

过渡效果的延迟时间默认值为 0,表示过渡立刻发生。time 常用单位是秒(s),或者毫秒(ms),可以是正数或者负数。负数时,过渡动作会从该时间点开始,之前的动作被截断;正数时,过渡动作会延迟指定时间后再触发。

修改代码清单 8-8 所示的案例,设置延迟 2s 后发生,过渡效果持续时间为 5s,代码如下。

```
div:hover{
    transition-property: background-color;
    /*指定发生过渡的 CSS 属性是背景颜色*/
    transition-duration: 5s;
    /*过渡持续 5s,从橙色变为浅绿色*/
    transition-delay: 2s;
    /*延迟 2s 后,开始发生过渡效果*/
    background-color: aqua;/*改变后的背景颜色浅绿色*/
}
```

此时观察运行结果,当鼠标指针移动 div 元素上,停留 2s 后,发现背景颜色逐渐从橙色变为浅绿色,持续 5s 完成。

4. transition-timing-function 属性

transition-timing-function 属性设置过渡效果的速度曲线,其语法格式如下。

```
transition-timing-function: linear |ease |ease-in |ease-out |
ease-in-out |cubic-bezier(n,n,n,n);
```

过渡效果的速度曲线用于设置过渡效果是等速发生,还是先快后慢,或者是先慢后快等,有 6 种取值方式,如表 8-6 所示。

表 8-6　速度曲线取值

属性取值	功 能 描 述
ease	慢速开始,然后变快,最后以慢速结束,默认值,可以省略不写
linear	以相同速度运行
ease-in	以慢速开始,然后加快的过渡效果
ease-out	以慢速结束
ease-in-out	以慢速开始和结束
bezier	定义用于加速或者减速的贝塞尔曲线的形状,值为 0~1

修改代码清单 8-8 所示的案例,设置延迟 2s 后,过渡效果持续 5s,过渡效果以相同速度运行,代码如下。

```
div:hover{
    transition-property: background-color;
    /*指定发生过渡的 CSS 属性是背景颜色*/
    transition-duration: 5s;
    /*过渡持续 5s,从橙色变为浅绿色*/
    transition-delay: 2s;
    /*延迟 2s 后,开始执行过渡效果*/
    transition-timing-function: linear;
    /*过渡效果以相同速度运行*/
    background-color: aqua;          /*改变后的背景颜色浅绿色*/
}
```

此时观察运行结果,当鼠标指针移动到 div 元素上,停留 2s 后,发现背景颜色逐渐从橙色变为浅绿色,匀速持续 5s 完成。

5. transition 复合属性

transition 复合属性可以同时设置上面 4 个过渡属性,其语法格式如下。

```
transition: property duration timing-function delay;
```

注意:

(1) 这 4 个参数必须按照指定的顺序进行定义,各属性之间以空格分隔。如果省略某个属性值,则取默认值。

(2) 可以同时指定多个过渡效果。如果使用 transition 设置多种过渡效果,需要为每个过渡属性指定所有的值,并以逗号分隔。

使用 transition 复合属性实现上面的案例,代码如下。

```
div:hover{
    transition:background-color 5s linear 2s;
    background-color: aqua;          /*改变后的背景颜色浅绿色*/
}
```

下面举例说明同时指定多个过渡效果的用法。同时指定多个过渡效果网页效果如图 8-12 所示。

图 8-12 同时指定多个过渡效果网页效果

上述网页的实现代码如代码清单 8-9 所示。

代码清单 8-9　同时指定多个过渡效果

```html
<!-- 代码清单 8-9 -->
<!DOCTYPE html>
<html lang="en">
<head>
    <meta charset="UTF-8">
    <title>transition-property 属性</title>
    <style>
        div{
            width: 400px;
            height: 100px;
            background-color:orange;         /*初始背景颜色橙色*/
            font-size: 50px;
        }
        div:hover{
            transition: background-color 5s  2s linear,font-size 5s 2s;
            /*同时改变背景颜色与字号大小的过渡效果*/
            background-color: aqua;          /*改变后的背景颜色浅绿色*/
            font-size: 80px;                 /*改变后文字大小为 80px*/
        }
    </style>
</head>
<body>
    <div>中国高铁</div>
</body>
</html>
```

在代码清单 8-9 中，在 CSS 中指定了 div 元素的高度和宽度、初始背景颜色以及文字的字号。当鼠标指针移动到 div 元素上，同时开始两种过渡效果，实现方式如下。

（1）停留 2s 后，背景颜色从橙色渐变为浅绿色，以等速变化持续 5s 完成。

（2）停留 2s 后，文字大小从 50px 增大到 80px，持续 5s 完成。由于省略了过渡效果的曲线速度，采用默认值 ease，慢速开始，然后变快，最后慢速结束。

（3）由于两个动画的 transition-delay 均是 2s，所以两个过渡同时开始。

8.2.2　动画

动画是 CSS 3 的特征之一，使元素从一种样式逐渐变化为另一种样式，可以改变任意多的样式任意多的次数。可以通过设置多个节点来精确控制一个或一组动画，常用来实现复杂的动画效果。在 CSS 3 中，通过@keyframes 关键帧和 animation 属性来定义复杂动画，如表 8-7 所示。

表 8-7　CSS 3 动画属性

属　　性	功　能　描　述
@keyframes	定义动画关键帧
animation-name	规定 @keyframes 动画的名称
animation-duration	规定动画完成一个周期所花费的时间
animation-delay	规定动画效果的延迟时间
animation-timing-function	规定动画的速度曲线
animation-iteration-count	规定动画的播放次数
animation-direction	规定动画是否在下一周期逆向播放
animation	所有动画属性的简写属性

1. @keyframes

使用 CSS 3 设计动画时必须首先为动画指定一些关键帧。关键帧包含元素在特定时间所拥有的样式。在 @keyframes 规则中指定 CSS 样式,动画将在特定时间逐渐从当前样式更改为新样式。@keyframes 的语法格式如下。

```
@keyframes animationname{
    keyframes-selector{css-styles;}
}
```

其中,各参数的含义如下。

(1) animationname：动画的名称,将作为引用的唯一标识符,不能为空。通过动画名称将动画绑定到某个元素上。

(2) keyframes-selector：关键帧选择器,即指定当前关键帧要应用到整个动画过程中的位置。值可以使用百分比,用来规定动画发生的时间,0% 是动画的开始,100% 是动画的结束。这样的规则就是动画序列。也可以用关键词 from 和 to,等同于 0% 和 100%。

(3) css-styles：定义执行到当前关键帧时对应的动画状态,由 CSS 样式属性进行定义,多个属性之间以空格分隔,不能为空。

例如,指定一段动画效果,动画的名称是 mymove,初始状态下对象的宽度为 50px,终止状态下对象的宽度为 100px,代码如下。

```
@keyframes mymove{              /*动画名称*/
    0%{                         /*动画初始状态*/
        width:50px;             /*宽度为 50px*/
    }
    100%{                       /*动画结束状态*/
        width:100px;            /*宽度为 100px*/
    }
}
```

使用关键词 from 和 to 实现上面的案例的代码如下。

```
@keyframes mymove{              /*mymove 是动画名称*/
    from{                       /*动画初始状态,等同于 0%*/
        width:50px;             /*宽度 50px*/
    }
```

```
        to{             /*动画结束状态,等同于100%*/
            width:100px;            /*宽度100px*/
        }
}
```

以上两段代码实现的功能完全相同。修改上面动画效果,初始状态下对象的宽度为50px,一半时(即50%时)对象的宽度为100px,终止状态下对象的宽度为50px,代码如下。

```
@keyframes mymove{           /*mymove是动画名称*/
        0%{                  /*动画初始状态*/
            width:50px;      /*宽度50px*/
        }
        50%{                 /*动画中间进行到一半时*/
            width:100px;     /*宽度100px*/
        }
        100%{                /*动画结束状态*/
            width:50px;      /*宽度50px*/
        }
}
```

2. animation-name 属性

要使动画生效,必须将动画绑定到某个元素上,animation-nam 属性用于定义要应用的动画名称,语法格式如下。

```
animation-name: keyframename|none;
```

animation-nam 的默认值为 none,表示不应用任何动画(可用于覆盖来自级联的动画)。keyframename 指定要绑定到选择器的关键帧的名称。

3. animation-duration 属性

animation-duration 规定动画完成一个周期所花费的时间,语法格式如下。

```
animation-duration: time;
```

time 默认值为 0,表示没有任何动画发生,当值为负数时,则视为 0。time 常用单位是秒(s)或者毫秒(ms)。

下面举例说明 animation-name 属性和 animation-duration 属性的用法,网页效果如图 8-13 和图 8-14 所示。

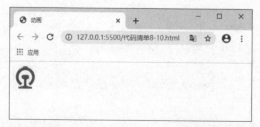

图 8-13　动画开始和结束状态的网页效果

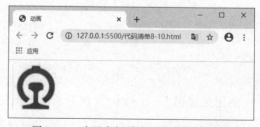

图 8-14　动画中间放大 1 倍的网页效果

上述网页的实现代码如代码清单 8-10 所示。

代码清单 8-10　动画属性用法

```html
<!-- 代码清单 8-10 -->
<!DOCTYPE html>
<html lang="en">
<head>
    <meta charset="UTF-8">
    <title>动画</title>
    <style>
        img{
            animation-name: mymove;          /*定义动画名称*/
            animation-duration: 5s;          /*定义动画持续时间*/
        }
        @keyframes mymove{                   /*mymove 是动画名称*/
            0%{                              /*动画初始状态*/
                width:50px;                  /*宽度为 50px*/
            }
            50%{                             /*动画中间进行到一半时*/
                width:100px;                 /*宽度为 100px*/
            }
            100%{                            /*动画结束状态*/
                width:50px;                  /*宽度为 50px*/
            }
        }
    </style>
</head>
<body>
    <img src="./images/铁路 LOGO.jpg" alt="">
</body>
</html>
```

在代码清单 8-10 中，通过关键帧 @keyframes 指定了动画 mymove 的执行效果。应用 animation-name 属性将 mymove 动画绑定到图像上，应用 animation-duration 属性指定动画执行时间为 5s。整个动画的执行结果如下。

(1) 从 0s 到 2.5s，图像从 50px 变化到 100px。

(2) 从 2.5s 到 5s，图像从 100px 变化到 50px，回到原始大小。

4. animation-delay 属性

animation-delay 属性规定动画效果的延迟时间，其语法格式如下。

```
animation-delay:time;
```

动画效果的开始时间默认值为 0，表示动画立刻发生。time 常用单位是秒（s）或者毫秒（ms），可以是正数或者负数。负数时，动画会从该时间点开始，之前的动画被截断；正数时，动画会延迟指定时间后再触发。与 transition-delay 属性的作用完全相同。

修改代码清单 8-10 所示的案例，使动画延迟 2s 播放，代码如下。

```css
img{
    animation-name: mymove;          /*定义动画名称*/
    animation-duration: 5s;          /*定义动画时间*/
    animation-delay: 2s;             /*动画延迟 2s*/
}
```

5. animation-timing-function 属性

animation-timing-function 属性设置动画效果的速度曲线,其语法格式如下。

```
animation-timing-function: linear |ease |ease-in |ease-out |
                           ease-in-out |cubic-bezier(n,n,n,n);
```

动画效果的速度曲线与 transition-delay 属性作用完全相同,有 6 种取值方式,具体描述见表 8-6。

修改代码清单 8-10 所示的案例,动画效果以相同速度运行,代码如下。

```
img{
    animation-name: mymove;              /*定义动画名称*/
    animation-duration: 5s;              /*定义动画时间*/
    animation-delay: 2s;                 /*动画延迟 2s*/
    animation-timing-function: linear;   /*动画效果以相同速度运行*/
}
```

6. animation-iteration-count 属性

animation-iteration-count 规定动画的播放次数,其语法格式如下。

```
animation-iteration-count: number |infinite;
```

number 指定动画具体播放的次数。默认是 1,infinite 表示循环播放。

修改代码清单 8-10 所示的案例,动画重复播放 3 次,代码如下。

```
img{
    animation-name: mymove;              /*定义动画名称*/
    animation-duration: 5s;              /*定义动画时间*/
    animation-delay: 2s;                 /*动画延迟 2s*/
    animation-timing-function: linear;   /*动画效果以相同速度运行*/
    animation-iteration-count: 3;        /*动画重复播放 3 次*/
}
```

7. animation-direction 属性

当动画循环播放时,animation-direction 属性规定动画播放的方向,下一周期是否反向播放,其语法格式如下。

```
animation-direction: normal|reverse|alternate|alternate-reverse;
```

animation-direction 属性共有 4 种取值,如表 8-8 所示。

表 8-8 animation-direction 属性的取值

属 性 值	功 能 描 述
normal	动画正常播放,默认值
reverse	动画反向播放
alternate	动画在奇数次(1、3、5、…)正向播放,在偶数次(2、4、6、…)反向播放
alternate-reverse	动画在奇数次(1、3、5、…)反向播放,在偶数次(2、4、6、…)正向播放

注意:如果动画被设置为只播放一次,则该属性不起作用。

修改代码清单 8-10 所示的案例,动画在奇数次正向播放、在偶数次逆向播放,代码如下。

```
img{
    animation-name: mymove;                    /*定义动画名称*/
    animation-duration: 5s;                    /*定义动画时间*/
    animation-delay: 2s;                       /*动画延迟2s*/
    animation-timing-function: linear;         /*动画效果以相同速度运行*/
    animation-iteration-count: 3;              /*动画重复播放3次*/
    animation-direction: alternate;            /*动画在奇数次正向播放偶数次逆向播放*/
}
```

8. animation 属性

animation 属性是所有动画属性的简写属性,其语法格式如下。

```
animation: name duration timing-function delay iteration-count direction;
```

注意:必须指定动画名称、动画时间,否则不会播放动画。

修改代码清单 8-10 所示的案例,使用 animation 简写属性实现,代码如下。

```
img{
    animation: mymove 5s linear 2s 3 alternate;
}
```

课堂实训 8-2　制作复兴号动画网页

1. 任务内容

2017 年 6 月 25 日,中国标准动车组被正式命名为"复兴号",具有完全自主知识产权,达到世界先进水平。本课堂实训运用过渡与动画知识制作一个图文混排的网页,用于介绍中国高铁划时代的标志——复兴号。从铁路机车的变迁,看中华人民共和国的辉煌。网页初始运行效果如图 8-15 所示,运行中间状态效果如图 8-16 所示。

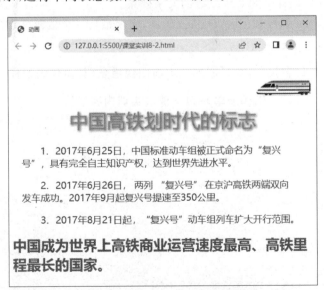

图 8-15　动画初始状态的网页效果

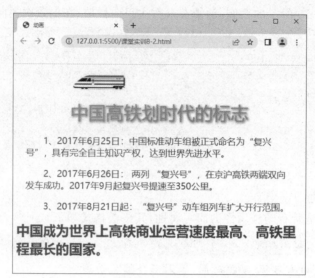

图 8-16　动画运行中间状态的网页效果

2. 任务目的

通过制作一个"中国高铁划时代的标志——复兴号"的动画效果网页，学会如何利用过渡属性与动画属性，实现图文混排的动画效果。

3. 技能分析

（1）网页内容一共包含 4 个部分，放在 4 个 div 元素中。第 1 个 div 元素中放置运行的火车图像；第 2 个 div 元素中放置标题文字；第 3 个 div 元素中放置中间 3 个段落的文字；第 4 个 div 元素中放置最后一个段落的文字。

（2）应用 animation 属性和@keyframes 属性，实现火车从左到右的运行动画。

（3）应用过渡属性实现鼠标指针指向标题文字时的放大效果。

（4）应用类选择器设计中间 3 个段落的文字效果。

（5）应用 animation 属性和@keyframes 属性，实现最后一个段落文字的七彩变换效果。

4. 操作步骤

（1）利用 HTML 设置页面内容，添加文本与图像信息，具体代码如代码清单 8-11 所示。

代码清单 8-11　课堂实训内容设置

```
<!-- 代码清单 8-11-->
<!DOCTYPE html>
<html lang="en">
<head>
    <meta charset="UTF-8">
 <title>动画</title>
</head>
<body>
    <div id='train'><img src="./images/复兴号.png" alt=""></div>
    <div class="title">中国高铁划时代的标志</div>
    <div class="connent">
```

```
        <p>1.2017年6月25日,中国标准动车组被正式命名为"复兴号",具有完全自主知识产
权,达到世界先进水平。</p>
        <p>2.2017年6月26日,两列"复兴号",在京沪高铁两端双向发车成功。2017年9月起复
兴号提速至350公里。</p>
        <p>3.2017年8月21日起,"复兴号"动车组列车扩大开行范围。</p>
    </div>
    <div class="p">中国成为世界上高铁商业运营速度最高、高铁里程最长的国家。</div>
</body>
</html>
```

(2)应用animation属性和@keyframes属性,实现火车从左到右的运行动画,代码如下。

```
<style>
  #train{
        text-align: right;  /*火车初始位置窗口右侧*/
        animation: mymove 5s infinite ease-in ;
     /*火车图像实现动画名称mymove,时间5s,动画重复,速度越来越快*/
    }
    @keyframes mymove{
        0%{
            transform: translate(125px,0px);
        }
        100%{
            transform: translate(-650px,0px); /*动画结束位置在窗口左侧,方向向左,
                                                 所以x轴值为负数*/
        }
    }
</style>
```

(3)为标题行文本设置字色、颜色、阴影等属性。在CSS样式表中设置类选择器title实现,应用过渡属性实现光标经过标题文字时放大文字,代码如下。

```
.title{
    font-size: 40px;
    color:#42c34a;
    text-shadow: 2px 2px 5px #ef6c00;
    margin: 10px auto ;
    text-align: center;
    line-height: 60px;
}
.title:hover{
    transform: scale(1.5);            /*标题行文本,鼠标划上时,放大1.5倍*/
}
```

(4)在CSS样式表中应用类选择器connent设计中间3个段落的文字效果,代码如下。

```
.connent{
    font-size: 20px;
    text-indent: 2em;
    margin: 5px 20px;
    color: #6849f3;
}
```

(5)应用animation属性和@keyframes属性,实现最后一个段落文字的七彩变换效果,代码如下。

```css
.p{
    color: red;
    font-weight: bold;
    font-size: 30px;
    animation: mymove1 10s infinite;
    /*文字颜色变换的动画名称是mymove1,动画时间10s,动画重复*/
}
@keyframes mymove1{      /*颜色变换的整个动画过程*/
    0%{
        color: red;
    }
    20%{
        color:orange
    }
    40%{
        color:green;
    }
    60%{
        color: blue;
    }
    80%{
        color: indigo;
    }
    100%{
        color: violet;
    }
}
```

习　题

一、选择题

1. 在 CSS 3 中,使用 transform 属性可以实现变形效果。下列选项中,能够实现元素缩放的是(　　)。

　　A. translate()方法　　　　　　　　B. scale()方法
　　C. skew()方法　　　　　　　　　　D. rotate()方法

2. 让一个动画一直执行的属性是(　　)。

　　A. animation-direction　　　　　　B. animation-iteration-coun
　　C. animation-paly-state　　　　　　D. animation-delay

3. 对 3D 物体进行操作时,有 x、y、z 三个轴的方向,y 轴的正方向是(　　)方向。

　　A. 竖直向上　　　B. 竖直向下　　　C. 向屏幕外　　　D. 向屏幕内

4. 如果希望一个以慢速开始,然后加快,最后慢慢结束的过渡效果,应该使用(　　)过渡模式。

　　A. ease　　　　　B. ease-out　　　C. ease-in　　　　D. ease-in-out

5. 下列有关 transition-delay 的说法错误的是(　　)。

　　A. transition-delay 属性指定过渡效果何时开始

B. transition-delay 值以秒或毫秒计

C. 在设置过渡效果时，transition-delay 可以不设置

D. time 的单位是 s 或 hs

6. 以下关于 animation 的叙述中错误的是（　　）。

A. animation-name 指定需要绑定到选择器的 @keyframe 名称

B. animation-duration 指定在动画开始之前的延迟

C. animation-timing-function 定义速度曲线

D. animation-direction 指定是否轮流反向播放动画

7. 如果想对一个 div 元素的 transform 属性进行调整，使其对观察者而言，右边沿向屏幕内旋转 45°，则相应的 CSS 属性应该如何设置？（　　）。

A. -webkit-transform：rotateX(45deg)

B. -webkit-transform：rotateX(－45deg)

C. -webkit-transform：rotateY(45deg)

D. -webkit-transform：rotateY(－45deg)

8. 如果想对一个 div 元素的宽度属性设置一个 2s 的过渡效果，相应的 CSS 属性的写法是（　　）。

A. animation：width 2s
B. transition：width 2s
C. transition：2s width
D. transition：div width 2s

二、简答题

animation 属性是一个简写属性，用于在一个属性中设置 animation 的 6 个动画属性。这 6 个动画属性分别是什么？各自的作用是什么？

第 9 章

JavaScript 语法基础

使用 JavaScript 对网页行为进行编程,通过与 CSS 及 HTML 结合可以实现很多动态的页面效果。本章从 JavaScript 在客户端浏览器上可解析并执行的脚本语言属性出发,讲解如何通过 JavaScript 程序实现网页的动态效果。

知识目标

- JavaScript 基于对象的语言在动态网页应用中的优势。
- JavaScript 与 HTML 的融合方式。
- JavaScript 与 CSS 的融合方式。

技能目标

- 能够使用 JavaScript 的基本语法、流程控制语句进行脚本开发。
- 能够使用 JavaScript 的函数与事件进行页面交互。

思政目标

以石油发展为引导,在 JavaScript 语法基础知识学习中,通过展示石油发展现状,融入科技报国、爱国情怀,培养学生艰苦奋斗、甘于奉献的工匠精神。

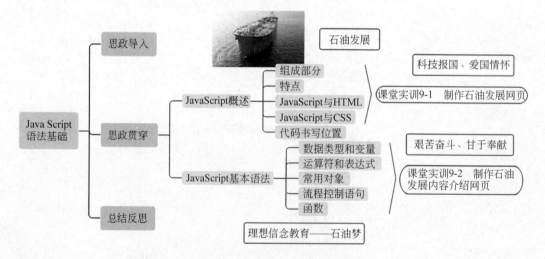

9.1 JavaScript 概述

9.1.1 初识 JavaScript

JavaScript 是 Web 开发领域中一种基于对象的脚本语言,主要用于交互式的 Web 页面开发,在计算机、手机、平板设备中的网页中都可以使用 JavaScript 实现交互,它还可以开发客户端的应用程序。

在 Web 前端开发中,HTML、CSS、JavaScript 分别代表内容、样式和行为。内容是网页的骨架,样式是网页的外观,而行为是网页的交互。

JavaScript 主要由 3 个部分组成。

(1) ECMAScript,描述了语言的基本语法和数据类型。

(2) 文档对象模型(DOM),是 HTML 和 XML 的应用程序接口。

(3) 浏览器对象模型(BOM),是对浏览器窗口进行访问和操作。

JavaScript 通过内置函数在 HTML 页面实现用户交互。为了说明具体问题,先看一个实例。这里制作了一个"石油发展"网页,效果如图 9-1 所示。

单击"确定"按钮之后,就会出现如图 9-2 所示的网页。

图 9-1 "石油发展"初始网页效果

图 9-2 "石油发展"网页进入之后网页效果

在这个过程中,可以看到通过与网站弹框的互动,也可以实现对显示内容的控制,具体代码如代码清单 9-1 所示。

代码清单 9-1 石油发展网页代码

```
<!--代码清单 9-1-->
<!DOCTYPE html>
<!--向搜索引擎表示该页面是 HTML,并且语言为中文-->
<html lang="zh">
<head>
    <!--告知浏览器此页面属于什么字符编码格式-->
    <meta charset="UTF-8">
    <title>石油发展</title>
    <script>window.alert("这是中国石油发展页面");</script>
```

```
    </head>
    <body>
        <h1>石油发展</h1>
        <!--导入图片,定义大小-->
        <img src="1.jpeg" alt=""  height="400" width="750">
        <br> &copy; 版权所有 DKY 制作
    </body>
</html>
```

从代码清单 9-1 可以看出,通过 JavaScript 可以实现与网页的互动,起到了很好的控制内容展示的效果。不仅如此,JavaScript 还可以很好地加入网页的其他内容中,其最核心的思想就是将动静分离,也就是"静态内容"和"动态内容"分别由 HTML 和 JavaScript 承担。

9.1.2 JavaScript 特点

JavaScript 作为可以直接在客户端浏览器上运行的脚本程序,有着自身独特的功能和特点。

1. 简单性

JavaScript 是一种脚本语言,采用小程序段的方式实现编程,同时也是一种解释性语言,提供了一个简易的开发过程。JavaScript 的基本结构形式与 C++、VB 和 Delphi 十分类似,不需要先编译,而是在程序运行过程中逐行地解释。在 Web 前端开发过程中,JavaScript 与 HTML 标识结合在一起,从而方便用户的使用和操作。

2. 安全性

JavaScript 被设计为通过浏览器来处理并显示信息,但不能修改其他文件中的内容。换言之,JavaScript 不能将数据存储在 Web 服务器或者用户的计算机上,更不能对用户文件进行修改或者删除操作。

3. 动态性

相对于 HTML 和 CSS 的静态属性而言,JavaScript 是动态的,可以直接对用户或客户输入做出响应,无须经过 Web 服务程序。JavaScript 对用户的响应,是以事件驱动的方式进行的。所谓事件就是指在页面中执行了某种操作所产生的动作。比如按下鼠标键、移动窗口、选择菜单项等都可以视为事件。当事件发生后,可能会引起相应的事件响应。

4. 跨平台性

JavaScript 依赖于浏览器本身,与操作系统环境无关。只要能运行浏览器,且浏览器支持 JavaScript,就可以正确执行,无论这台计算机安装的是 Windows、Linux 还是其他操作系统。

5. 节省交互时间

随着 WWW 的迅速发展,有许多 WWW 服务器提供的服务要与浏览者进行交互,从而确定浏览者的身份和所需服务的内容等,这项工作通常由 CGI/Perl 编写相应的接口程序与用户进行交互来完成。很显然,通过网络与用户的交互增大了网络的通信量,还影响了服务器的性能。

JavaScript 是一种基于客户端浏览器的语言,用户在浏览的过程中填表、验证的交互过程,只通过浏览器对 JavaScript 源代码进行解释并执行,大大减少了服务器的资源开销。

9.1.3 JavaScript 与 HTML 语言

HTML 中的 JavaScript 脚本必须位于<script>与</script>标签之间，JavaScript 脚本可被放置在 HTML 页面的<body>标签和<head>标签中。

1. <script>标签

如果在 HTML 页面中插入 JavaScript 脚本，就需要使用<script>标签。<script>和</script>之间的内容会被视为代码解释。例如，下列代码中，<script>和</script>之间的代码包含了 JavaScript 相关的代码内容：

```
<script type="text/javascript">
    alert("欢迎来到石油发展!!!");
</script></span>
```

浏览器会解释并执行位于<script>和</script>之间的 JavaScript 代码。

注意：JavaScript 是所有现代浏览器以及 HTML 5 中的默认脚本语言。

2. HTML 中写入 JavaScript 代码

JavaScript 会在页面加载时向 HTML 的 <body> 中写入代码，在 <body> 中写入 JavaScript 可以实现更为复杂的功能，而且可以运用 CSS 的各种相关排版及布局，使其内容更加丰富且美观，下面举例说明，网页效果如图 9-3 所示。

图 9-3　在<body>中使用 JavaScript 的网页效果

上述网页的实现代码如代码清单 9-2 所示。

代码清单 9-2　在<body>中使用 JavaScript

```
<!--代码清单9-2-->
<!DOCTYPE html>
<html lang="zh">
<head>
    <meta charset="UTF-8">
    <title>石油发展</title>
</head>
<body>
    <script type="text/javascript">
    document.write("<h1>这是石油发展标题</h1>");
    document.write("<p>这是中国石油发展内容</p>");
    </script>
    <br> &copy; 版权所有 DKY 制作
</body>
</html>
```

代码清单 9-2 中，向<body>标签中插入<script>标签，并在标签中通过 document.write()方法在页面上输出标题标签<h1>和段落标签<p>，从而达到页面交互效果。

注意：HTML 文档中含有脚本的数量不限定。

JavaScript 脚本可位于 HTML 的<body>或<head>部分中，或者同时存在于两个部分中。通常的做法是把函数放入<head>部分中，或者放在页面底部。这样就可以把它们安置到同一处位置，不会干扰页面的内容。

3. JavaScript 函数

JavaScript 语句会在页面加载时执行，函数需要在某个事件发生时执行，比如当用户点击按钮时执行函数所定义的内容。如果把 JavaScript 代码放入函数中，就可以在事件发生时调用该函数，执行 JavaScript 代码。函数的构建方法如下。

```
//构建函数的第一种方法
function 函数名(参数1,参数2){
    函数体
}
//构建函数的第二种方法
var 函数名 = function(参数1,参数2){
    函数体
}
//函数调用方法
函数名(参数1,参数2,...)
```

下面举例说明如何在 JavaScript 中加入函数，网页效果如图 9-4 所示。

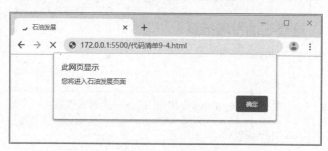

图 9-4　JavaScript 中定义函数的网页效果

上述网页的实现代码如代码清单 9-3 所示。

代码清单 9-3　在 JavaScript 中定义函数

```
<!--代码清单 9-3-->
<!DOCTYPE html>
<html lang="zh">
<head>
    <meta charset="UTF-8">
    <title>石油发展</title>
    <script type="text/javascript">
        //定义函数
        function fun(){
            alert("您将进入石油发展页面");
        }
        //调用函数
```

```
        fun();
    </script>
</head>
<body>
</body>
</html>
```

在代码清单 9-3 中,首先定义 fun()函数,接着调用 fun()函数,这样可以将复杂的代码进行简化,而且可以重复运用,从而使整个代码更加简洁和易于维护。

4. <head>中的 JavaScript 函数

JavaScript 函数可以放置到 HTML 页面的<head>部分,这样该函数会在单击按钮时被调用,下面举例说明。网页效果如图 9-5 所示。

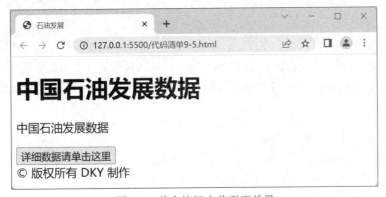

图 9-5　单击按钮之前页面效果

当用户单击按钮后,页面中所显示的内容有所不同,如图 9-6 所示。

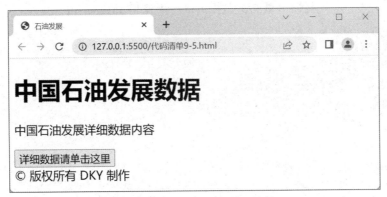

图 9-6　单击按钮之后页面效果

上述网页的实现代码如代码清单 9-4 所示。

代码清单 9-4　在<head>中加入 JavaScript 函数

```
<!--代码清单 9-4-->
<!DOCTYPE html>
<html lang="zh">
<head>
```

```html
        <meta charset="UTF-8">
        <title>石油发展</title>
        <script type="text/javascript">
        <!--定义函数-->
        function myFunction()
        {
            document.getElementById("demo").innerHTML="中国石油发展详细内容";
        }
        </script>
    </head>
    <body>
        <h1>石油发展初始页面</h1>
        <p id="demo">详细内容请单击下面</p>
        <button type="button" onclick="myFunction()">点击这里</button>
        <br> &copy; 版权所有 DKY 制作
    </body>
</html>
```

在代码清单 9-4 中,首先定义了函数 myFunction(),接着在 HTML 中使用 button 元素的 onclick 事件调用此函数,从而达到事件的触发。也就是单击按钮时,页面内容发生了变化,响应了 JavaScript 事件。

5. <body>中的 JavaScript 函数

下面举例说明如何把一个 JavaScript 函数放置到 HTML 页面的<body>部分。该函数会在单击按钮时被调用,使用 JavaScript 函数。

当用户单击按钮后,页面中所显示的内容会有所不同。

上述网页的实现代码如代码清单 9-5 所示。

代码清单 9-5　在<body>中使用 JavaScript

```html
<!--代码清单 9-5-->
<!DOCTYPE html>
<html lang="zh">
<head>
<meta charset="UTF-8">
<title>石油发展</title>
</head>
<body>
<h1>中国石油发展数据</h1>
<p id="demo">中国石油发展数据</p>
<button type="button" onclick="myFunction()">详细数据请单击这里</button>
<script type="text/javascript">
<!--定义函数-->
function myFunction()
{
    <!--页面显示内容-->
    document.getElementById("demo").innerHTML="中国石油发展详细数据内容";
}
</script>
<br> &copy; 版权所有 DKY 制作
</body>
</html>
```

在代码清单9-5中,首先在<body>标签中定义myFunction()函数,接着利用button元素的onclick事件实现函数的调用,这样可以将复杂的代码进行简化,而且可以重复运用,从而使整个代码更加简洁和易于维护。

注意:把JavaScript放到了页面代码的底部,这样就可以确保在p元素创建之后再执行脚本。

9.1.4　JavaScript与CSS

随着浏览器不断的升级改进,CSS和JavaScript之间的界限越来越模糊。本来它们的功能完全不同,但最终它们都属于网页前端技术,它们需要相互密切的合作。很多网页中都有.js文件和.css文件,但这并不意味着CSS和JavaScript是独立不能交互的。在很多情况下,都需要对网页上元素的样式进行动态的修改。在JavaScript中提供了几种方式可以动态地修改样式,下面介绍具体的使用方法及效果。

1. 部分改变样式

下面举例说明如何通过JavaScript改变CSS样式。网页效果如图9-7所示。

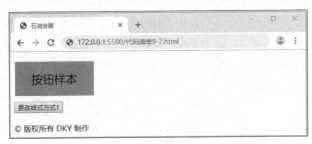

图9-7　单击按钮之前页面样式效果

当用户单击"更改样式方式1"按钮之后,可以看到"按钮样本"的颜色发生了变化,如图9-8所示。

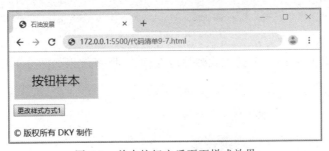

图9-8　单击按钮之后页面样式效果

上述网页的实现代码如代码清单9-6所示。

代码清单9-6　通过函数方式更改部分属性

```
<!--代码清单9-6-->
<!DOCTYPE html>
<html lang="zh">
<head>
    <meta charset="UTF-8">
```

```
        <title>石油发展</title>
    </head>
<style>
    /<!--定义样式-->
    .style1 {
        margin: 10px auto;
        background-color: blue;
        padding: 20px 35px;
        font-size: 24px;
    }
<script type="text/javascript">
    <!--定义函数-->
    function differentStyle() {
        var obj = document.getElementById("button1");
        obj.style.backgroundColor= "red";
    }
</script>
<div>
    <!--定义按钮-->
    <input id="button1" type="button" name="buttonSample"
    value="按钮样本" class="style1" />
    <div id="Changetool">
    <input type="button" value="更改样式方式 1" onclick="differentStyle()"/>
    </div>
</div>
<br> &copy; 版权所有 DKY 制作
</html>
```

在代码清单 9-6 中,通过自定义函数 differentStyle()更改了部分属性,从而实现动态内容,代码如下:

```
function differentStyle() {
  ...
  obj.style.backgroundColor= "red";
}
```

2. 整体改变样式

也可以使用引用样式的类名的方式整体改变样式,网页效果如图 9-9 所示。

图 9-9　整体改变样式单击之后页面效果

上述网页的实现代码如代码清单 9-7 所示。

代码清单 9-7　使用函数方式整体调用样式

```html
<!--代码清单 9-7-->
<!DOCTYPE html>
<html lang="zh">
<head>
    <meta charset="UTF-8">
    <title>石油发展</title>
</head>
/*定义样式 1,2*/
<style>
    .style1 {
        margin: 10px auto;
        background-color: blue;
        padding: 20px 35px;
        font-size: 24px;
    }

    .style2 {
        margin: 10px auto;
        background-color: green;
        padding: 80px 45px;
        font-size: 40px;
    }
</style>
<script type="text/javascript">
    //定义函数
    function differentStyle() {
        var obj = document.getElementById("button1");
        obj.setAttribute("class", "style2");
    }
</script>
<div>
    <!--定义按钮-->
    <input id="button1" type="button" name="buttonSample" value="按钮样本" class="style1" />
    <div id="Changetool">
        <!--定义单击按钮事件-->
        <input type="button" value="更改样式方式 2" onclick="differentStyle()" />
    </div>
</div>
<br> &copy; 版权所有 DKY 制作
</html>
```

在代码清单 9-7 中,可以看到在函数中通过调用样式类名,从而实现动态内容改变。

```
function differentStyle() {
  ...
  obj.setAttribute("class", "style2");
}
```

其中 sytle2 为事先在标签<head>中定义好的,其代码如下。

```
<style>
    ...
    .style2{margin:10px auto ;background-color:green; padding:30px 25px; font-
    size: 20px;}
</style>
```

通过引用类的方式,可以实现整体样式的改变,大大简化了代码,有利于模块化设计。

3. 外联的 CSS 改变样式

在很多实际项目中,都会预先在 CSS 文件里定义好各种样式,再通过更改外联的 CSS 文件引用从而更改样式,网页效果如图 9-10 所示。

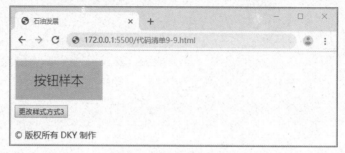

图 9-10　单击之后页面

上述网页的实现代码如代码清单 9-8 所示。

代码清单 9-8　使用外联的 CSS 文件改变样式

```
<!--代码清单 9-8-->
<!DOCTYPE html>
<html lang="zh">
<head>
    <meta charset="UTF-8">
    <title>石油发展</title>
    <link href="9-8.css" rel="stylesheet" type="text/css" id="css"/>
</head>
/*定义样式*/
<style>
    .style1 {
        margin: 10px auto;
        background-color: blue;
        padding: 20px 35px;
        font-size: 24px;
    }
</style>
<script type="text/javascript">
    //定义函数
    function differentStyle() {
      var obj = document.getElementById("button1");
      obj.setAttribute("class", "style2");
    }
```

```
</script>
<div>
    <!--定义按钮-->
    <input id="button1" type="button" name="buttonSample" value="按钮样本"
      class="style1" />
    <div id="Changetool">
        <!--定义单击按钮事件-->
        <input type="button" value="更改样式方式 3" onclick="differentStyle()"/>
    </div>
</div>
<br> &copy; 版权所有 DKY 制作
</html>
```

在代码清单 9-8 中,通过外联文件的方式,更有利于模块化设计,也是符合实际大型项目中分工合作的需求。在很多项目中 CSS 样式由专门的工程师进行设计及维护。

9.1.5 代码书写位置

在网页设计中,JavaScript 有 3 种书写位置,分别是行内式、嵌入式和外链式。

1. 行内式

通过 HTML 标签的事件属性进行应用,就是行内式。通常应用范围为表单的按钮事件等,具体代码如下。

```
<input type="button" value="点我" onclick="alert('弹出对话框')"/>
```

按钮标签的 onclick 事件就是一个行内 JavaScript 代码段,它实现的功能就是弹出提示对话框。

行内式只能写单行或者少量 JavaScript 代码,它可读性较差,一般情况下不建议使用。

2. 嵌入式

嵌入式也叫内嵌式,即将 JavaScript 写入<script>标签中,它可以位于<head>或者<body>标签中,具体代码如下。

```
<script>
    //定义函数
    function differentStyle() {
        var obj = document.getElementById("button1");
        obj.style.backgroundColor= "red";
    }
</script>
```

嵌入式可以插入多行 JavaScript 代码,它是使用 JavaScript 最常用的方法。

3. 外链式

外链式也称为外部式,即将 JavaScript 代码写在一个单独文件中,文件扩展名为.js,在 HTML 页面中使用<script>标签进行调用,具体代码如下。

```
<script src="web.js"></script>
```

外链式有利于 HTML 页面代码结构化，方便项目中其他页面进行调用，增强了复用性。它适合于 JavaScript 代码较多的情况。

课堂实训 9-1　制作石油发展网页

1. 任务内容

中国石油的发展也是新中国能源产业发展的一个缩影。中国从一个无法自主开发石油的国家，成为现在石油生产大国，是多少代前辈辛苦奋斗的结果，也是我们未来奋斗的一个目标。本课堂实训制作一个简单的网页，用于展示当年的中国石油产量，让学生了解国家石油发展状况，对祖国的石油发展产生兴趣。网页效果如图 9-11 所示。

图 9-11　石油发展网页效果

2. 任务目的

通过制作一个简单的石油发展网页，学会利用 JavaScript 实现简单的网页互动功能。

3. 技能分析

（1）在<head>中放入欢迎页面，并且根据条件更改。
（2）在<script>中事先定义函数，实现内容显示及样式更改等功能。
（3）查找某年的中国石油产量并进行更改。

4. 操作步骤

（1）利用 HTML 语言设置页面内容，插入素材图片和文字，如代码清单 9-9 所示。

代码清单 9-9　插入素材图片和文字的代码

```
<!--代码清单 9-9-->
<!DOCTYPE html>
```

```html
<!--向搜索引擎表示该页面是html语言,并且语言为中文网站-->
<html lang="zh">
<head>
    <!--告知浏览器此页面属于什么字符编码格式-->
    <meta charset="UTF-8">
    <title>石油发展</title>
    <script>
      <!--定义变量-->
      var a=4,b=7;
      <!--按照变量值,显示不同的窗口显示内容-->
      window.alert(a>b?"欢迎你":"石油发展欢迎你");
      <!--定义函数-->
      function myFunction()
      {
          <!--页面显示内容-->
          document.getElementById("demo").innerHTML="1.95亿吨";
          var obj = document.getElementById("button1");
          obj.style.backgroundColor= "red";
      }
    </script>
</head>
<body>
    <script type="text/javascript">
    <!--页面显示内容-->
    document.write("<h1>这是石油发展标题</h1>");
    <!--页面显示内容-->
    document.write("<p>2020年中国石油产量是</p>");
    </script>
    <p id="demo"></p>
    <!--定义按钮-->
    <input id="button1" type="button" value="查询" onclick="myFunction()"/>
    <br>
    <!--插入图片-->
    <img src="1.jpeg" alt="" height="400" width="750">
    <br> &copy; 版权所有 DKY 制作
</body>
</html>
```

(2) 根据条件更改网页初始页面。

```
var a=4,b=7;
window.alert(a>b?"欢迎你":"石油发展欢迎你");
```

(3) 更改年份。

```
document.write("<p>2020年中国石油产量是</p>");
```

(4) 根据查到的数据更改产量。

```
document.getElementById("demo").innerHTML="1.95亿吨";
```

9.2 JavaScript 基本语法

9.2.1 数据类型和变量

1. 6 种数据类型

JavaScript 脚本语言同其他语言一样，有它自身的基本数据类型、表达式、运算符以及程序的基本框架结构。JavaScript 提供了 6 种数据类型，其中 4 种基本的数据类型用来处理数值和文字，而变量提供存放信息的地方，表达式则可以完成较复杂的信息处理。下面对各种数据类型分别进行介绍。

1) 字符串

JavaScript 的字符串包含在双引号(")或单引号(')中，例如，以下代码为字符串赋值。

```
Var xx = "ABCDEFG";
Var yy = 'ABCDEFG';
```

2) 转义符

反斜杠(\)在 JavaScript 叫作转义符，它可以使它后面的一个字符产生特殊的作用。各类转义符的说明如表 9-1 所示。

表 9-1 转义符的功能描述

转义符	功 能 描 述	转义符	功 能 描 述
\n	换行	\"	双引号(")
\f	换页	\\	反斜杠(\)
\b	退格	\nnn	用八进制数指定字符编码(如 A 是\101)
\r	回车	\xnn	用十六进制数指定字符编码(如 A 是\x41)
\t	横向跳格(TAB)	\unnnn	Unicode 字符
\'	单引号(')		

例如，弹出的警告框里的文字在中间部分需要换行，具体代码如下。

```
alert("您好\n欢迎访问。");
```

3) 单双引号

单双引号使用规则为：在双引号(")中不能使用双引号(")；单引号(')中不能使用单引号(')；在双引号中可以使用单引号(')；单引号(')中可以使用双引号(")。或者使用转义符(\)使用单双引号，例如：

```
str = "单引号是 '。";
str = '双引号是 " 。';
str = "双引号是 \",单引号是 \'。";
```

4) 数值

JavaScript 中可以使用十进制数、八进制数、十六进制数，区分整数与浮点数。以 0 开头的整数是八进制数，以 0x 开头的整数是十六进制数。例如：

```
var temp=12345          //十进制数 12345
var temp=1.23           //浮数 1.23
var temp=1.23e4         //1.23乘以 10 的 4 次方
var temp=1.23E4         //1.23乘以 10 的 4 次方
var temp=0777           //八进制数 777
var temp=0xff88         //十六进制数 FF88
```

5）布尔型

布尔型数有两个，true 代表"真"，false 代表"假"。一般关系运算符会返回布尔值。另外，数值的 0、−0、特殊值的 null、undefined 以及空字符("")都会被解释为 false，其他值则会被解释为 true。

6）undefined 和 null

如果一个变量声明后没有赋值，则变量的值就是 undefined。而 null 值指没有任何值，什么也不表示，它也指空指针对象。

7）object 类型

除了上面提到的各种常用类型外，对象也是 JavaScript 中的重要组成部分。

2. 变量的声明与赋值

在 JavaScript 中变量用来存放脚本中的值，这样在需要用这个值的时候就可以用变量来代表，一个变量可以代表一个数字、文本或其他。

JavaScript 是一种对数据类型要求不太严格的语言，所以不必声明每一个变量的类型。可以使用 var 语句直接进行变量声明，例如：

```
var temp;               //没有赋值
var score=95;           //数值类型
var male=true;          //布尔类型
var author="isaac";     //字符串
```

JavaScript 区分大小写，因此 computer 和 Computer 是两个变量。另外，变量名称的长度是任意的，但必须遵循以下规则。

（1）第一个字符必须是字母（大小写均可）或下画线。

（2）后续的字符可以是字母、数字或下画线。

（3）变量名称不能是系统的保留字，例如 true、for 或 return 等。

9.2.2 运算符和表达式

表达式在定义变量后，就可以进行赋值、改变、计算等一系列操作，这一过程由表达式来完成，可以说表达式是变量、常量、布尔以及运算的集合。表达式可以分为算术表达式、字符串表达式、赋值表达式和布尔表达式等。

运算符也称为操作符，是用于实现赋值、比较、计算操作的符号，在 JavaScript 中有算术运算符、比较运算符、布尔运算符和赋值运算符等。

1. 算术运算符

算术运算符分为单目运算符和双目运算符。

其中双目运算符有＋（加）、−（减）、*（乘）、/（除）、％（取模）、|（按位或）、&（按位与）、<<（左移）、>>（右移）和>>>（无符号右移）等。单目运算符有~（取补）、++（递增）和−−（递减）等。它们的使用方法与一般程序设计语言一样，常用的算术运算符用法如表 9-2 所示。

表 9-2 常用的算术运算符

运算符	描述	示例
+	加法运算	3+3=6
-	减法运算	3-1=2
*	乘法运算	3*3=9
/	除法运算	3/3=1
%	求余运算,运算结果的正负值取决于左边数的符号	10%3=1
++	递增运算	++3
--	递减运算	--3
&	按位与,如果两个二进制位都是1,则结果为1,否则为0	15&9 运算过程:1111&1001=1001 即 9
|	按位或,如果两个二进制位有一个是1,则结果为1,否则为0	15|9 运算过程:1111&1001=1111 即 15
~	取补	~15 运算过程:~1111=10000 即 16
^	异或,如果二进制相同则为0,否则为1	15^9 运算过程:1111^1001=0110 即 6
<<	左移,将 a 左移 b 位,右边空位补 0	9<<2 运算过程:1001<<2=100100 即 36
>>	右移,将 a 右移 b 位,左边空位补 0 或 1	9>>2 运算过程:1001>>2=10 即 2
>>>	无符号右移,左边最高位零填充	19>>>2 运算过程:10011>>>2=100 即 4

2. 比较运算符

比较运算符是对两个数据进行比较,它的基本操作过程是,首先对它的操作数进行比较,然后再返回一个 true 或 false 值。主要的比较运算符有<(小于)、>(大于)、<=(小于等于)、>=(大于等于)、==(等于)和!=(不等于),常用的比较运算符用法如表 9-3 所示。

表 9-3 比较运算符

运算符	功能描述	示例
<	小于	3<2 结果为 false
>	大于	3>2 结果为 true
<=	小于等于	3<=2 结果为 false
>=	大于等于	3>=2 结果为 true
==	等于	3==3 结果为 true
!=	不等于	3!=2 结果为 true
===	全等	3===3 结果为 true
!==	不全等	3!==2 结果为 true

3. 布尔运算符

布尔运算符主要有!(取反)、&&(逻辑与)、||(或)、==(等于)、!=(不等于)和?:(三目操作符),常用的布尔运算符用法如表 9-4 所示。

表 9-4 布尔运算符

运算符	功 能 描 述	示　　例
！	取反	！0 结果为 true
&&	逻辑与，ab 结果都是 true，则为 true，否则 false	1&&1 结果为 true
||	或，a 或者 b 至少有一个为 true，则为 true，否则为 false	1||0 结果为 false
==	等于	1==1 结果为 true
!=	不等于	1!=0 结果为 false
?:	三目操作符，如果 a 大于 b，则输出":"前的内容，否则输出":"后的内容	5>2?0:1 结果为 0

4. 赋值运算符

赋值运算符主要用于给变量赋值，包括＝（将右边的值赋给左边）、＋＝（将右边的值加上左边的值然后赋给左边）、－＝、＊＝、/＝和％＝等，常用的赋值运算符用法如表 9-5 所示。

表 9-5 赋值运算符

运算符	功 能 描 述	示　　例
＝	赋值	a＝3
＋＝	加法运算并赋值	a＋＝3 等价于 a＝a＋3
－＝	减法运算并赋值	a－＝3 等价于 a＝a－3
＊＝	乘法运算并赋值	a＊＝3 等价于 a＝a＊3
/＝	除法运算并赋值	a/＝3 等价于 a＝a/3
％＝	求模运算并赋值	a％＝3 等价于 a＝a％3
<<＝	左移位运算并赋值	a<<＝3 等价于 a＝a<<3
>>＝	右移位运算并赋值	a>>＝3 等价于 a＝a>>3
>>>＝	无符号右移位运算并赋值	a>>>＝3 等价于 a＝a>>>3
&＝	按位"与"运算并赋值	a&＝3 等价于 a＝a&3
^＝	按位"异或"运算并赋值	a^＝3 等价于 a＝a^3
!＝	按位"或"运算并赋值	a!＝3 等价于 a＝a!3

下面举例说明如何在程序中使用运算符，网页效果如图 9-12 所示。

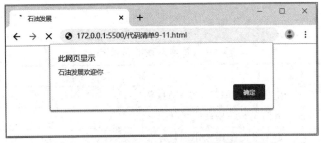

图 9-12 根据赋值改变显示内容代码执行效果

上述网页的实现代码如代码清单 9-10 所示。

代码清单 9-10　根据赋值改变显示的内容

```
<!--代码清单 9-10-->
<!DOCTYPE html>
<!--向搜索引擎表示该页面是 html 语言,并且语言为中文网站-->
<html lang="zh">
<head>
    <!--告知浏览器此页面属于什么字符编码格式-->
    <meta charset="UTF-8">
    <title>石油发展</title>
    <script>
      //定义变量
      var a=4,b=7;
      //使用运算符三目运算,进行按照变量值判断,显示不同的窗口显示内容
      window.alert(a>b?"欢迎你":"石油发展欢迎你");
    </script>
</head>
<body>
    <script type="text/javascript">
    //页面显示内容
    document.write("<h1>这是石油发展标题</h1>");
    //页面显示内容
    document.write("<p>这是中国石油发展内容</p>");
    </script>
    <br> &copy; 版权所有 DKY 制作
</body>
</html>
```

运行结果如图 9-12 所示。在这段代码中可以看到以下代码段主要控制显示内容,当 a 和 b 的值发生变化的时候,其显示内容也会发生变化。具体来说,根据 a 和 b 值的关系,会显示"欢迎你"或者"石油发展欢迎你",具体代码如下。

```
<script>
    var a=4,b=7;
    window.alert(a>b?"欢迎你":"石油发展欢迎你");
</script>
```

9.2.3　常用对象

1. 数学对象

数学对象的常用方法如表 9-6 所示。

表 9-6　数学对象的常用方法

方　　法	功　　能
Math.random()	生成大于 0 小于 1 的随机数
Math.max(x,y)	返回 x 与 y 中较大的数
Math.min(x,y)	返回 x 与 y 中较小的数
Math.pow(n,m)	返回 n 的 m 次方

方法	功能
Math.sqrt(n)	返回 n 的平方根
Math.ceil(n)	返回大于 n 的最小整数
Math.floor(n)	返回小于 n 的最大整数
Math.round(n)	把整数四舍五入。举例来说,3.6 会四舍五入为 4,-3.6 会四舍五入为 -4
Math.abs(n)	返回 n 的绝对值

例如,使用绝对值函数代码如下。

```
xx = Math.abs(-8);          //取-8 的绝对值
```

2. 日期对象

```
date = new Date(...)
```

Date()方法用于生成指定日期和时间的日期对象。日期对象的月份为 0~11。例如:

```
date = new Date(1999, 11, 31);
date = new Date("Dec 31, 1999 23:59:59");
```

也可以用下面的形式:

```
date = new Date("1999/12/31 23:59:59");
date = new Date("12/31/1999 23:59:59");
```

省略参数的话,会自动设定为当前的日期和时间。

```
today = new Date();         //以当日时间为对象初值
```

日期时间对象常用的方法如表 9-7 所示。

表 9-7 日期时间对象常用的方法

方法名	功能	方法名	功能
getDate()	返回当月第几日	getHours()	返回小时数
getYear()	返回年份	getMinutes()	返回分钟数
getMonth()	返回月份	getSeconds()	返回秒数
getDay()	返回星期几	setTimeout	按照间隔时间(ms)来调用方法
getTime()	返回时间		

使用 date.toString()方法和 date.toLocaleString()方法可以把日期时间转换为当地日期时间的字符串。例如:

```
var dd = new Date();
document.write(dd.toLocaleString());
```

3. 字符串对象

1) 字符串的长度

字符串对象的 length 属性返回字符串的长度,例如:

```
str = "欢迎访问";
alert("字符串长度" + str.length);
```

2）截取字符串

subString()方法的语法格式如下。

```
string.substring(from[, to])
```

subString()方法返回 string 对象的第 from 个字符到第 to-1 个字符（开头字符为第 0 个）的字符串。如果指定负数的话会被解释为 0。省略 to 会返回第 from 个字符到最后的字符串。

3）字符串大小写转换

toUpperCase()方法和 toLowerCase()方法分别用于将字符串转换成大写字母和小写字母，例如：

```
xx1 = "Abc".toUpperCase();          //返回 "ABC"
xx2 = "Abc".toLowerCase();          //返回 "abc"
```

下面举例说明如何在程序中利用函数实现显示当前日期。网页效果如图 9-13 所示。

图 9-13　显示当前日期的网页效果

上述网页的实现代码如代码清单 9-11 所示。

代码清单 9-11　显示当前日期

```
<!--代码清单 9-11-->
<!DOCTYPE html>
<html lang="zh">
<head>
    <!--告知浏览器此页面的字符编码格式-->
    <meta charset="UTF-8">
    <title>石油发展</title>
</head>
<body>
    <h1>这是石油发展</h1>
    <p>这是当前时间</p>
    <div></div>
    <script>
        var div = document.querySelector('div');
        var date = new Date();
        var year = date.getFullYear();               //返回年份
        var month = date.getMonth() + 1;             //返回月份
        month = month < 10 ? '0' + month : month;
        var dates = date.getDate();
        dates = dates < 10 ? '0' + dates : dates;    //日期逻辑判断
        var arr = ['星期日','星期一','星期二','星期三','星期四','星期五','星期六'];
        var day = date.getDay();                     //返回第几日
```

```
        //页面显示当前日期
        div.innerHTML = (year + '年' + month + '月' + dates + '日 ' + arr[day]);
    </script>
    <br> &copy; 版权所有 DKY 制作
</body>
</html>
```

在代码清单 9-11 中,首先获取需要显示的节点 div,接着利用日期时间对象的方法获取年份、月份、当月第几日、星期几的信息,最后显示到页面中。

9.2.4 流程控制语句

JavaScript 中的流程控制语句与其他程序设计语言的语句类似,用来实现程序的控制和各种基本的功能。在 JavaScript 中每条语句都以分号结束,但其本身对是否添加分号要求并不严格。但建议每条语句结束都加上分号,以便养成良好的编程习惯。JavaScript 的流程控制语句主要包括条件语句和循环语句。

1. 条件语句

条件语句主要有 if 语句、if-else 语句和 switch 语句。if 语句是最基本的条件语句,其语法格式如下。

```
if(表达式){
    语句 1;
    语句 2;
    ...
}
```

如果表达式为 true,则执行大括号里的语句,为 false 则直接跳过该段语句,执行下面的语句。如果需要在表达式为 false 时指定执行某段代码,则采用 if-else 语句,语法格式如下。

```
if(表达式){
    语句 1; }
else if{
    语句 2; }
    ...
else {
    语句 n; }
```

其中 else if 和 else 语句结构可以省略,也可以是多个,而语句既可以是单条语句,也可以多条语句。

下面举例说明条件语句的用法。某个使用条件语句网页的效果如图 9-14 所示。

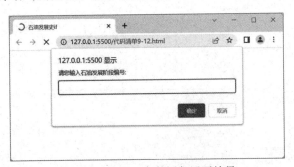

图 9-14 使用 if 条件语句网页效果

上述网页的实现代码如代码清单 9-12 所示。

代码清单 9-12　使用 if 条件语句

```html
<!--代码清单 9-12-->
<!DOCTYPE html>
<html lang="en">
<head>
    <meta charset="UTF-8">
    <title>石油发展史 if</title>
</head>
<body>
    <h1>我国石油发展阶段查询</h1>
    <script>
        var num = prompt('请您输入石油发展阶段编号:');
        if (num == 1)
            alert('第一阶段：古代石油');
        else if (num == 2)
            alert('第二阶段：近代石油');
        else if (num == 3)
            alert('第三阶段：中华人民共和国成立后');
        else if (num == 4)
            alert('第四阶段：现代石油');

        else if (num == 5)
            alert('第五阶段：石油强国');
        else
            alert('没有此阶段');
    </script>
</body>
</html>
```

在代码清单 9-12 中，首先定义变量 num 获取用户输入的值，接着利用 if 条件语句对 num 的值进行判断，根据判断结果，弹出不同内容的对话框。

条件语句也可以用 switch 实现，语法格式如下。

```
switch (表达式) {
case 值 1:
    语句 1;
    break;
case 值 2:
    语句 2;
    break;
...
case 值 n:
    语句 n;
default:
    语句 n+1;
}
```

图 9-16 所示网页的 switch 实现代码如代码清单 9-13 所示。

代码清单 9-13　使用 switch 条件语句

```html
<!--代码清单 9-13-->
<!DOCTYPE html>
<html lang="en">
<head>
    <meta charset="UTF-8">
    <title>石油发展史 switch</title>
</head>
<body>
    <h1>我国石油发展阶段查询</h1>
    <script>
        var num = prompt('请您输入石油发展阶段编号：');
        switch (num) {
            case '1':
                alert('第一阶段：古代石油');
                break;
            case '2':
                alert('第二阶段：近代石油');
                break;
            case '3':
                alert('第三阶段：中华人民共和国成立后');
                break;
            case '4':
                alert('第四阶段：现代石油');
                break;
            case '5':
                alert('第五阶段：石油强国');
                break;
            default:
                alert('没有此阶段');
        }
    </script>
</body>
</html>
```

在代码清单 9-13 中，利用 switch 语句实现了条件的判断。

注意：if 和 switch 都是根据判断条件决定是否执行，if 后面括号内表达式可以是布尔表达式，而 switch 括号内只能为正整数。所以 switch 适合用于固定值判断，不能进行逻辑判断。

2. 循环语句

循环语句主要有 for 语句、while 语句和 do-while 语句。循环语句一般在一定的条件下重复执行一段代码。在循环语句中应用 break 语句用来跳出循环，而 continue 语句则用于终止当前循环，执行下一轮循环。for 循环语句是最常用的语句，语法格式如下。

```
for(表达式 1; 表达式 2; 表达式 3){
    循环体;
}
```

其中表达式 1 用于初始化数据；表达式 2 为循环判断的条件，它决定循环体执行的次数；表达式 3 用于每次执行完循环体对参数进行调整。循环体可以是任意的合法 JavaScript 语句。

下面举例说明 for 循环语句的用法。使用 for 循环语句实现 1＋2＋3＋…＋100 的网页效果,如图 9-15 所示。

图 9-15 使用 for 循环语句网页效果

上述网页的实现代码如代码清单 9-14 所示。

代码清单 9-14 使用 for 循环语句

```html
<!--代码清单 9-14-->
<!DOCTYPE html>
<html lang="en">
<head>
    <meta charset="UTF-8">
    <title>for 循环语句</title>
</head>
<body>
    <h1>for 循环语句</h1>
    <script>
        var sum = 0;
        for (var i = 1; i <= 100; i++) {
            sum = sum + i;
        }
        document.write("1+2+3+…+100 的和是" + sum);
    </script>
</body>
</html>
```

在代码清单 9-14 中,sum 变量的作用是进行累加,for 循环中设置 3 个表达式分别是:初值 i=1;循环条件 i<=100;以及下一次循环的参数在原有基础上加 1 也就是 i++。

while 循环语句,也能实现循环操作,语法格式下。

```
while(条件表达式){
    循环体;
    …
}
```

其中条件表达式用于循环条件判断,如果条件成立则执行循环体。

下面使用循环语句 while 实现 1+2+3+…+100,实现代码如代码清单 9-15 所示。

代码清单 9-15 使用 while 循环语句

```
<!--代码清单 9-15-->
<!DOCTYPE html>
```

```
<html lang="en">
<head>
    <meta charset="UTF-8">
    <title>while 循环语句</title>
</head>
<body>
    <h1>while 循环语句</h1>
    <script>
        var sum = 0;
        var i = 1;
        while (i <= 100) {
            sum = sum + i;
            i++;
        }
        document.write("1+2+3+…+100 的和是" + sum);
    </script>
</body>
</html>
```

在代码清单 9-15 中，初值 i=1 在循环 while 之前进行设置，循环条件依旧是 i<=100，以及下一次循环的参数 i++，放置在循环体中。

do-while 语句首先先执行一次循环体，再进行条件判断，如果条件成立则接着进行循环，语法格式如下。

```
do{
    循环体;
        …
}while(条件表达式);
```

下面使用 do-whil 循环语句 e 实现 1+2+3+…+100，实现代码如代码清单 9-16 所示。

代码清单 9-16　使用 do while 循环语句

```
<!--代码清单 9-16-->
<!DOCTYPE html>
<html lang="en">
<head>
    <meta charset="UTF-8">
    <title>do while 循环语句</title>
</head>
<body>
    <h1>do while 循环语句</h1>
    <script>
        var sum = 0;
        var i = 1;
        do {
            sum = sum + i;
            i++;
        } while (i <= 100);

        document.write("1+2+3+…+100 的和是" + sum);
    </script>
</body>
</html>
```

在代码清单9-16中，初值i＝1在do语句之前进行设置，下一次循环的参数i＋＋放置在循环体中，循环条件依旧是i<＝100。

使用3种循环语句时，都不要遗漏循环初值的设定、循环参数设置和循环条件，区别在于这3个表达式放置的位置不同。

9.2.5 函数

函数是把经常使用的代码做成的一个可重复使用的代码块。JavaScript中定义函数的语法格式如下。

```
function func([参数 1, 参数 2, ...]) {
    ...
    [return[<值>];]
    ...
}
```

其中，中括号"[]"里的部分是可以省略的，当执行到return语句时，将直接跳出该函数，返回调用它的地方继续往下执行。

例如，把时、分、秒转换为秒数函数的代码如下。

```
function toSec (hour, min, sec) {
    var answer = hour * 3600 + min * 60 + sec;
    return(answer);
}
```

调用函数的代码如下。

```
sec1 = toSec (12, 34, 56);
```

函数一定要先定义才能够使用，不管定义在哪里都可以。一般都定义在<head>和</head>之间，或者定义在外部JavaScript文件中。下面的例子中，hour、min、sec等叫作参数，用来把值传递给函数使用。而函数执行后得到的结果则叫作返回值。

下面举例说明时间转换函数的用法。某个使用时间转换网页的效果如图9-16所示。

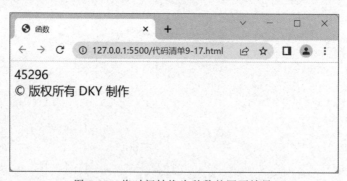

图 9-16　将时间转换为秒数的网页效果

上述网页的实现代码如代码清单9-17所示。

代码清单 9-17　时间转换为秒数

```
<!--代码清单 9-17-->
<!DOCTYPE html>
<html lang="zh">
```

```html
<head>
    <!--告知浏览器此页面属于什么字符编码格式-->
    <meta charset="UTF-8">
    <title>函数</title>
    <script type="text/javascript">
    //定义函数
    function toSec (hour, min, sec) {
        //进行秒数计算
        var answer = hour * 3600 + min * 60 + sec;
        //返回结果
      return(answer);
    }
    </script>
</head>
<body>
    <!--页面显示运算结果-->
    <script type="text/javascript">
     document.write(toSec (12, 34, 56));
    </script>
    <br> &copy; 版权所有 DKY 制作
</body>
</html>
```

在代码清单 9-17 中,首先自定义 toSec()函数,这个函数主要是进行秒数计算,并利用 return 语句返回值,接着在 HTML 页面中进行函数调用显示秒数。

课堂实训 9-2　制作石油发展内容介绍网页

1. 任务内容

本课堂实训制作一个简单的石油发展介绍网页,用于介绍石油从开采到使用的过程,让学生可以了解石油发展相关详细内容,了解石油产业链的大致组成,正确选择相关领域,坚定为国家石油产业做出贡献的决心。网页效果如图 9-17 所示。

图 9-17　"石油发展"内容介绍网页效果

2. 任务目的

通过制作一个简单的石油发展介绍网页,学会利用 JavaScript 循环实现图片自动变化。

3. 技能分析

(1) 使用 div 元素实现网页内容的设置。
(2) 使用样式表进行页面样式美化和页面布局。
(3) 自定义函数实现图片的显示和隐藏。
(4) 使用定时函数实现自动变化图片的功能。

4. 操作步骤

(1) 利用 HTML 设置页面内容,具体代码如代码清单 9-18 所示。

代码清单 9-18　网页基本布局

```html
<!--代码清单9-18-->
<!doctype html>
<html>
<head>
    <meta charset="utf-8">
    <title>石油发展</title>

</head>

<body>
    <div class="tuan">
        <div class="box01">
            <img src="images/new.gif" class="pic" />
            <h2 class="name"><a href="#">石油发展</a></h2>
            <p>
                <img src="images/image1.jpeg" id="div1" />
                <img src="images/image2.jpeg" id="div2" />
                <img src="images/image3.jpeg" id="div3" />
            </p>
            <ul>
                <li><a href="#">1</a></li>
                <li><a href="#">2</a></li>
                <li><a href="#">3</a></li>
            </ul>
        </div>
        <div class="box02">
            <p class="tit">
                <a href="#"><span>【开采】</span>石油是深埋在地下的流体矿物。石油开采是指在有石油储存的地方对石油进行挖掘、提取的行为。</a>
            </p>
            <p class="btn">
                <strong>查看详情</strong>
            </p>
        </div>
    </div>
</body>
</html>
```

(2)利用外部样式表进行页面样式设置,代码如下。

```css
@charset "utf-8";
/*重置浏览器的默认样式*/
body,
ul,
li,
h2,
p,
img {
    margin: 0;
    padding: 0;
    border: 0;
    list-style: none;
}

/*全局控制*/
body {
    font-size: 12px;
    font-family: "宋体";
}

a {
    text-decoration: none;
    color: #666;
}

em {
    font-style: normal;
}

img[id^="div"] {
    width: 298px;
    height: 180px;
    display: none;
}

.tuan {
    width: 298px;
    height: 320px;
    overflow: hidden;
    /*防止溢出内容呈现在元素框之外*/
    margin: 10px auto;
    padding: 10px 12px;
    border: 1px solid #666;
}

.box01 {
    height: 210px;
    position: relative;
    /*相对定位,但不设置偏移量*/
}

.name {
    height: 27px;
```

```css
}
.pic {
    position: absolute;
    /*绝对定位*/
    top: -12px;
    /*距上边线-5px*/
    left: 70px;
    /*距左边线63px*/
}

ul {
    width: 120px;
    height: 20px;
    position: absolute;
    /*绝对定位*/
    right: 0px;
    /*距右边线0px*/
    bottom: 10px;
    /*距下边线10px*/
}

ul li {
    width: 16px;
    height: 16px;
    background: #FFF;
    border: 2px solid #f53f00;
    float: left;
    /*定义左浮动*/
    margin-right: 10px;
}
ul li:first-child {
    background-color: #fdfc01;
    /*将第一个切换图标背景色设为黄色*/
}

ul li a {
    font-size: 12px;
    font-weight: bold;
    display: block;
    /*将行内元素转为块元素*/
    text-align: center;
}

/*控制下面大盒子*/

.box02 {
    height: 86px;
    margin-top: 14px;
}

/*控制下面大盒子的左侧样式*/

.tit {
    height: 50px;
```

```css
        line-height: 20px;
        font-size: 14px;
}

.tit a {
        color: #000;
}

.tit a span {
        color: #000;
        font-weight: bold;
}

.price {
        width: 190px;
        height: 30px;
        float: left;
        /*定义左浮动*/
}

.price span {
        font-family: "microsoft Yahei";
        font-size: 24px;
        color: #FF7F00;
}

/*控制下面大盒子的右侧样式*/

.btn {
        width: 85px;
        height: 35px;
        background: #feaa62;
        border: 1px solid #ff8b35;
        border-radius: 4px;
        float: right;
        /*定义右浮动*/
}

.btn strong {
        font-size: 18px;
        line-height: 35px;
        color: #FFF;
        display: block;
        /*将行内元素转为块元素*/
        text-align: center;
}
```

(3) 添加 JavaScript 脚本,自定义函数 show(),然后利用它实现图片的显示和隐藏,并利用定时器函数 setTimeout()实现自动显示,具体代码如下。

```
<script>
    var NowFrame = 1;
    var MaxFrame = 3;

    function show() {
```

```
            for (var i = 1; i < (MaxFrame + 1); i++) {
                if (i == NowFrame) {
                    document.getElementById('div' +
                      NowFrame).style.display = 'block';      //当前图片显示
                    var t = document.getElementById('div' + NowFrame);
                } else
                    document.getElementById('div' + i).style.display = 'none';
                    //其他的图片隐藏
            } {
                if (NowFrame == MaxFrame)                 //定义下一张显示的图片
                    NowFrame = 1;
                else
                    NowFrame++;
            }
            theTimer = setTimeout('show()', 3000);  //设置定时器,显示下一张显示的图片
        }
</script>
```

(4) 在<body>中添加启动事件调用自定义函数 show(),代码如下。

```
<body onLoad="show();">
```

习 题

一、选择题

1. 以下选项中的方法全部属于 window 对象的是(　　)。

　　A. alert,clear,close　　　　　　　B. clear,close,open

　　C. alert,close,confirm　　　　　　D. alert,setTimeout,write

2. 向 HTML 页面嵌入 JavaScript 脚本描述正确的是(　　)。

　　A. JavaScript 脚本只能放置在 HTML 页面中的<head>与</head>中

　　B. JavaScript 脚本可以放置在 HTML 页面中的任何地方

　　C. JavaScript 脚本必须被<script></script>标签对所包含

　　D. JavaScript 脚本必须被<Javascript>与</script>标签对所包含

3. 以下选项中不是 JavaScript 的基本特点的是(　　)。

　　A. 基于对象　　　B. 跨平台　　　C. 编译执行　　　D. 脚本语言

4. 下列语句中,(　　)是根据表达式的值进行匹配,然后执行其中的一个语句块。如果找不到匹配项,则执行默认的语句块。

　　A. if-else　　　B. switch　　　C. for　　　D. 字符串运算符

5. 在 JavaScript 中,运行下面代码后的返回值是(　　)。

```
var flag=true;
document.write(typeOf(flag));
```

　　A. undefined　　　B. number　　　C. Boolean　　　D. null

6. 在 JavaScript 中,运行下面的代码,sum 的值是(　　)。

```
var sum=0;
for(i=1;i<10;i++){
    if(i%5==0)
    break;
    sum=sum+i;
}
```

  A. 40   B. 50   C. 5   D. 10

7. 以下 JavaScript 语句将显示（　　）。

```
var a1=10; var a2=20;
alert("a1+a2="+a1+a2)
```

  A. a1＋a2＝30   B. a1＋a2＝1020
  C. a1＋a2＝a1＋a2   D. a1＋a2＝a1＋20

8. 有语句"var x=0;while(_____) x＋＝2;"，要使 while 循环体执行 10 次，空白处的循环判定式应写为（　　）。

  A. x＜10 B. x＜＝10 C. x＜20 D. x＜＝20

9. 运行下面的 JavaScript 代码，则提示框中显示（　　）。

```
<script language="javascript">
x=3;
y=2;
z=(x+2)/y;
alert(z);
</script>
```

  A. 2   B. 2.5   C. 32/2   D. 16

10. 以下（　　）变量名是非法的。

  A. numb_1 B. 2numb C. sum D. de2$f

11. JavaScript 的表达式""总价钱是"＋800＋"元""的结果是（　　）。

  A. 一条错误消息   B. "总价钱是"＋800＋"元"
  C. "总价钱是"800"元"   D. 总价钱是 800 元

二、简答题

1. JavaScript 由三部分组成，分别是什么？
2. JavaScript 的特点是什么？
3. JavaScript 的数据类型有哪些？分别举例说明。
4. JavaScript 有哪些流程控制语句？举例说明用法。
5. 在 HTML 中如何插入 JavaScript 代码，有哪些方法？

第 10 章

JavaScript 网页交互的实现

使用 JavaScript 可以更好地在客户端进行网页交互,这样不仅能够增加网页的观赏性而且能够减轻服务器压力。本章从 JavaScript 中的 BOM 和 DOM 两部分分别讲述如何进行元素获取、绑定事件和处理事件等。

 知识目标

- BOM 和 DOM 的含义和应用范围。
- 通过 JavaScript 获取元素的常用方法。
- 通过 JavaScript 操作元素的方法。
- 通过 JavaScript 操作节点元素、属性、文本的方法。
- 常用事件和事件绑定。

 技能目标

- 能够使用 BOM 的 window、history、location 等内置对象解决实际问题。
- 通过 DOM 操作实现页面中标签的访问、属性设置等实际网页交互问题。

 思政目标

以国产重卡为引导,在使用 JavaScript 实现网页交互的学习过程中,融入学生科技报国、爱国情怀,培养学生细节制胜、精益求精的工匠精神。

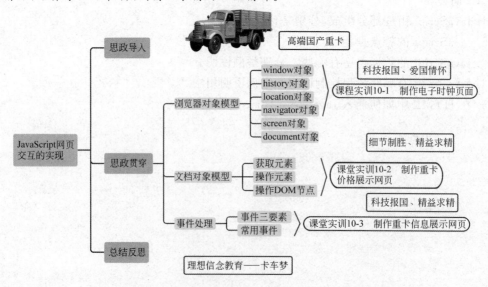

10.1 浏览器对象模型

10.1.1 初识浏览器对象

浏览器对象模型(browser object model,BOM)是用于描述浏览器中对象与对象之间层次关系的模型。浏览器对象模型提供独立于内容的、可以与浏览器窗口进行互动的对象结构。BOM 由多个对象组成,其中代表浏览器窗口的 window 对象是 BOM 的顶层对象,其他对象都是该对象的子对象,具体如图 10-1 所示。

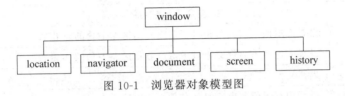

图 10-1 浏览器对象模型图

浏览器对象的关系如图 10-1 所示,使用 window 对象可以访问客户端其他对象,这种关系构成浏览器对象模型。window 对象代表根节点,每个对象说明如下。

(1) window:客户端 JavaScript 顶层对象。每当<body>或<frameset>标签出现时,window 对象就会被自动创建。

(2) navigator:包含客户端有关浏览器信息。

(3) screen:包含客户端屏幕的信息。

(4) history:包含浏览器窗口访问过的 URL 信息。

(5) location:包含当前网页文档的 URL 信息。

(6) document:包含整个 HTML 文档,可被用来访问文档内容及其所有页面元素。

10.1.2 window 对象

window 对象表示浏览器中打开的窗口。在 JavaScript 中,window 对象是全局对象,所有的表达式都在当前的环境中计算。也就是说,要引用当前窗口根本不需要特殊的语法,可以把窗口的属性当作全局变量来使用。例如,可以只写 document,而不必写 window.document。window 对象的常用属性和方法分别如表 10-1 和表 10-2 所示。

表 10-1 window 对象的常用属性

属 性	描 述
location	用于窗口或框架的 location 对象
document	对 document 对象的只读引用
history	对 history 对象的只读引用
screen	对 screen 对象的只读引用
navigator	对 navigator 对象的只读引用
defaultStatus	设置或返回窗口状态栏中的默认文本
closed	返回窗口是否已被关闭
frames	返回窗口中所有命名的框架。该集合是 window 对象的数组,每个 Window 对象在窗口中含有一个框架

续表

属性	描述
name	设置或返回窗口的名称
innerHeight	返回窗口的文档显示区的高度
innerWidth	返回窗口的文档显示区的宽度
localStorage	在浏览器中存储 key/value 对。没有过期时间
length	设置或返回窗口中的框架数量
opener	返回对创建此窗口的窗口的引用
outerHeight	返回窗口的外部高度,包含工具栏与滚动条
outerWidth	返回窗口的外部宽度,包含工具栏与滚动条
pageXOffset	设置或返回当前页面相对于窗口显示区左上角的 x 位置
pageYOffset	设置或返回当前页面相对于窗口显示区左上角的 y 位置
parent	返回父窗口
screenLeft	返回相对于屏幕窗口的 x 位置
screenTop	返回相对于屏幕窗口的 y 位置
screenX	返回相对于屏幕窗口的 x 位置
screenY	返回相对于屏幕窗口的 y 位置
sessionStorage	在浏览器中存储 key/value 对。在关闭窗口或标签页之后将会删除这些数据
self	返回对当前窗口的引用。等价于 window 对象
status	设置窗口状态栏的文本
top	返回顶层的父窗口

表 10-2 window 对象的常用方法

方法	描述
alert()	显示带有一段消息和一个确认按钮的警告框
atob()	解码一个 base-64 编码的字符串
btoa()	创建一个 base-64 编码的字符串
blur()	把键盘焦点从顶层窗口移开
clearInterval()	取消由 setInterval() 设置的 timeout
clearTimeout()	取消由 setTimeout() 方法设置的 timeout
close()	关闭浏览器窗口
confirm()	显示带有一段消息以及确认按钮和取消按钮的对话框
createPopup()	创建一个弹出式窗口
focus()	把键盘焦点给予一个窗口
getSelection()	返回一个 Selection 对象,表示用户选择的文本范围或光标的当前位置
getComputedStyle()	获取指定元素的 CSS 样式
matchMedia()	该方法用来检查 media query 语句,返回一个 MediaQueryList 对象
moveBy()	可相对窗口的当前坐标把它移动指定的像素
moveTo()	把窗口的左上角移动到一个指定的坐标
open()	打开一个新的浏览器窗口或查找一个已命名的窗口

续表

方法	描述
print()	打印当前窗口的内容
prompt()	显示可提示用户输入的对话框
resizeBy()	按照指定的像素调整窗口的大小
resizeTo()	把窗口的大小调整到指定的宽度和高度
scroll()	已废弃。已经使用scrollTo()方法代替该方法
scrollBy()	按照指定的像素值来滚动内容
scrollTo()	把内容滚动到指定的坐标
setInterval()	按照指定的周期(以毫秒计)来调用函数或计算表达式
setTimeout()	在指定的毫秒数后调用函数或计算表达式
stop()	停止页面载入
postMessage()	安全地实现跨源通信

常用的window属性和方法有以下几类。

1. 系统对话框

window对象定义了3个人机交互的方法,主要方便对JavaScript代码进行调试。

(1) alert():确定提示框。由浏览器向用户弹出提示性信息。该方法包含一个可选的提示信息参数。如果没有指定参数,则弹出一个空的对话框。

(2) confirm():选择提示框。由浏览器向用户弹出提示性信息,弹出的对话框中包含两个按钮,分别表示"确定"和"取消"按钮。如果单击"确定"按钮,则该方法将返回true;单击"取消"按钮,则返回false。confirm()方法也包含一个可选的提示信息参数,如果没有指定参数,则弹出一个空的对话框。

(3) prompt():输入提示框。可以接收用户输入的信息,并返回输入的信息。prompt()方法也包含一个可选的提示信息参数,如果没有指定参数,则弹出一个没有提示信息的输入文本对话框。

下面举例说明如何综合调用这3个方法来设计一个人机交互的对话框。网页效果如图10-2所示。

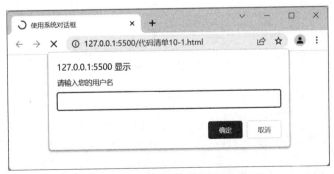

图10-2 使用系统对话框网页效果(1)

如果客户在输入提示框输入数据,则返回true,会出现确定提示框信息,此时网页效果如图10-3和图10-4所示;并出现欢迎信息,如图10-5所示。如果没有输入信息则会提示再次输入,如图10-2所示。

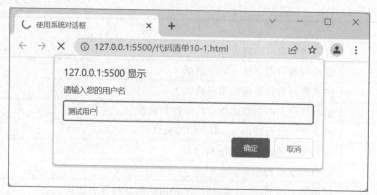

图 10-3 使用系统对话框网页效果(2)

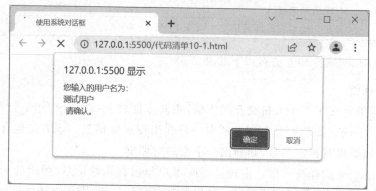

图 10-4 使用系统对话框网页效果(3)

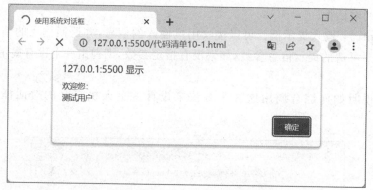

图 10-5 使用系统对话框网页效果(4)

上述网页的实现代码如代码清单 10-1 所示。

代码清单 10-1 使用系统对话框

```
<!--代码清单 10-1-->
<!DOCTYPE html>
<html lang="en">
<head>
    <meta charset="UTF-8">
    <title>使用系统对话框</title>
```

```
</head>
<body>
    <script>
        var user = prompt("请输入您的用户名");
        if (!!user) {
            //把输入的信息转换为布尔值
            var ok = confirm("您输入的用户名为：\n" + user + "\n 请确认。");
            //输入信息确认
            if (ok) {
                alert("欢迎您：\n" + user);
            } else {
                //重新输入信息
                user = prompt("请重新输入您的用户名：");
                alert("欢迎您：\n" + user);
            }
        } else {
            //提示输入信息
            user = prompt("请输入您的用户名：");
        }
    </script>
</body>
</html>
```

在代码清单 10-1 中，使用了 3 种对话框形式进行输出和输入处理。

注意：

（1）这 3 个方法仅接收纯文本信息，忽略 HTML 字符串，只能使用空格、换行符和各种符号来格式化提示对话框中的文本。

（2）不同的浏览器对于这 3 个对话框的显示效果略有不同。

2．打开和关闭窗口

使用 window 对象的 open() 方法可以打开一个新窗口，语法用法如下。

```
window.open (URL, name, features, replace)
```

各参数说明如下。

（1）URL：可选字符串，声明在新窗口中显示网页文档的 URL。如果省略，或者为空，则新窗口就不会显示任何文档。

（2）name：可选字符串，声明新窗口的名称。这个名称可以用作标签 <a> 和 <form> 的 target 目标值。如果该参数指定了一个已经存在的窗口，那么 open() 方法就不再创建一个新窗口，而只是返回对指定窗口的引用，在这种情况下，features 参数将被忽略。

（3）features：可选字符串，声明了新窗口要显示的标准浏览器的特征。如果省略该参数，新窗口将具有所有标准特征。

（4）replace：可选的布尔值。规定了装载到窗口的 URL 是在窗口的浏览历史中创建一个新条目，还是替换浏览历史中的当前条目。

reatures 属性用于进行新窗口显示特征描述，其属性值如表 10-3 所示。

表 10-3　replace 属性的常用属性

属　　性	描　　述
top	窗口的 y 坐标值,单位为像素
left	窗口的 x 坐标值,单位为像素
width	窗口文档显示区的宽度,单位为元素
height	窗口文档显示区的高度,单位为像素
fullscreen	是否使用全屏模式显示浏览器,可取值为 yes、no、1、0,默认是 no
location	是否显示地址字段,可取值为 yes、no、1、0,默认是 yes
menubar	是否显示菜单栏,可取值为 yes、no、1、0,默认是 yes
resizable	窗口是否可调节尺寸,可取值为 yes、no、1、0,默认是 yes
scrollbars	是否显示滚动条,可取值为 yes、no、1、0,默认是 yes
status	是否添加状态栏,可取值为 yes、no、1、0,默认是 yes
toolbar	是否显示浏览器的工具栏,可取值为 yes、no、1、0,默认是 yes

新创建的 window 对象拥有一个 opener 属性,引用打开它的原始对象。opener 只在弹出窗口的最外层 window 对象(top)中定义,而且指向调用 window.open()方法的窗口或框架。下面举例说明如何使用 open()方法打开新窗口。网页效果如图 10-6 所示,控制台效果如图 10-7 所示。

图 10-6　打开窗口网页效果

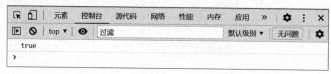

图 10-7　打开窗口控制台的效果

上述网页的实现代码如代码清单 10-2 所示。

代码清单 10-2　打开窗口

```
<!--代码清单 10-2-->
<!DOCTYPE html>
<html lang="en">
<head>
    <meta charset="UTF-8">
    <title>打开窗口</title>
```

```
</head>
<body>
    <script>
        //打开新的空白窗口
        win = window.open();
        //在新窗口中输出提示信息
        win.document.write("<h1>这是新打开的窗口</h1>");
        //让原窗口获取焦点
        win.focus();
        //在原窗口中输出提示信息
        win.opener.document.write("<h1>这是原来窗口</h1>");
        //检测 window.opener 属性值
        console.log(win.opener == window);
    </script>
</body>
</html>
```

在代码清单 10-2 中,利用 open()方法打开了一个新的窗口,并输出了提示信息,同时旧窗口也有提示信息。利用 console 命令可以看到 opener 的属性值为 true。

使用 window 的 close()方法可以关闭一个窗口。例如,关闭一个新创建的 win 窗口,具体用法如下。

```
win.close;
```

如果关闭自身窗口,则用法如下。

```
window.close;
```

使用 window.closed 属性可以检测当前窗口是否关闭,如果关闭则返回 true,否则返回 false。

3. 定时器

window 对象包含 4 个定时器专用方法,具体如表 10-4 所示,使用它们可以实现代码定时执行或者延迟执行,使用定时器还可以设计演示动画。

表 10-4 window 对象定时器方法

方　　法	描　　述
setInterval()	按照执行的周期(单位为毫秒)调用函数或计算表达式
setTimeout()	在指定的毫秒数后调用函数或计算表达式
clearInterval()	取消由 setInterval()方法生成的定时器
clearTimeout()	取消由 setTimeout()方法生成的定时器

setTimeout()方法能够在指定的时间段后执行特定代码,例如:

```
var o = setTimeout(code, delay);
```

参数 code 表示要延迟执行的字符串型代码,将在 Windows 环境中执行,如果包含多个语句,应该使用分号进行分隔。delay 表示延迟时间,以毫秒(ms)为单位。

该方法返回值是一个 Timer ID,这个 ID 指向延迟执行的代码控制语句。如果把这个语句传递给 clearTimeout()方法,则会取消代码的延迟执行。

下面举例说明如何使用 setTimeout()方法。网页效果如图 10-8 所示。

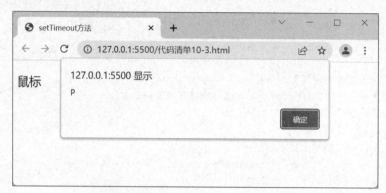

图 10-8　使用 setTimeout 方法网页效果

上述网页的实现代码如代码清单 10-3 所示。

代码清单 10-3　使用 setTimeout 方法实现代码

```html
<!--代码清单 10-3-->
<!DOCTYPE html>
<html lang="en">
<head>
    <meta charset="UTF-8">
    <title>setTimeout方法</title>
</head>
<body>
    <p id="show">鼠标</p>
    <script>
        //获取 p 元素
        var p = document.getElementById("show");
        //设置鼠标移动事件
        p.onmouseover = function(i) {
            //设置定时器 500ms,弹出对话框 alert
            setTimeout(function() {
                alert(p.tagName);
            }, 500);
        }
    </script>
</body>
</html>
```

在代码清单 10-3 中,当鼠标指针移过段落文本时,会延迟 500ms 弹出一个提示框,显示当前元素的名称。

clearTimeout()方法在特定条件下清除延迟处理代码。例如,当鼠标指针移过某个元素,停留半秒钟之后才会弹出提示信息,一旦鼠标指针移出当前元素,就立即清除前面定义的延迟处理函数,避免干扰。

下面举例说明如何使用 clearTimeout()方法。网页效果如图 10-9 所示。

上述网页的实现代码如代码清单 10-4 所示。

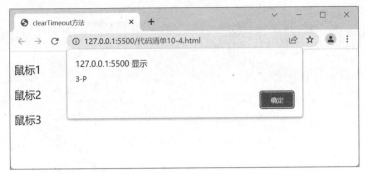

图 10-9　使用 clearTimeout 方法网页效果

代码清单 10-4　使用 clearTimeout 方法

```html
<!--代码清单10-4-->
<!DOCTYPE html>
<html lang="en">
<head>
    <meta charset="UTF-8">
    <title>clearTimeout方法</title>
</head>
<body>
    <p class="show">鼠标 1</p>
    <p class="show">鼠标 2</p>
    <p class="show">鼠标 3</p>
    <script>
        //获取 class 为 show 的所有元素
        var p = document.getElementsByClassName("show");
        //遍历元素集合
        for (var i = 0; i < p.length; i++) {
            //注册鼠标经过事件处理函数
            p[i].onmouseover = function(i) {
                //返回闭包函数
                return function() {
                    //调用函数 f(),并传递当前对象引用
                    f(p[i]);
                }
            }(i);
            //调用函数并传递循环序号,实现在闭包中存储对象序号值
            p[i].onmouseout = function(i) {
                return function() {
                    //清除已注册的延迟处理函数
                    clearTimeout(p[i].out);
                }
            }(i);
        }
        //延迟处理函数
        function f(p) {
            var out = setTimeout(function() {
```

```
            alert(i + "-" + p.tagName);
            //显示当前元素的名称
            console.log(p.tagName);
        }, 500)
    }
    //定义延迟半秒钟后执行代码
    </script>
</body>
</html>
```

在代码清单10-4中,通过getElementsByClassName()方法获取class为show的所有元素集合,并利用循环进行鼠标事件的元素集合遍历。其中,setTimeout()方法进行延迟处理,它的第一个参数是函数,等待延迟调用。当鼠标指针移到某个元素上并停留500ms后才会显示提示信息。如果鼠标指针移出该元素,利用clearTimeout()方法立即清除前面定义的延迟处理函数。

setInterval()方法能够周期性执行指定的代码,如果不加以处理,那么该方法将会被持续执行,直到浏览器窗口关闭或者跳转到其他页面为止。其语法格式如下。

```
var o = setInterval (code, interval)
```

该方法的用法与setTimeout()方法基本相同,其中参数code表示要周期执行的代码字符串,参数interval表示周期执行的时间间隔,以毫秒为单位。它的返回值是一个Timer ID,这个ID指向对当前周期函数的执行引用,利用该值对计时器进行访问。如果把这个值传递给clearTimeout()方法,则会强制取消周期性执行的代码。

如果setInterval()方法的第一个参数是4个函数,则setInterval()方法可以接收任意多个参数,这些参数将作为该函数的参数使用。其语法格式如下。

```
var o = setInterval(functioin, interval[,arg1, arg2, ..., argn])
```

下面举例说明如何使用setInterval()方法。网页效果如图10-10所示。

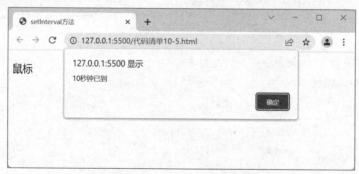

图10-10 使用setInterva方法网页效果

上述网页的实现代码如代码清单10-5所示。

代码清单10-5 使用setInterval方法

```
<!--代码清单10-5-->
<!DOCTYPE html>
<html lang="en">
```

```html
<head>
    <meta charset="UTF-8">
    <title>setInterval 方法</title>
</head>
<body>
    <p id="show">鼠标</p>
    <script>
        //获取 p 元素
        var t = document.getElementById("show");
        var i = 1;
        //定义周期性执行的函数
        var out = setInterval(f, 1000);
        function f() {
            t.value = i++;
            //如果重复执行 10 次
            if (i > 10) {
                //则清除周期性调用函数
                clearTimeout(out);
                alert("10 秒钟已到");
            }
        }
    </script>
</body>
</html>
```

在代码清单 10-5 中，setInterval()方法设定周期执行任务，从而达到倒计时功能。

注意：

（1）setTimeout()方法主要用来延迟代码执行，而 setInterval()方法主要实现周期性执行代码。它们都可以设计周期性动作，其中 setTimeout()方法适合不定时执行某个动作，而 setInterval()方法适合定时执行某个动作。

（2）setTimeout()方法不会每隔固定时间就执行一次动作，它受 JavaScript 任务队列的影响，只有前面没有任务时，才会按时延迟执行动作。而 setInterval()方法不受任务队列的限制，它只是简单地每隔一定的时间就重复执行一次动作，如果前面任务还没有执行完毕，setInterval()可能会插队按时执行动作。

4．控制窗口

window 对象定义了四组方法，其中三组方法用来调整窗口位置、大小和滚动条的偏移位置，一组方法用来控制窗口的显示焦点，如表 10-5 所示。

表 10-5　window 对象控制窗口的方法

方　　法	描　　述
moveTo()	移动浏览器窗口到指定位置，有两个参数，分别是窗口左上角距离屏幕左上角的水平距离和垂直距离，单位为像素
moveBy()	将窗口移动到一个相对位置，有两个参数，分布是窗口左上角向右移动的水平距离和向下移动的垂直距离，单位为像素
resizeTo()	绝对量缩放窗口到指定大小，有两个参数，第一个是缩放后的窗口宽度（outerWidth 属性，包含滚动条、标题栏等），第二个是缩放后的窗口高度

续表

方法	描述
resizeBy()	缩放窗口,有两个参数,第一个是水平缩放的量,第二个是垂直缩放的量,单位都是像素
scrollTo()	将文档滚动到指定位置,有两个参数,表示滚动后位于窗口左上角的页面坐标
scrollBy()	将网页滚动指定距离,有两个参数,水平向右滚动的像素,垂直向下滚动的像素,单位都是像素
focus()	激活窗口,使当前窗口获得焦点,出现在其他窗口的前面
blur()	将焦点从窗口移除,使当前窗口失去焦点

下面举例说明如何使用这些方法。网页效果如图 10-11 所示。

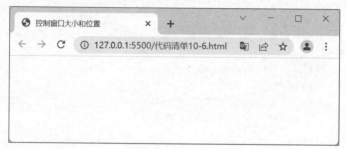

图 10-11 使用控制窗口大小位置方法网页效果

上述网页的实现代码如代码清单 10-6 所示。

代码清单 10-6 使用控制窗口大小位置方法

```html
<!--代码清单10-6-->
<!DOCTYPE html>
<html lang="en">
<head>
    <meta charset="UTF-8">
    <title>控制窗口大小和位置</title>
</head>
<body>
    <script>
        window.onload = function() {
            //周期性执行函数
            timer = window.setInterval("jump()", 1000);
        }
        //自定义函数
        function jump() {
            //重设窗口大小
            window.resizeTo(200, 200);
            //重设窗口宽度和高度
            x = Math.ceil(Math.random() * 1024);
            y = Math.ceil(Math.random() * 760);
            //窗口移动到指定坐标
            window.moveTo(x, y);
        }
    </script>
</body>
</html>
```

在代码清单 10-6 中,先将当前浏览器窗口的大小重新设置为 200 像素宽、200 像素高,然后生成一个任意数字来随机定位窗口在屏幕中的显示位置。

10.1.3 history 对象

history 对象记录了用户曾经浏览过的页面(URL),并可以实现浏览器前进与后退,类似导航的功能,具体用法如下:

```
window.history.[属性|方法]
```

从窗口被打开的那一刻开始记录,每个浏览器窗口、每个标签页乃至每个框架都有自己的 history 对象与特定的 window 对象关联。history 对象的常用方法如表 10-6 所示。

表 10-6 history 对象的常用属性和方法

方法	描述
length()	当前窗口的浏览历史列表中的 URL 数量
back()	返回前一个浏览的页面,加载历史记录列表中的前一个 URL。相当于 window.history.go(-1)
forward()	返回下一个浏览的页面,加载历史记录列表中的下一个 URL。相当 window.history.go(1)
go()	返回浏览历史中的其他页面,根据当前所处的页面,加载 history 列表中的某个具体的页面。有一个参数,表示要访问 URL 在 history 的 URL 列表中的位置。0 表示当前页面,1 表示前一个,-1 表示后一个
pushState()	向浏览器的历史记录中插入一条新的历史记录
replaceStat()	使用指定的数据、名称和 URL 来替换当前历史记录

下面举例说明如何使用 history 对象。网页效果如图 10-12 所示。

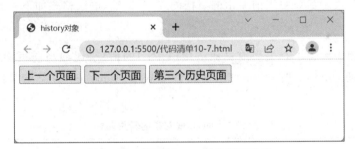

图 10-12 使用 history 对象网页效果

上述网页的实现代码如代码清单 10-7 所示。

代码清单 10-7 使用 history 对象

```
<!--代码清单 10-7-->
<!DOCTYPE html>
<html lang="en">
<head>
    <meta charset="UTF-8">
    <title>history 对象</title>
</head>
<body>
```

```
    <script>
        //上一页,相当于window.history.go(-1)
        function goBack() {
            window.history.back();
        }
        //下一页,相当于window.history.go(1)
        function goForward() {
            window.history.forward();
        }
        //第几页
        function go() {
            window.history.go(3);
        }
    </script>
    <input type="button" value="上一个页面" onclick="goBack()">
    <input type="button" value="下一个页面" onclick="goForward()">
    <input type="button" value="第三个历史页面" onclick="go()">
</body>
</html>
```

在代码清单 10-7 中,设置 3 个按钮分别对浏览器访问历史页面进行跳转。由于 window 对象是一个全局对象,因此在使用 window.history 时可以省略 window 前缀,例如 window.history.go()可以简写为 history.go()。

10.1.4 location 对象

location 对象表示窗口中当前显示的文档的 Web 地址,语法格式如下。

```
window.location.[属性|方法]
```

location 对象中包含了有关当前页面链接(URL)的信息,比如当前页面的完整 URL、端口号等,可以通过 window location 对象的属性来获取。location 对象的常用属性如表 10-7 所示。

表 10-7 location 对象的常用属性

属性	描述
hash	返回一个 URL 中锚的部分,例如 http://www.bpi.edu.cn#js 中的 #js
host	返回一个 URL 的主机名和端口号,例如 http://www.bpi.edu.cn:8080 中的 8080
hostname	返回一个 URL 的主机名,例如 http://www.bpi.edu.cn
href	返回一个完整的 URL,例如 http://www.bpi.edu.cn/javascript/location-object.html
pathname	返回一个 URL 中的路径部分
port	返回一个 URL 中的端口号,如果 URL 中不包含明确的端口号,则返回一个空字符串''
protocol	返回一个 URL 协议,即 URL 中冒号:及其之前的部分,例如 http: 和 https:
search	返回一个 URL 中的查询部分,即 URL 中?及其之后的一系列查询参数

下面举例说明如何使用 loaction 对象属性。网页效果如图 10-13 所示。

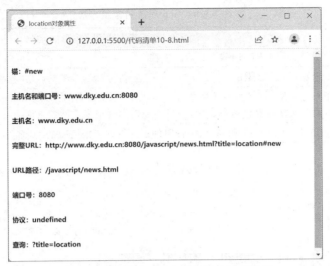

图 10-13 使用 location 对象属性网页效果

上述网页的实现代码如代码清单 10-8 所示。

代码清单 10-8 使用 loaction 对象属性

```
<!--代码清单 10-8-->
<!DOCTYPE html>
<html lang="en">
<head>
    <meta charset="UTF-8">
    <title>location 对象属性</title>
</head>

<body>
    <a
    href="http://www.dky.edu.cn:8080/javascript/news.html?title=location#new"
    id="url"></a>
    <script type="text/javascript">
        var url = document.getElementById('url');
        document.write("<h6>锚:" + url.hash + "</h6>");
        document.write("<h6>主机名和端口号:" + url.host + "</h6>");
        document.write("<h6>主机名:" + url.hostname + "</h6>");
        document.write("<h6>完整 URL:" + url.href + "</h6>");
        document.write("<h6>URL 路径:" + url.pathname + "</h6>");
        document.write("<h6>端口号:" + url.port + "</h6>");
        document.write("<h6>协议:" + url.brotocol + "</h6>");
        document.write("<h6>查询:" + url.search + "</h6>");
    </script>
</body>
</html>
```

在代码清单 10-8 中,通过 loaction 对象的属性获取标签<a>中的地址信息。由于 window 对象是一个全局对象,因此在使用 window.location 时可以省略 window 前缀,例如 window.location.href 可以简写为 location.href。

location 对象有 4 个常用方法,具体如表 10-8 所示。

表 10-8 location 对象的常用方法

方法	描述
assign()	加载指定的 URL，即载入指定的文档
reload()	重新加载当前 URL
replace()	用指定 URL 替换当前的文档，与 assign() 方法不同的是，使用 replace() 方法替换的新页面不会保存在浏览历史中，用户不能使用后退来返回该页面
toString()	与 href 属性的效果相同，以字符串的形式返回当前完整的 URL

下面举例说明如何使用 loaction 对象的方法。网页效果如图 10-14 所示。

图 10-14　使用 location 对象方法网页效果

上述网页的实现代码如代码清单 10-9 所示。

代码清单 10-9　使用 loaction 对象方法

```html
<!--代码清单10-9-->
<!DOCTYPE html>
<html lang="en">

<head>
    <meta charset="UTF-8">
    <title>location对象方法</title>
</head>
<body>
    <a
    href="http://www.dky.edu.cn:8080/javascript/news.html? title=location#new"
    id="url"></a>
    <button onclick="myAssign()">指定 URL</button>
    <button onclick="myReload()">当前 URL</button>
    <button onclick="myReplace()">替换 URL</button>
    <button onclick="myToString()">显示 href</button>
    <script type="text/javascript">
        var url = 'http://www.dky.edu.cn:8080';

        function myAssign() {
            location.assign(url);
        }

        function myReload() {
            location.reload();
        }

        function myReplace() {
            location.replace(url);
        }
```

```
            function myToString() {
                var url = document.getElementById('url');
                var str = url.toString();
                alert(str);
            }
        </script>
</body>
</html>
```

在代码清单 10-9 中,通过 4 个按钮实现 loaction 对象方法的是 4 个功能。

10.1.5 navigator 对象

navigator 对象中存储与浏览器相关的信息,如名称、版本等,可以通过 window.navigator() 方法来获取浏览器的基本信息。navigator 对象有 7 个常用属性,具体如表 10-9 所示。

表 10-9 navigator 对象的常用属性

属 性	描 述
appCodeName	返回当前浏览器的内部名称,也就是开发代号
appName	返回浏览器的官方名称
appVersion	返回浏览器的平台和版本信息
cookieEnabled	返回浏览器是否启用了 Cookie,启用返回 true,禁用返回 false
onLine	返回浏览器是否联网,联网则返回 true,断网则返回 false
platform	返回浏览器运行的操作系统平台
userAgent	返回浏览器的厂商和版本信息,即浏览器运行的操作系统、浏览器的版本、名称

navigator 对象有两个常用方法,具体如表 10-10 所示。

表 10-10 navigator 对象常用方法

方 法	描 述
javaEnabled()	返回浏览器是否支持运行 Java Applet 小程序,支持则返回 true,不支持则返回 false
sendBeacon()	向浏览器异步传输少量数据

下面举例说明如何使用 navigator 对象的属性。网页效果如图 10-15 所示。

图 10-15 使用 navigator 对象的属性网页效果

上述网页的实现代码如代码清单 10-10 所示。

代码清单 10-10　使用 navigator 对象方法

```html
<!--代码清单10-10-->
<!DOCTYPE html>
<html lang="en">
<head>
    <title>navigator 对象</title>
</head>
<body>
    <h3>浏览器信息</h3>
    <script>
        document.write("开发代号：" + navigator.appCodeName + "<br>");
        document.write("名称：" + navigator.appName + "<br>");
        document.write("平台和版本信息：" + navigator.appVersion + "<br>");
        document.write("是否使用cookie：" + navigator.cookieEnabled + "<br>");
        document.write("是否联网：" + navigator.onLine + "<br>");
        document.write("操作系统平台：" + navigator.platform + "<br>");
        document.write("厂商版本信息：" + navigator.userAgent + "<br>");
        document.write("是否支持小程序：" + navigator.javaEnabled() + "<br>");
    </script>
</body>
</html>
```

在代码清单 10-8 中，通过 document.write()方法显示 navigator 对象的相关信息。由于 window 对象是一个全局对象，因此在使用 window.navigator 时可以省略 window 前缀，例如 window.navigator.appName 可以简写为 navigator.appName。

10.1.6　screen 对象

screen 对象中包含了有关计算机屏幕的信息，如分辨率、宽度、高度等，可以通过 window.screen 对象来获取它。screen 对象的常用属性如表 10-11 所示。

表 10-11　screen 对象的常用属性

属　　性	描　　述
availTop	返回屏幕上方边界的第一个像素点位置(大多数情况下返回 0)
availLeft	返回屏幕左边界的第一个像素点位置(大多数情况下返回 0)
availHeight	返回屏幕的高度(不包括 Windows 任务栏)
availWidth	返回屏幕的宽度(不包括 Windows 任务栏)
colorDepth	返回屏幕的颜色深度(color depth)，根据 CSSOM(CSS 对象模型)视图，为兼容起见，该值总为 24
height	返回屏幕的完整高度
pixelDepth	返回屏幕的位深度也就是色彩深度(bit depth)，根据 CSSOM(CSS 对象模型)视图，为兼容起见，该值总为 24
width	返回屏幕的完整宽度
orientation	返回当前屏幕的方向

下面举例说明如何使用 screen 对象属性。网页效果如图 10-16 所示。

图 10-16　使用 screen 对象属性网页效果

上述网页的实现代码如代码清单 10-11 所示。

代码清单 10-11　使用 screen 对象的属性

```html
<!--代码清单 10-11-->
<!DOCTYPE html>
<html lang="en">
<head>
    <meta charset="UTF-8">
    <title>screen 对象</title>
</head>
<body>
    <script>
        document.write("计算机屏幕的尺寸为：" + screen.width + "x" + screen.height);
        document.write("<br>计算机屏幕的颜色深度为：" + screen.colorDepth);
    </script>
</body>
</html>
```

在代码清单 10-11 中，通过 document.write() 方法显示 screen 对象的相关信息。由于 window 对象是一个全局对象，因此在使用 window.screen 时可以省略 window 前缀，例如 window.screen.width 可以简写为 screen.width。

10.1.7　document 对象

document 对象可使用户从脚本中对 HTML 页面中的所有元素进行访问。每个载入浏览器的 HTML 文档都会成为 document 对象。document 对象的常用属性如表 10-12 所示。

表 10-12　document 对象的常用属性

属　　性	描　　述
activeElement	返回当前获取焦点的元素
anchors	返回对文档中所有 Anchor 对象的引用
applets	返回对文档中所有 Applet 对象的引用。注意，HTML 5 已不支持 applet 元素
baseURI	返回文档的基础 URI
body	返回文档的 body 元素
cookie	设置或返回与当前文档有关的所有 Cookie
doctype	返回与文档相关的文档类型声明（DTD）
documentElement	返回文档的根节点
documentMode	返回浏览器渲染文档的模式

续表

属性	描述
documentURI	设置或返回文档的位置
domain	返回当前文档的域名
domConfig	已废弃,返回 normalizeDocument() 被调用时所使用的配置
embeds	返回文档中所有嵌入内容的集合
forms	返回文档中所有表单对象的引用
images	返回文档中所有图像对象的引用
implementation	返回处理该文档的 DOM Implementation 对象
inputEncoding	返回文档的编码方式
lastModified	返回文档的最后修改日期
links	返回对文档中所有 area 和 link 对象的引用
readyState	返回文档状态(载入中)
referrer	返回载入当前文档的 URL
scripts	返回页面中所有脚本的集合
strictErrorChecking	设置或返回是否强制进行错误检查
title	返回当前文档的标题
URL	返回文档的完整 URL

document 对象的常用方法如表 10-13 所示。

表 10-13 document 对象的常用方法

方法	描述
addEventListener()	向文档中添加事件
adoptNode()	从另外一个文档返回 adapded 节点到当前文档
close()	关闭使用 document.open() 方法打开的输出流,并显示选定的数据
createAttribute()	为指定标签添加一个属性节点
createComment()	创建一个注释节点
createDocumentFragment()	创建空的 documentFragment 对象,并返回此对象
createElement()	创建一个元素节点
createTextNod()	创建一个文本节点
getElementsByClassName()	返回文档中所有具有指定类名的元素集合
getElementById()	返回文档中具有指定 id 属性的元素
getElementsByName()	返回具有指定 name 属性的对象集合
getElementsByTagName()	返回具有指定标签名的对象集合
importNode()	把一个节点从另一个文档复制到该文档以便应用
normalize()	删除空文本节点,并合并相邻的文本节点
normalizeDocument()	删除空文本节点,并合并相邻的节点
open()	打开一个流,以收集来自 document.write() 或 document.writeln() 方法的输出
querySelector()	返回文档中具有指定 CSS 选择器的第一个元素

续表

方 法	描 述
querySelectorAll()	返回文档中具有指定 CSS 选择器的所有元素
removeEventListener()	移除文档中的事件句柄
renameNode()	重命名元素或者属性节点
write()	向文档中写入某些内容
writeln()	等同于 write() 方法,不同的是 writeln() 方法会在末尾输出一个换行符

使用 document 对象属性和方法在 10.2 节中会详细讲解。

课堂实训 10-1　制作电子时钟页面

1. 任务内容

很多页面都有一个电子时钟,用于显示系统当前日期。本课堂实训制作一个简单的网页,用于显示当前时间。网页效果如图 10-17 所示。

图 10-17　电子时钟网页效果

2. 任务目的

通过制作一个定时器网页,学会自定义 JavaScript 事件、setInterval()、clearInterval()等方法的应用。

3. 技能分析

(1) 编写页面<p>标签,并给出 id 值,用于显示电子时钟。
(2) 在<script>中编写显示时间的 showTime() 函数。
(3) 调用 showTime() 函数。

4. 操作步骤

(1) 利用 HTML 设置页面内容,代码如下。

```
<p id="clock">现在的时间是</p>
```

(2) 创建<script>脚本,定义时间函数 showTime(),并获取当前日期。利用 getFullYear()等方法提取当前日期中的年、月、日等信息,并定义变量 time_text 作为最后结果,代码如下。

```
<script type="text/javascript">
    //定义显示时间的函数 showTime()
    function showTime() {
        var now = new Date();             //获取当前的时间
        var year = now.getFullYear();     //年
        var month = now.getMonth() + 1;   //月
```

```
            var date = now.getDate();              //日
            var hour = now.getHours();             //时
            var minute = now.getMinutes();         //分
            var seconds = now.getSeconds();        //秒
            if (month >= 1 && month <= 9) {
                month = "0" + month;
            }
            if (date >= 0 && date <= 9) {
                date = "0" + date;
            }
            if (seconds >= 0 && seconds <= 9) {
                seconds = "0" + seconds;
            }
            var time_text = year + "年" + month + "月" + date + "日" + hour + ":" + minute + ":" + seconds;
        }
```

(3) 在函数 showTime() 中,获取<p>标签,并设置显示内容,代码如下。

```
var clock_line = document.getElementById("clock");    //获取 id 为 clock 的 p 元素
clock_line.innerText = time_text;                     //给 p 元素设置内容
```

(4) 在函数 showTime() 中通过 setTimeout() 方法设置延时器每 0.2s 执行一次 showTime() 函数,实现刷新功能,代码如下。

```
setTimeout("showTime();", 200);
```

(5) 在<script>脚本中,调用函数 showTime(),代码如下。

```
showTime();
```

10.2 文档对象模型

10.2.1 初始文档对象模型

文档对象模型(document object model,DOM),是一种与平台和语言无关的模型,用来表示 HTML 或 XML 文档。文档对象模型中定义了文档的逻辑结构,以及程序访问和操作文档的方式。

在 DOM 中,文档的所有部分(如元素、属性、文本等)都会被组织成一个树状结构,因此常把这种结构称为 DOM 树。树中的每个内容都称为一个节点,每个节点都是一个对象。

代码清单 10-12 是一个简单的 HTML 页面源代码。

代码清单 10-12　DOM 树

```
<!--代码清单 10-12-->
<!DOCTYPE html>
<html lang="en">
<head>
    <meta charset="UTF-8">
    <title>DOM 树</title>
</head>
<body>
```

```
        <h2>DOM 树</h2>
        <ul>
            <li>列表 1</li>
            <li>列表 2</li>
        </ul>
        <a href="#">超链接</a>
</body>
</html>
```

将上面的 HTML 页面绘制成 DOM 树,如图 10-18 所示。

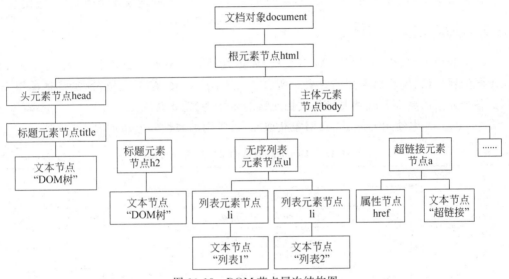

图 10-18 DOM 节点层次结构图

通过上面的 DOM 树结构可以看到,document 对象是 DOM 树的入口。再根据 DOM 树的特点,可以定位到 HTML 页面中任意一个元素、属性或文本。浏览器加载并运行 HTML 页面时,会创建 DOM 树,并且 DOM 树会被存储在浏览器的内存中。

注意:当 HTML 页面内容过于庞大和复杂时,生成的 DOM 树就会很复杂,浏览器加载 HTML 页面的耗时就会很长。

节点作为 DOM 树中的连接点,最终构成了完整的 DOM 树。DOM 树主要由 4 类节点组成,具体如表 10-14 所示。

表 10-14 DOM 树节点分类

节点类型	描述
文档节点	表示整个 HTML 页面(相当于 document 对象),当需要访问任何标签、属性或文本时,都可以通过文档节点进行导航
元素节点	表示 HTML 页面中的标签(即 HTML 页面的结构),当访问 DOM 树时,需要从查找元素节点开始
属性节点	表示 HTML 页面的标签中包含的属性
文本节点	表示 HTML 页面的标签中所包含的文本内容

在 DOM 树中,节点之间的关系主要具有以下 3 种。

(1)父级与子级。如果将 HTML 页面中某个元素看作为父级,则包含在该元素内的第一层的所有元素都可以称为该元素的子级元素。

（2）祖先与后代，如果将 HTML 页面中某个元素看作祖先，则包含在该元素内的所有元素（除子级之外的）都可以称为该元素的后代。

（3）兄弟关系，具有相同父级元素的两个或几个元素之间就是兄弟关系。

在代码清单 10-12 的 DOM 树中，html 元素是父级，head 和 body 元素是子级。html 元素是祖先，meta、title、h2 和 a 元素是后代。meta 和 title 元素是兄弟关系，因为它们具有相同的父级元素 head。h2 和 ul 元素也是兄弟关系，因为它们具有相同的父级元素 body。值得注意的是，title 和 h2 元素并不是兄弟关系，因为它们的父级元素并不相同。

在代码清单 10-12 的元素节点 a 中，它的属性节点是 href，它的文本节点是"超链接"。

10.2.2 获取元素

JavaScript 的主要作用是操作 Web 文档，Web 文档是以节点区分各个元素的。各个元素根据不同的属性值，展示出不同的效果。所以 JavaScript 操作 Web 文档，其实就是操作 Web 文档的各个元素的属性。既然要操作文档元素的属性，就先要获取元素。

在 JavaScript 中使用 document 对象获取元素，常用的属性和方法如表 10-15 所示。

表 10-15　document 对象的常用属性和方法

属性或方法	描　　述
dElement	获取 html 元素
body	获取 body 元素
head	获取 head 元素
title	获取 title 元素
getElementsByClassName()	返回文档中所有具有指定类名的元素集
getElementById()	返回文档中具有指定 id 属性的元素
getElementsByName()	返回具有指定 name 属性的对象集合
getElementsByTagName()	返回具有指定标签名的对象集合
querySelector()	返回文档中具有指定 CSS 选择器的第一个元素
querySelectorAll()	返回文档中具有指定 CSS 选择器的所有元素

下面举例说明如何获取元素对象。网页效果如图 10-19 所示。

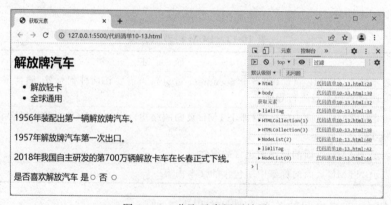

图 10-19　获取元素网页效果

上述网页的实现代码，如代码清单 10-13 所示。

代码清单 10-13　获取元素

```html
<!--代码清单 10-13-->
<!DOCTYPE html>
<html lang="en">

<head>
    <meta charset="UTF-8">

    <title>获取元素</title>
</head>

<body>

    <h2>解放牌汽车</h2>
    <ul>
        <li>解放轻卡</li>
        <li id="liTag">全球通用</li>
    </ul>
    <p class="truck">1956年装配出第一辆解放牌汽车。</p>
    <p class="truck">1957年解放牌汽车第一次出口。</p>
    <p class="truck">2018年我国自主研发的第700万辆解放卡车在长春正式下线。</p>

    <form action="#" method="get">
        是否喜欢解放汽车 是<input type="radio" name="carN"> 否
        <input type="radio" name="carN">
    </form>
    <script>
        //获取 html 元素
        console.dir(document.documentElement);
        //获取 head 元素
        console.dir(document.body);
        //获取 title 元素
        console.dir(document.title);
        //获取 id 为 liTag 的元素
        console.dir(document.getElementById("liTag"));
        //获取标签名 h2 的对象集合
        console.dir(document.getElementsByTagName("h2"));
        //获取所有具有类名为 car 的元素集
        console.dir(document.getElementsByClassName("truck"));
        //获取 name 名为 carN 的对象集合
        console.dir(document.getElementsByName("carN"));
        //获取 CSS id 选择器为 liTag 第一个元素
        console.dir(document.querySelector("#liTag"));
        //获取 CSS class 选择器为 car 的所有元素
        console.dir(document.querySelectorAll(".car"));
    </script>

</body>

</html>
```

在代码清单 10-13 中，通过控制台显示获取特殊元素的属性和获取 HTML 元素的方法。其中 querySelector()和 querySelectorAll()方法可以通过 id 选择器和类选择器获取元素，但是需要在选择器名之前加"♯"或者"."。

10.2.3 操作元素

JavaScript 获取元素之后即可改变网页内容、结构和样式，也就是操作元素内容、属性、样式等。下面分别介绍操作方法。

1. 操作元素内容

DOM 允许 JavaScript 改变 HTML 元素的内容，常用的方法有以下两种，语法格式如下。

```
element.innerText="新内容"
element.innerHTML="新内容"
```

其中，innerText 表示从起始位置到终止位置的内容，但它去除了 HTML 标签，同时空格和换行也会去掉；innerHTML 表示起始位置到终止位置的全部内容，包括 HTML 标签，同时保留空格和换行。

下面举例说明如何操作元素内容。网页效果如图 10-20 所示。

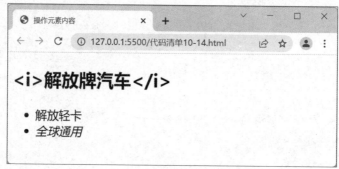

图 10-20　操作元素内容网页效果

上述网页的实现代码如代码清单 10-14 所示。

代码清单 10-14　操作元素内容

```html
<!--代码清单 10-14-->
<!DOCTYPE html>
<html lang="en">

<head>
    <meta charset="UTF-8">
    <title>操作元素内容</title>
</head>
<body>
    <h2 id="truck">解放牌汽车</h2>
    <ul>
        <li>解放轻卡</li>
        <li id="liTag">全球通用</li>
    </ul>
    <script>
        //获取 id 为 truck 的元素
        var truck = document.getElementById("truck");
        //操作元素文本内容,不解析 HTML 格式
        truck.innerText = "<i>解放牌汽车</i>";
```

```
            //获取 id 为 liTag 的元素
            var title = document.getElementById("liTag");
            //操作元素文本内容,解析 HTML 格式
            title.innerHTML = "<i>全球通用</i>";
    </script>
</body>
</html>
```

在代码清单 10-14 中,首先通过 getElementById()方法获取元素,然后通过 innerText() 方法和 innerHTML()方法对元素的内容进行更改。其中,innerHTML()方法对标签<i>进行了解析,所以字体为倾斜;innerText 方法对标签<i>没有进行解析,所以显示文字为"<i>解放牌汽车</i>"。

2. 操作元素属性

DOM 允许 JavaScript 改变 HTML 元素的属性,常用属性有 src、href、alt、title 等,语法格式如下。

```
element.属性=属性值
```

下面举例说明如何对元素属性进行修改。网页效果如图 10-21 所示。

图 10-21 使用属性值操作元素属性网页效果

上述网页的实现代码如代码清单 10-15 所示。

代码清单 10-15　使用属性值操作元素属性

```
<!--代码清单 10-15-->
<!DOCTYPE html>
<html lang="en">
<head>
    <meta charset="UTF-8">
    <title>操作元素属性</title>
</head>
<body>
    <h2 id="truckTitle">解放牌汽车</h2>
    <img src="" alt="" id="img"><br>
    <a id="copy">&copy; DKY 版权所有</a>
    <script>
        //获取 id 为 img 的元素
```

```
                var truck = document.getElementById("img");
                truck.src = "images/truck.jpg";
                //获取 id 为 copy 的元素
                var copy = document.querySelector("#copy");
                copy.href = "http://www.bpi.edu.cn";
    </script>
</body>
</html>
```

在代码清单 10-15 中,首先通过 getElementById()方法获取元素 img,然后对 src 属性的值进行修改,所以显示卡车图片;通过 querySelector()方法获取元素 p,然后对 href 属性的值进行修改,所以单击超链接后可跳转到相关网页。

JavaScript 还可以通过 getAttribute()方法获取元素属性,setAttribute()方法设置元素属性值,语法格式如下。

```
element.getAttribute(属性名)
element.setAttribute(属性名,属性值)
```

下面举例说明如何通过 getAttribute()和 setAttribute()方法对元素属性进行修改。网页效果如图 10-22 所示。

图 10-22　使用方法操作元素属性网页效果

上述网页的实现代码如代码清单 10-16 所示。

代码清单 10-16　使用方法操作元素属性

```
<!--代码清单 10-16-->
<!DOCTYPE html>
<html lang="en">
<head>
    <meta charset="UTF-8">
    <title>操作元素属性</title>
</head>
<body>
    <h2 id="truckTitle">解放牌汽车</h2>
    <img src="images/truck.jpg" alt="空" id="img"><br>

    <script>
```

```
        //获取id为img的元素
        var truck = document.getElementById("img");
        document.write("图片原alt属性为" + truck.getAttribute("alt"));
        truck.setAttribute("alt", "卡车");
        document.write("<br>图片新alt属性为" + truck.getAttribute("alt"));
    </script>
</body>
</html>
```

在代码清单10-16中，首先通过getElementById()方法获取元素img，再通过getAttribute()方法获取alt属性的值，因为原alt值为空，所以显示空；然后通过setAttribute()方法修改alt属性的值为"卡车"，所以显示"卡车"字样。

3. 操作元素样式

可以通过JavaScript修改元素的大小、颜色、位置等样式，有两种方法，语法格式如下。

```
element.style.行内样式名称=样式值
element.className =类样式名
```

注意：
（1）JavaScript中的样式名称采取驼峰命名法，如fontSize、backgroundColor等。
（2）JavaScript修改style样式的操作，产生的是行内样式，CSS权重比较高。
下面举例说明如何通过样式对元素属性进行修改。网页效果如图10-23所示。

图10-23　使用样式操作元素样式网页效果

上述网页的实现代码如代码清单10-17所示。

代码清单10-17　使用样式操作元素样式

```
<!--代码清单10-17-->
<!DOCTYPE html>
<html lang="en">

<head>
    <meta charset="UTF-8">

    <title>操作元素样式</title>
    <style>
        /* 图片样式 */
```

```html
            .truckImg {
                width: 200px;
                border-radius: 10px;
                border: 1px solid #570ad4;
                padding: 2px;
            }
        </style>
    </head>

    <body>
        <h2 id="truckTitle">解放牌汽车</h2>
        <img src="images/truck.jpg" alt="" id="img"><br>
        <a id="copy">&copy; DKY 版权所有</a>

        <script>
            //获取 id 为 truckTitle 的元素
            var truckText = document.getElementById("truckTitle");
            //通过 style 方法增加行内样式
            truckText.style.fontSize = "26px";
            truckText.style.color = "red";
            truckText.style.fontFamily = "华文行楷";

            //获取 id 为 truckTitle 的元素
            var img = document.getElementById("img");
            //通过 className 方法类样式
            img.className = "truckImg";
        </script>
    </body>
</html>
```

在代码清单 10-17 中，首先通过 getElementById() 方法获取元素 truckTitle，修改其字体，并修改图片样式。

10.2.4 操作 DOM 节点

在文档对象模型中，每个节点都是一个对象。可以使用属性和方法对节点进行访问、增加、删除、修改等。下面分别介绍操作方法。

1. 遍历节点

JavaScript 中，可使用 parentNode、nextSibling、previousSibling、firstChild、lastChild 等属性遍历文档树中任意类型的节点，包括空字符（文本节点），具体如表 10-16 所示。

表 10-16 遍历节点的属性

属性或者方法	描 述
childNodes	获取指定节点的子节点，如果指定的节点没有子节点，则该属性返回 null
children	获取指定节点的子节点，如果指定的节点没有子节点，则该属性返回 null
parentNode	获取指定节点的父节点，如果指定的节点没有父节点，则该属性返回 null
parentElement	获取指定节点的父节点，如果指定的节点没有父节点，则该属性返回 null

续表

属性或者方法	描 述
firstChild	获取指定节点的第一个子节点,如果指定的节点没有子节点,则该属性返回 null
firstElementChild	获取指定节点的第一个子节点,如果指定的节点没有子节点,则该属性返回 null
lastChild	获取指定节点的最后一个子节点,如果指定的节点没有子节点,则该属性返回 null
lastElementChild	获取指定节点的最后一个子节点,如果指定的节点没有子节点,则该属性返回 null
nextSibling	返回指定节点的同级后继节点(处于同一层级中),如果指定的节点没有同级后继节点,则该属性返回 null
nextElementSibling	返回指定节点的同级后续元素(处于同一层级中),如果指定的节点没有同级后继元素,则该属性返回 null
PreviousSibling	返回某个节点的同级前驱节点(处于同一层级中),如果指定的节点没有同级前驱节点,则该属性返回 null
PreviousElementSibling	返回某个节点的同级前驱元素(处于同一层级中),如果指定的节点没有同级前驱元素,则该属性返回 null

注意:parentNode、nextSibling、previousSibling、firstChild、lastChild 返回全部节点(文本节点和元素节点),包括空格以及元素等,而 parentElementNode、childElementCount、firstElementChild、lastElementChild、previousElementSibling、nextElementSibling 不包含文本和注释,所以如果父元素下的子元素不存在其他元素,而仅是文本元素或注释,它则会报错。

下面举例说明如何遍历节点。网页效果如图 10-24 所示。

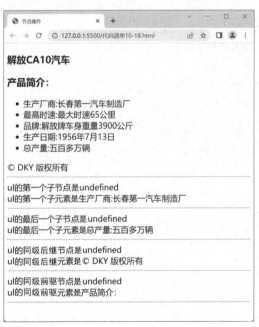

图 10-24　遍历节点网页效果

上述网页的实现代码如代码清单 10-18 所示。

代码清单 10-18　遍历节点

```html
<!--代码清单10-18-->
<!DOCTYPE html>
<html lang="en">
<head>
    <meta charset="UTF-8">
    <title>节点操作</title>
</head>
<body>
    <h3>解放 CA10 汽车</h3>
    <h3>产品简介：</h3>
    <ul>
        <!-- 介绍 -->
        <li>生产厂商:长春第一汽车制造厂</li>
        <li>最高时速:最大时速 65 公里</li>
        <li>品牌:解放牌车身重量 3900 公斤</li>
        <li>生产日期:1956 年 7 月 13 日</li>
        <li>总产量:五百多万辆</li>
    </ul>
    <a>&copy; DKY 版权所有</a>
    <hr>
    <script>
        var ul = document.querySelector("ul");
        document.write("ul的第一个子节点是" + ul.firstChild.innerHTML +
            "</br>");
        document.write("ul的第一个子元素是" + ul.firstElementChild.innerHTML +
            "<hr>");
        document.write("ul的最后一个子节点是" + ul.lastChild.innerHTML +
            "</br>");
        document.write("ul的最后一个子元素是" + ul.lastElementChild.innerHTML +
            "<hr>");
        document.write("ul的同级后继节点是" + ul.nextSibling.innerHTML + "</br>");
        document.write("ul的同级后继元素是" + ul.nextElementSibling.innerHTML +
            "<hr>");
        document.write("ul的同级前驱节点是" + ul.previousSibling.innerHTML +
            "</br>");
        document.write("ul的同级前驱元素是" + ul.previousElementSibling.
            innerHTML + "<hr>");
    </script>
</body>
</html>
```

在代码清单 10-18 中，通过 querySelector() 方法获取 ul 元素。由于 firstChild 属性获取的节点为文本节点，也就是换行，因此显示为 undefined；而 firstElementChild 获取的为第一个子节点为 li，所以显示内容为"生产厂商:长春第一汽车制造厂"。

2. 创建、添加、删除、复制节点

在获取元素节点以后，DOM 允许 JavaScript 进行节点的添加、删除、复制等操作，具体如

表 10-17 所示。

表 10-17　操作节点的方法

方　法　名	描　　述
createElement(tagName)	创建元素节点，参数 tagName 要创建元素的标签名，返回创建的元素节点
appendChild(BNode)	添加元素节点，用于向 childNodes 列表的末尾添加一个节点，返回要添加的元素节点；还可以添加已经存在的元素，会将元素从原来的位置移到新的位置
insertBefore(ANode, BNode)	插入节点。ANode 是要插入的节点，BNode 是参照节点
cloneNode(deep)	复制节点，deep 是布尔值参数，true 表示深复制（复制节点及其所有子节点），false 表示浅复制（复制节点本身，不复制子节点）
removeChild(tagName)	移除节点，tagName 要移除的节点，注意被移除的节点仍然在文档中，不过文档中已没有其位置了
replaceChild(new_Node, old_Node)	使用 new_Node 替换 old_Node 节点

下面举例说明如何通过方法操作节点。网页效果如图 10-25 所示。

图 10-25　使用方法操作节点网页效果

上述网页的实现代码如代码清单 10-19 所示。

代码清单 10-19　使用方法操作节点

```
<!--代码清单 10-19-->
<!DOCTYPE html>
<html lang="en">
<head>
    <meta charset="UTF-8">
    <title>节点操作</title>
    <style>
        img {
            width: 200px;
            height: 100px;
        }
    </style>
</head>
```

```html
<body>
    <button id="clone_btn">复制卡车</button>
    <button id="del_btn">删除卡车</button>
    <button id="insert_btn">插入新卡车</button>
    <br>
    <img src="./images/truck01.jpg" alt="" id="truck01">
    <script>
        //获取原图片
        var oldTruck = document.getElementById("truck01");
        //获取按钮
        var clone_btn = document.getElementById("clone_btn");
        var del_btn = document.getElementById("del_btn");
        var insert_btn = document.getElementById("insert_btn");
        //复制按钮绑定事件
        clone_btn.onclick = function() {
            //克隆节点
            var copyTruck = oldTruck.cloneNode(false);
            //追加节点
            document.body.appendChild(copyTruck);
        }
        //删除按钮绑定事件
        del_btn.onclick = function() {
            //删除节点
            document.body.removeChild(oldTruck);
        }
        //插入按钮绑定事件
        insert_btn.onclick = function() {
            //创建节点
            var newTruck = document.createElement("img");
            //新节点追加属性
            newTruck.setAttribute("src", "images/truck03.jpg");
            //插入节点
            document.body.insertBefore(newTruck, oldTruck);
        }
    </script>
</body>
</html>
```

在代码清单10-19中，首先通过getElementById()方法获取img和3个按钮元素，然后对3个按钮分别绑定单击事件。当单击"复制卡车"按钮时，首先使用cloneNode()方法对原卡车truck01进行克隆，新节点命名为copyTruck，接着利用appendChild()方法，在body元素中追加新克隆的节点。当单击"删除卡车"按钮时，利用removeChild()方法，在body元素中删除原卡车节点oldTruck。当单击"插入新卡车"按钮时，首先使用createElement()方法创建一个新的img节点，新节点命名为newTruck，接着利用setAttribute()方法，给新节点添加src属性，最后利用insertBefore()方法，把新节点newTruck插入旧节点oldTruck之前。

课堂实训 10-2　制作重卡价格展示网页

1. 任务内容

在 20 世纪 90 年代末,由于一代又一代卡车人的不懈努力,我国的重卡产业突飞猛进。一汽集团、东风商用车、重汽集团等一大批国产商用车企业迅速崛起,不但满足了运载的需求,更是在经济性、动力性以及安全性上与进口卡车分庭抗礼。本课堂实训制作一个简单的重卡价格展示网页,效果如图 10-26 所示。

图 10-26　重卡价格展示网页效果

2. 任务目的

通过制作一个简单的重卡价格展示网页,学会如何利用获取元素、修改元素属性、插入节点等进行动态表格展示。

3. 技能分析

(1) 使用图像标签、表格标签和按钮标签实现内容的设置。

(2) 使用样式表进行页面样式美化。

(3) 利用 insertRow() 和 insertCell() 方法插入表格行和单元格。

(4) 利用 className 属性进行样式修改。

4. 操作步骤

(1) 利用 HTML 设置页面内容,插入素材图片、文字和表格,并对表格、行和按钮设置 id,具体代码如代码清单 10-20 所示。

代码清单 10-20　插入素材图片和文字

```
<!--代码清单 10-20-->
<!DOCTYPE html>
<html lang="en">
<head>
```

```html
        <meta charset="UTF-8">
        <title>重卡购物车</title>
</head>
<body>
    <h3>最新重卡价格表</h3>
        <img src="images/truck02.webp" alt="">
        <table border="0" cellspacing="0" cellpadding="0" id="myTable">
            <tr id="row1">
                <td>货车名称</td>
                <td>价格</td>
            </tr>
            <tr id="row2">
                <td>一汽解放 J7 重卡 </td>
                <td class="center">&yen;49.00万</td>
            </tr>
            <tr id="row3">
                <td>东风商用车 天龙旗舰 KX </td>
                <td class="center">&yen;45.72万</td>
            </tr>
        </table>
        <input name="b1" type="button" value="增加一行" />
        <input name="b3" type="button" value="修改标题" />
        <p id="copy">&copy; DKY 版权所有</p>
</body>
</html>
```

(2) 利用行内样式表进行页面样式设置,代码如下。

```css
<style type="text/css">
    body {
        font-size: 13px;
        line-height: 25px;
    }

    img {
        width: 350px;
        height: 230px;
    }

    table {
        border-top: 1px solid #333;
        border-left: 1px solid #333;
        width: 300px;
    }

    td {
        border-right: 1px solid #333;
        border-bottom: 1px solid #333;
    }

</style>
```

(3) 在 CSS 样式表中添加选择器 .center 和 .title 并设置样式,用于表格样式的变化,代码如下。

```
.center {
    text-align: center;
}

.title {
    text-align: center;
    font-weight: bold;
    background-color: #cccccc;
}
```

（4）添加 JavaScript 脚本，定义自定义函数 addRow()，首先判断表格行个数，接着定义表格新行，在表格行中添加单元格，并设置单元格的内容和样式，代码如下。

```
<script type="text/javascript">
    function addRow() {
        var lengths = document.getElementById("myTable").rows.length;
        var index;
        if (lengths >= 2) {
            index = 2;
        } else {
            index = 1;
        }
        var newRow = document.getElementById("myTable").insertRow(index);
        var col1 = newRow.insertCell(0);
        col1.innerHTML = "福田 欧曼 EST 440";
        var col2 = newRow.insertCell(1);
        col2.innerHTML = "&yen;38.8万";
        col2.align = "center";
    }

    function updateRow() {
        var uRow = document.getElementById("myTable").rows[0];
        uRow.className = "title";
    }
</script>
```

（5）添加 JavaScript 脚本，定义自定义函数 updateRow()，获取表格第一行节点，通过 className 属性进行样式更改，代码如下。

```
function updateRow() {
    var uRow = document.getElementById("myTable").rows[0];
    uRow.className = "title";
}
```

（6）在 HTML 脚本中为按钮添加单击事件，代码如下。

```
<input name="b1" type="button" value="增加一行" onclick="addRow()" />
<input name="b2" type="button" value="修改标题" onclick="updateRow()" />
```

10.3 事件处理

10.3.1 事件三要素

在 Web 页面开发过程中，JavaScript 的主要作用是实现交互，而交互是依靠事件来完成的。这里的事件是指 HTML 事件,也就是发生在 HTML 元素上的"事情"。当在 HTML 页面中使用 JavaScript 时,JavaScript 能够"应对"这些事件。它是一种"触发—响应"机制。这些 HTML 事件主要由三部分构成,又称为事件三要素,具体如下。

(1)事件源:触发事件的元素,比如按钮。

(2)事件类型:如何触发的时间,比如单击、按下键盘等。

(3)事件处理过程:事件触发后干什么,通常用函数形式展示,也就是事件处理函数。

为了说明具体问题,先看一个实例。这里制作一个弹出对话框,效果如图 10-27 所示。

图 10-27 弹出对话框网页效果

弹出对话框的实现代码如代码清单 10-21 所示。

代码清单 10-21　弹出对话框

```html
<!--代码清单 10-21-->
<!DOCTYPE html>
<html lang="en">
<head>
    <meta charset="UTF-8">
    <title>事件三要素</title>
</head>
<body>
    <button id="btn">点我</button>
    <script>
        //1.获取事件源
        var btn = document.getElementById("btn");
        //2.绑定事件
        btn.onclick = function() {
            //3.处理事件过程
            alert("欢迎光临");
        }
    </script>
</body>
</html>
```

从上述代码可以看出,事件三要素的具体步骤是,首先获取元素,其次注册事件也就是绑定事件,最后编写事件处理代码。

10.3.2　常用事件

JavaScript 提供了很多事件,包括鼠标、键盘、窗口事件等,如表 10-18 所示。

表 10-18 常用事件

事 件	功 能 描 述
onload	浏览器已经完成页面加载时,触发此事件
onunload	页面卸载后(对于<body>),触发此事件
onchange	HTML 元素被改变时,触发此事件
onclick	用户单击了 HTML 元素时,触发此事件
ondblclick	用户双击了 HTML 元素时触发此事件
onsubmit	在提交表单时触发此事件
onreset	重置表单时触发此事件
onmouseup	当用户在元素上释放鼠标按钮时,触发此事件
onmouseover	用户把鼠标指针移动到 HTML 元素上时,触发此事件
onmouseout	用户把鼠标指针移开 HTML 元素时,触发此事件
onmousedown	当用户在元素上按下鼠标按钮时,触发此事件
onmouseenter	当鼠标指针移动到元素上时,触发此事件
onmouseleave	当鼠标指针从元素上移出时,触发此事件
onmousemove	当鼠标指针在元素上方移动时,触发此事件
onkeydown	用户按下键盘按键时,触发此事件
onkeypress	当用户按下键盘按键时,触发此事件
onkeyup	当用户松开键盘按键时,触发此事件
onfocus	当元素获得焦点时触发此事件
onblur	当元素失去焦点时触发此事件
onfullscreenchange	当元素以全屏模式显示时,触发此事件
onresize	调整文档视图的大小时触发此事件

为了说明具体问题,先看一个实例。当鼠标指针移到案例图片上面时,卡车图片加上了边框,效果如图 10-28 所示。

图 10-28 鼠标事件网页效果

鼠标事件网页效果的实现代码如代码清单 10-22 所示。

代码清单 10-22　鼠标事件

```html
<!--代码清单10-22-->
<!DOCTYPE html>
<html lang="en">

<head>
    <meta charset="UTF-8">

    <title>常用事件</title>
    <style>
        img {
            width: 320px;
        }
    </style>
</head>

<body>
    <img src="./images/truck01.jpg" alt="" id="img">

    <script>
        //获取元素
        var img = document.getElementById("img");
        //绑定鼠标指针移到元素上面的事件
        img.onmouseover = function() {
            //事件处理
            img.style.width = "640px";
            img.style.borderStyle = "solid";
            img.style.borderWidth = "2px";
            img.style.borderColor = "#ff00ff"
        }
        //绑定鼠标离开元素上面的事件
        img.onmouseout = function() {
            //事件处理
            img.style.width = "320px";
            img.style.border = "none";

        }
    </script>
</body>

</html>
```

从上述代码可以看出这个案例也是遵循了事件三要素，首先获取元素 img，其次绑定鼠标事件 onmouseover 和 onmouseout，最后用函数完成了事件处理的过程，使元素的大小、边框样式发生变化。

课堂实训 10-3　制作重卡信息展示网页

1. 任务内容

我国优秀的国产高端重卡发展非常迅速，近几年越来越被国际市场认可，大量出口，为我国出口创汇做出了大量的贡献。本课堂实训制作一个简单的高端国卡展示页面，用于国卡信息的展示。网页效果如图 10-29 所示。

第 10 章 JavaScript 网页交互的实现 　359

图 10-29　重卡信息展示网页效果

2. 任务目的

通过制作一个简单的高端国卡信息展示网页,学会如何利用获取元素、节点元素、鼠标事件等动态展示信息。

3. 技能分析

(1) 使用图像标签、表格标签和按钮标签实现内容的设置。

(2) 使用样式表进行页面样式美化。

(3) 利用 insertRow()和 insertCell()方法插入表格行和单元格。

(4) 利用 className 属性进行样式修改。

4. 操作步骤

(1) 利用 HTML 设置页面内容,进行网页布局,布局样式如图 10-30 所示,代码如代码清单 10-23 所示。

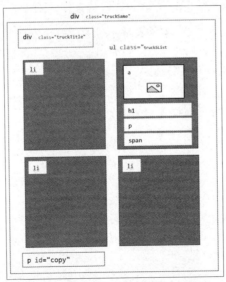

图 10-30　重卡信息展示网页布局样式

代码清单 10-23　网页基本布局

```html
<!--代码清单 10-23-->
<!DOCTYPE html>
<html lang="en">
<head>
    <meta charset="UTF-8">
    <title>高端国卡</title>
</head>
<body>
    <div class="truckSame">
        <div class="truckTitle">高端国卡</div>
        <ul class="truckSList">
            <li>
                <a href="#"><img src="./images/truck1.jpg" /></a>
                <h1>东风柳汽乘龙 H5</h1>
                <p>最大马力：290 马力</p>
                <span>驱动形式：8×2　8×4</span> </li>
            <li>
                <a href="#"><img src="./images/truck2.jpg" /></a>
                <h1>一汽解放 J6P</h1>
                <p>最大马力：550 马力</p>
                <span>驱动形式：6×2　6×2R</span> </li>
            <li>
                <a href="#"><img src="./images/truck3.jpg" /></a>
                <h1>福田欧曼 GTL</h1>
                <p>最大马力：550 马力</p>
                <span>驱动形式：6×2　6×2R</span> </li>
            <li>
                <a href="#"><img src="./images/truck4.jpg" /></a>
                <h1>享受丰硕的成果</h1>
                <p>最大马力：330 马力</p>
                <span>驱动形式：6×4　8×4</span> </li>
        </ul>
        <p id="copy">&copy; DKY 版权所有</p>
    </div>
</body>
</html>
```

（2）利用外部样式表进行页面样式设置，代码如下。

```css
* {
    margin: 0px;
    padding: 0px;
}
/* 整体样式 */
body {
    line-height: 20px;
    font-size: 12px;
}
/* 图片样式 */
img {
```

```css
    width: 130px;
    height: 79px;
    border: 0px;
}
/* 列表样式 */
ul,
li {
    list-style: none;
}
/* 整个大盒子样式 */
.truckSame {
    margin: 0px auto;
    width: 314px;
    height: 380px;
    background-color: #ced4db;
}
/* 卡车标题样式 */
.truckTitle {
    background: url(../image/icon-03.jpg) repeat-x;
    height: 29px;
    line-height: 29px;
    color: #1114d6;
    font-size: 14px;
    font-weight: bold;
    padding-left: 15px;
}
/* 无序列表样式 */
.truckSList {
    padding: 10px 0px 0px 10px;
}
/* 列表条目样式 */
.truckSList li {
    float: left;
    width: 152px;
    height: 160px;
}
/* 列表图片样式 */
.truckSList li a img {
    border: 2px #ffffff solid;
}
/* 列表内标题样式 */
.truckSList h1 {
    font-size: 12px;
    padding-left: 10px;
    line-height: 25px;
}
/* 列表内段落样式 */
.truckSList p {
    background: url(../image/icon-01.jpg) 10px 5px no-repeat;
    padding-left: 30px;
    height: 25px;
    line-height: 25px;
}
```

```css
/* 列表内行内元素样式 */
.truckSList span {
    background: url(../image/icon-02.jpg) 10px 5px no-repeat;
    padding-left: 30px;
    height: 25px;
    line-height: 25px;
    display: block;
}
/* 版权所有样式 */
#copy {
    color: #a70a1c;
}
```

(3) 添加 JavaScript 脚本,首先获取 ul 元素,接着通过 chinaren 属性查找到 ul 元素的子元素集,然后利用循环为每一个子元素集成员添加事件并进行事件处理,代码如下。

```html
<script>
    //获取列表 ul 元素
    var truckSList = document.querySelector(".truckSList");
    //通过 chinaren 属性获取列表 ul 的子元素集 li
    var truckDiv = truckSList.children;
    //利用循环为每一个子元素 li 进行事件处理
    for (var i = 0; i < truckDiv.length; i++) {
        //绑定每一个子元素 li 的鼠标移动在上方事件
        truckDiv[i].onmouseover = function() {
            //事件处理,设定样式
            this.children[0].children[0].style.borderStyle = "solid";
            this.children[0].children[0].style.borderSWidth = "1px";
            this.children[0].children[0].style.borderColor = "#f08609";
        }
        //绑定每一个子元素 li 的鼠标离开事件
        truckDiv[i].onmouseout = function() {
            this.children[0].children[0].style.border = "none";
        }
    }
</script>
```

习 题

一、选择题

1. 以下选项中的方法全部属于 window 对象的是(　　)。
   A. alert,clear,close　　　　　　　　B. clear,close,open
   C. alert,close,confirm　　　　　　　D. alert,setTimeout,write
2. 在 JavaScript 中,如果不指明对象直接调用某个方法,则该方法默认属于(　　)对象。
   A. document　　B. window　　C. form　　D. location
3. DOM 对象中,getElementsByTagName()方法的功能是(　　)。
   A. 获取标签名　　　　　　　　　　B. 获取标签 name 名
   C. 获取标签 id　　　　　　　　　　D. 获取标签属性

4. 某页面中有一个 id 为 main 的 div 元素，div 元素中有两个图片及一个文本框，(　　)能够完整地复制节点 main 及 div 中所有的内容。

    A. document.getElementById("main").cloneNode(true)

    B. document.getElementById("main").cloneNode(false)

    C. document.getElementById("main").cloneNode()

    D. main.cloneNode()

5. JavaScript 中，对 onmouseover 事件描述错误的是(　　)。

    A. 单击事件　　　B. 双击事件　　　C. 鼠标悬停事件　　　D. 鼠标离开事件

6. 如果在 HTML 页面中包含图片标签，则(　　)语句能够隐藏该图片。

    A. document.getElementById("pic").style.display="visible"

    B. document.getElementById("pic").style.display="disvisible"

    C. document.getElementById("pic").style.display="block"

    D. document.getElementById("pic").style.display="none"

7. 当鼠标指针移到页面上的某个图片上时，图片出现一个边框，并且图片放大，这是因为触发了(　　)事件。

    A. onclick　　　B. onmouseover　　　C. onmouseout　　　D. onmousedown

8. 关于 DOM 描述正确的是(　　)。

    A. DOM 是个类库

    B. DOM 是浏览器的内容，而不是 JavaScript 的内容

    C. DOM 就是 HTML

    D. DOM 主要关注在浏览器解析 HTML 文档时如何设定各元素的"社会"关系及处理这种"关系"的方法

9. (　　)不是 document 对象的属性。

    A. anchors　　　B. forms　　　C. location　　　D. image

10. 某页面中有一个 1 行 2 列的表格，其中表格行 \<tr\> 的 id 为 r1，(　　)能在表格中增加一列，并且将这一列显示在最前面。

    A. document.getElementById("r1").Cells(1)

    B. document.getElementById("r1").Cells(0)

    C. document.getElementById("r1").insertCell(0)

    D. document.getElementById("r1").insertCell(1)

二、简答题

1. 如何理解 DOM 和 BOM？
2. 在 JavaScript 中获取元素的方法有几种？
3. 在 JavaScript 中操作元素的属性、文本、样式的方法是什么？
4. 如何理解事件绑定？
5. window 对象常见的事件有哪些？

参考文献

[1] 韩迎红.基于网站制作的Web前端开发技术与优化[J].软件,2022,43(4):73-75.
[2] 阎月.基于网站制作的Web前端开发技术与优化策略[J].网络安全技术与应用,2021(10):25-27.
[3] 李增福.基于1+X证书制度的Web前端课程标准建设研究[J].科技创新导报,2020,17(8):193-195. DOI:10.16660.
[4] 黑马程序员.JavaScript+JQuery交互式Web前端开发[M].北京:人民邮电出版社,2020.
[5] 工业和信息化部教育与考试中心.Web前端开发初级(上册)[M].北京:人民邮电出版社,2019.
[6] 工业和信息化部教育与考试中心.Web前端开发初级(下册)[M].北京:人民邮电出版社,2019.